管理決策系列 4

・資料分析、迴歸與預測・

Data analysis, Regression,

and Forecasting

Arthur Schleifer、Jr.・David E. Bell 著

林維君 譯

弘智文化事業有限公司

譯序

第 1 章 資料分析與統計敘述　　1

《譯序》

在各個可能需要量化資料的學門中,「統計」都是基礎入門的必修學科。或許你會說:「唉…我數學不好,統計一定學不好。」但其實數學計算只是統計中的一小部份。現今電腦如此發達,也有許多因應不同需求而設計的統計運算軟體,數學複雜的計算大多都可以交由電腦來處理。更重要的是概念推理的部份,比計算複雜,但也更有趣,並且實用。

　　本書有許多實際決策的例子,如果你覺得統計理論很無趣,或許可以先翻到每一章的最後看看作者舉的管理界的決策實例,管理人是如何運用統計資料及各種運算結果(如圖表、迴歸模型等)來做預測及進一步的決策訂定,不太了解的時候,再看看該章的內文。當然,若先閱讀章節本文再看案例,和管理人一起想辦法解決他們面臨的問題,更是訓練自己運用統計概念的好方法。

　　本書適合於稍有統計概念但對其應用不熟練的人,或是學了統計,但需要釐清該怎麼應用那些概念的人。或許你不相信數字會說話,但仔細閱讀本書後,你會發現你手邊的統計資料必定在暗示些什麼,先懂得數字的語言,才能了解它們的暗示。這就是統計美妙之處。

　　接下來呢?你可能得學會如何讓你的電腦快速地將數值資料「翻譯」成你能了解的樣子,這樣在處理大筆的訊息,或是繁複的時序資料時,可以更簡便、易懂。Excel、SPSS、SAS 都是很好的工具,坊間也有許多教材可以參考。它們將會是你與數字溝通的好伙伴。

　　還等什麼呢?快翻開下一頁吧!

林維君
2000 年一月　於彰化
dose@kimo.com.tw

第1章

資料分析與統計敘述

資料的來源和處置

　　管理人常從各種途徑取得資料，其中包括內部的資料來源，例如會計或管理資訊系統；以及外部的資料來源，例如圖書館、商業刊物、全國性普查、民意調查、市場研究和顧問公司。管理人有時也會委託進行關於顧客的調查，或者針對改變生產過程或行銷技術中所造成的影響進行實驗以提供資料。

　　原始資料有許多形式：文字、圖形、聲音、電腦的數位資料和最平常的數字。爲了使文件所述的各種分析結果可供操作，原始資料必須被轉成數字[1]，並以一個或一組表格建構。這些建構資料的方式稱作**資料結構**（data structures）。最常見的資料結構是由對一個或多個**變項**（variable）[譯註一]的觀察所組成。假如這些觀察是由調查特定時間內一群人或物所組成，這種資料叫作**橫斷**（cross-sectional）資料。如觀察人們每年在某項產品上的支出、他們的年齡、教育和性別等變項；如以個人電腦爲對象，可以其零售價、記憶體大小、磁碟機數量和類型，以及硬碟容量爲觀察的變項。相對的，若某個觀察呈現的是一段時間內的情形，則此資料稱爲**時序**（time series）資料[譯註二]。像每年對經濟活動如國民生產毛額、失業率、通貨膨脹爲變項所做的觀察。或每月、每季對產品銷售量、廣告費用及價格的觀察。

---

[1] 非數值性資料的記錄方式將在本章的後半部討論。

[譯註一] "variable"這個字，有些書會翻成「變數」，但考慮到variable字型式出現，若譯成「變數」恐會引起誤會，故以下均稱之爲「變項」。

[譯註二] 在其他的統計書上，此種方法也稱為 longitudinal study，國內多譯作「貫時性研究」，通常「時間」是一個重要的自變項。

試算表（spreadsheets）在記錄一組變項的觀察值很有用。習慣上，試算表的每一橫列呈現一次觀察，每一欄則是一個變項，細格（cell）中則是每個變項在每次觀察中的數值（value）。

資料分析的目的

我們為什麼要分析資料？將大量的資料濃縮成**彙總統計量**（summary statistics）以簡明扼要地表示觀察與變項的特性。這種使資料精簡的方式叫做**統計敘述**（statistical description）。經統計敘述可產生分配（直方圖與累積次數分配圖）、集中趨勢（平均數、中位數、眾數）、分布位置（分位數）和離散趨勢（標準差和全距）等基本資訊。

除此之外，分析資料的另一個原因在檢驗二個或更多變項間的關係。通常我們不只要知道變項間關係是否存在，還要知道如何加以量化。舉個例子來說，我們要知道產品的銷售量和廣告支出是否有關？以及，如果有關，每增加 1 元的廣告支出會增加多少銷售量？甚至，我們也想知道其因果關係。是廣告影響銷售量呢？還是銷售量影響廣告費用？或是有其他因素會同時影響銷售量和廣告支出？最後，根據分析的結果，我們可以做出決策：要增加銷售量，我們應該降低價格、增加廣告、還是雙管齊下？會花掉多少錢呢？

一旦我們了解變項間的關係，當一個變項的值未知，而其他變項值已經確定時，我們就能藉由這些關係來**預測**（forecast）這個變項的值。譬如，我們可以用時序資料來預測在某個廣告支出的水

準下，產品未來的銷售量。然而，這個預測值只能說是一種**估計**（estimate）或只是較精確的猜測，因為變項間的關係是來自資料樣本，如果我們有更多資料的話，所得出的關係可能就不一樣了。基於這個緣故，用**統計推論**（statistical inference）來計算此一估計準確度的機率就相當有用，之後在報告估計值時，也要附上其機率值。

後面幾章會說明各種預測和統計推論，而本章只是資料分析的介紹。本章著重在統計敘述及探索性的資料分析，這些都是在使用更複雜精細、更強力的分析方式之前所應進行的工作。

單一變項的描述

分配的衡量方法

在每次的觀察中，變項會有不同的值，這些值可以被分成組距相同的若干組，而每一組內的次數構成該變項的**次數分配**（frequency distribution），而變數的次數分配可以用直方圖（histogram）或累積次數分配圖（cumugram）來表示。

✍ **直方圖**

在**直方圖**中，每組的**相對次數**（relative frequency）以一長條

來表示。圖 1.1 為 768 位哈佛商學院新生體重的相對次數直方圖[2]。每組的相對次數代表該體重範圍內的學生人數佔總學生的比例。

圖 1.1

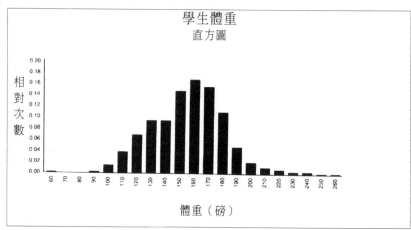

建立直方圖的第一步是將數值分成幾組。並須小心挑選合適的組距，如果組距過寬，差異太大的觀察值會被分在同一組。相反的，如果組距過窄，每一組的次數都太少，繪出的直方圖就不能明確顯示資料的分配狀況。在哈佛管理學院學生的例子裡，每一組的組距為 10 磅，以標示為 100 磅的那組為例，其涵蓋的範圍是 95 磅以上至 105 磅以下。

直方圖有幾個重要的性質，包括：

眾數（mode）：直方圖中的**眾數**即為圖中最高的長方柱，它標定了出現頻率最高的觀察值。在圖 1.1 中，眾數是 160 磅的那組，也就是 155 磅到 164 磅的那組。在此例中，各組長方柱的高度向兩

---

[2] 在當年的電腦習作中，學生被問到許多問題，其中包括有他們的身高、體重和性別。

邊穩定下降，此種分配稱爲**單峰**（unimodel）。相對的，若由眾數
那組沿著橫軸往一個方向移動，發現長方柱的分配呈先降後升，則
這種分配稱爲**多峰**（multimodel），如果圖形看出有兩個眾數，則
稱爲**雙峰**（bimodel）。

　　對稱性（symmetry）：當直方圖左右兩邊呈現相同的分配樣
態，則稱之爲**對稱**。有一個簡單方法可檢驗分配是否對稱，可將直
方圖對折，在燈光下看，若左右兩邊形狀吻合，則它就是對稱的。
圖 1.1 的直方圖就相當對稱。

　　偏度（skewness）：如果分配不對稱，就稱之爲**偏斜**（skewed）。
圖 1.2 是一有偏斜的直方圖。由於該圖有一長尾巴向右伸展，所以
我們稱它爲右偏分配，同樣的，如果該分配的長尾巴向左伸展，就
稱爲左偏分配。

圖 1.2

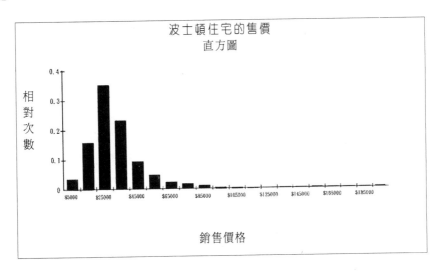

加成性對稱（multiplicative symmetry）：有些偏斜分配的
變項呈現加成性對稱的分配。在圖 1.2 的資料中，我們發現有 50%
的觀測值低於 $28,000，7.5%的觀測值低於 $28,000 的一半——
$14,000，同時也有大約 7.5%的觀測值大於 $28,000 的兩倍——
$56,000。如果我們對銷售價格取對數的話，所得的分配如圖 1.3[3]，
是一個相當對稱的分配。

圖 1.3

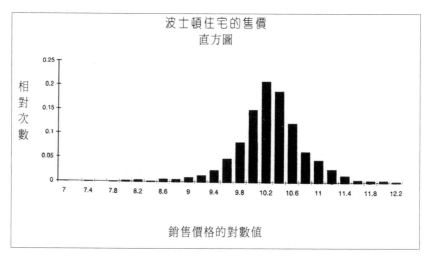

　　極端值（outliers）：圖 1.1，有一個很小的長柱出現在 55~64
磅那組，在該組之後直到 90 磅之前的各組都沒有出現長方柱。由
於它距離其他的資料太遠，而且就哈佛管理學院的學生來說那並不
是一個合理的體重。我們可以推測這極端值是誤報並將之去除[4]。

---

[3] 請參閱本章最後一節關於對數及對數圖的討論。
[4] 在檔案中，我們可以看到這位體重 60 磅的學生所報告的身高為 72 吋。

⤵ 累積次數分配圖

　　相對於直方圖，累積次數分配圖（或稱爲**累積次數圖**），是以變項中各個值的累積量來標定，而非將其分組。它顯示的是小於或等於某特定值的資料在全部資料中所佔的比例。累積次數分配圖假定變項的值有自然的順序，即「小於」、「大於」的關係是有意義的。圖 1.4 是學生體重的累積次數分配圖，它顯示約 10%的學生體重小於或等於 120 磅，有一半的學生體重小於或等於 157 磅。圖 1.4 上的鋸齒狀是由於許多學生是以 5 磅爲單位來報體重。

圖 1.4

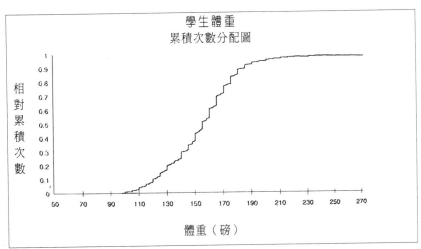

　　從累積次數分配圖中，我們較難看出眾數及對稱性。在累積次數分配圖中，眾數會出現在反曲點（inflection），也就是曲線停止加速上揚，開始減速上升的那點。如果反曲點兩側線條的曲度相同，這個累積次數分配圖即可稱之爲對稱。用這個方法，我們可以看出圖 1.4 大致上是對稱的。

集中趨勢的測量

在描述變項時，我們通常想用一個特定的值來表示這個變項的特性。這樣的值稱為**集中趨勢**（centrality）的衡量，可以指出變項分配的中心位置大概在那裡。最常用的集中趨勢量值是眾數、中位數和平均數。我們已經討論過眾數，它是在直方圖中最高的長方柱。若將變項數值排序，**中位數**（median）就是位在正中間的那個數值；此變項中約有一半的數值會大於中位數，一半會小於中位數。在累積次數分配圖中，中位數就是縱軸上的 0.5 對應到橫軸上的數值[5]。而**平均數**（mean）就是變項各數值的平均，或說是各數值的總和除以數值的個數。

在一個對稱分配裡，眾數、中位數和平均數會相等。然而在一個右偏分配裡，例如圖 1.2 的分配，它的眾數會小於中位數，而中位數又小於平均數。相對的，在左偏分配裡，眾數大於中位數，中位數又大於平均數。下面表 1.1 是兩個學生體重及波士頓房屋售價資料的眾數，中位數和平均數。

表 1.1

	眾數	中位數	平均值
學生體重	155~164	155	154.2
波士頓售價	$25,000~$29,999	$28,000	$32,809

---

[5] 在試算表中，變項的值列在每一行裡，你可將各行的值排序後，再找中位數。

這三者的大小關係顯示體重的資料呈對稱分配,而售價資料明顯是偏斜分配。

這三個集中指標對變數的分配及變數的衡量單位有不同的敏感度。眾數是最主觀的,也最不具代表性。例如,如果學生體重是以 5 磅為單位來記錄和以 10 磅為單位來記錄,其眾數可能就不一樣;如果體重是以盎司為單位來衡量的話,那可能根本就不會有眾數,因為在這麼小的單位下,每個學生都有各自不同的體重。相對的,平均數在檢驗變項時就很敏感。若你要報告 100 位大學畢業生的起薪,而其中一位是起薪百萬的職業籃球員,此時平均數在衡量集中趨勢上,可能會有偏差。就這部份來說,中位數對極端值很不敏感,也因此無法掌握資料中像這樣的變異。

在選擇平均數或中位數常常要有審慎的判斷,在下例中會加以說明。表 1.2 中是兩群有相近能力和工作要求的工人其個別的薪水。

兩組資料的中位數都是 30,000 元,但是我們很快可以發現 A 組的薪水明顯地低於 B 組,兩組的平均數分別為 25,000 元 和 32,700 元,可以更準確表達兩組的差異。

本章的附錄說明了在不同的決策問題中,眾數、中位數和平均數如何成為最好的衡量方式。

表 1.2

A 群	B 群
$15,000	$25,000
$16,000	$26,000
$30,000	$30,000
$31,000	$45,000
$33,000	$60,000

分布位置的測量

分位數（fractiles）是計算分布位置的一種方式，它代表的是低於該值的資料在總數中佔有的比例[6]。任何分位數可從累積次數分配圖或數值排序表單中找到。例如，你可以用累積次數分配圖來找出 0.75 分位數，只要在縱軸上找出 0.75 這個值，沿著圖形找出橫軸上相對應的數值，就是 0.75 分位數。圖 1.4 中，你可以找出 0.75 分位數約爲 170 磅。此外，你也可以在變數值排序表單中找出一個有 3／4 的觀察值小於它的數值，這個值就是 0.75 分位數。而中位數就是 0.5 分位數。

變數值離散程度的衡量

在分析觀測值時，我們常對變項數值的離散情形很有興趣。它們是集中在中間呢？還是散得很開？有好幾個測量指標可表示變項數值的分布（spread）或離散（dispersion）情形。

標準差(standard deviation)：標準差是最常用的一種指標，表示數值相對於平均數的離散程度。其計算方式是先算出離均差，也就是每一個數值與平均數的差，將每個離均差平方，算出這些離均差平方的平均數，再開根號。簡言之，標準差就是離均差平方的平均數再開根號。

一般來講，觀察值越接近平均數，標準差就越小。將離均差平

---

[6] 基本上，分位數（fractiles）與百分位數（percentile）是同樣的衡量方法：例如，0.75 分位數即是第 75 百分位數。有時百分位的定義會依內容而顛倒過來：一場考試成績的第 5 個百分位數可能代表的是前 5%或後 5%。

方這個步驟，會使離平均數較遠的值對標準差有較大的影響。

全距（range）：全距是另一種衡量離散程度的指標，它就是變數值中最大值和最小值的差距。使用全距必須要很小心，因爲全距受到極端值的影響很大，若測量的對象是樣本，則特殊的值可能在樣本中出現也可能不出現。

四分位差（interquartile range）：四分位差也是一個很有用的指標，它衡量的是 0.75 分位數和 0.25 分位數的差，這正好涵蓋了一半的觀察值。

變項的類型

好的資料分析仰賴於知道如何測量分配、集中趨勢、分布位置和離散程度，並依照資料的型式或測量的尺度將資料做摘要。

比例尺度變項（ratio-scale variables）：一個沒有自然上限且不會是負數的變項，就是比例尺度變數。銷售量、股利、利率、存貨、雇員數、國民生產毛額、薪資、價格和時間等都是比例尺度變數，前面所介紹的所有方法都可以用來描述比例尺度變數。

差別尺度變數（difference-scale variables）：一個沒有自然上下限，且可以是正數或負數的變數，就是差別尺度變數。利潤、通貨膨脹率、預算盈餘或赤字、貿易收支和成長率都是差別尺度變數。前面所介紹的所有方法也可以用來描述差別尺度變數，但是它和比例尺度變數有個重要的差異，因它可以是正數也可以是負數，所以不適於用比例或百分比來討論其變化情形。雖然很多人會將利潤從 1,000 萬增加到 1,500 萬元稱作是增加了 50%，但是這只適用在兩個數都是正數的情形下，即使是如此，這種描述方式並不好。

若利潤從 10 萬元增加到 30 萬元,這是 200%的增加,但這是否比前面提的 50%的利潤增加更好?

順序變項(ordinal variables):順序變項也是以數字表示,但只有「大於」、「小於」的關係有意義,數值之間的差並沒有意義。比如說,問卷經常要受訪者對某個敘述回答「很不同意、不同意、無意見、同意、非常同意」。如果我們把這 5 種不同的答案用 1 到 5 來編碼,數值越高表示越同意。然而,對同一個人而言,3 和 4 的差距不一定會等同於 4 和 5 的差距,當然 3 和 5 的差距也不會是 4 和 5 間差距的兩倍。

由於順序變項的數值差距並不相等,所以嚴格而言,平均數和標準差並不適用於描述順序變項。不過平均數仍然比中位數給我們更多關於資料的訊息,譬如說 5 位受訪者對某項問題的回答是 1,1,3,4,4,對另一項問題的回答是 2,2,3,5,5,則平均數能大概表示受訪者對這兩個問題回答的差異,而中位數卻沒辦法。類似的,在順序尺度變項上使用標準差,可以提供比正確的測量方法更好的離散趨勢描述。

類別變項(categorical variables):類別變項包括質性變項(qualitative variables)——如信仰或婚姻狀況,與數值標示(numeric labels)——像是 SIC 碼(標準工業分類碼),社會安全號碼,郵遞區號等。對類別變項而言,數值的差距、大小關係和比例並沒有意義。例如說,我的郵遞區號比你高 47%,或是比你多 1,750 這類的比較是沒有意義的,因此累積次數分配圖、平均數、中位數和分位數並不能用來描述類別變項,不過直方圖仍然適用。

虛擬變項(dummy variables):當一個類別變項只有兩個可能的值,例如男性或女性,結婚或單身、及格或不及格等,習慣上,這些變項可將兩個值分別編碼為 0 和 1,0 和 1 兩者分別代表

那一個值是可以任意指定的。因為大小關係沒有意義，分位數和中位數都不適用，但眾數和平均值都是有意義的。眾數顯示資料中那一種出現頻率比較高，平均數則代表編碼為 1 的那一類佔資料中的比例。虛擬變數標準差的算法和一般並沒有不同，但是它也可以用 $\sqrt{f \times (1-f)}$ 這個式子來表示，其中 f 為「1」所佔的比例，也就是虛擬變數的平均數。不管 f 的值是多少，虛擬變數的標準差都不會大於 0.5。

　　表 1.3 列出各種變項的特性，以及對各種變項適用及不適用的衡量方法。

表 1.3

各種變項的主要特性

變項種類	特性	例子	不適用的衡量方法
比例尺度變項	正的、沒有上限	價格、GNP、員工數目	
差別尺度變項	可以是正的或負的、沒有上限或下限	利潤、成長率	百分比的改變[*]
順序變項	數字的變項、「順序的」	名次、從 1 到 5 程度的反應	平均數[*]、標準差[*]、百分比的改變
類別變項	含性質變項及數字變項	婚姻狀況、宗教、社會安全號碼、郵遞區號	累積次數分配圖、分位數、中位數、平均數、百分比的改變
虛擬變項	只有二種值的質性變項、其值為 0 或 1	加入政黨、性別、是／否	分位數、中位數、百分比的改變

[*] 雖然不完全正確，有時候這些衡量方法可以比其他方法更有效地概述變項。

兩個以上變數的描述

自變項、依變項和因果關係

在許多分析裡，我們主要想發掘的是某個或數個變項的改變時，另一變項會如何變化。例如，當廣告和售價改變時，產品銷售量會如何變化？教育程度、經驗、年資、特殊技能如何影響員工薪資？各州行車速限、酒品消費量、車檢標準等對汽車肇事率的影響？在這些例子中，我們要了解或說明某個變項（銷售量、薪資、車禍發生率）的變化，一般稱之為**依變項**(dependent variables)。同時，有一些其他的變項改變時，依變項也會隨之改變，這些變項稱為**自變項**（independent variables）或**解釋變項**(explanatory variables)。

當我們觀察到自變項改變時，依變項也在改變，我們會以因果關係來描述這種關係。例如，我們會說自變項（如，廣告支出、價格）影響了依變項（如，銷售量），或每降 1 元可使平均每月銷售量增加 1,000 單位。由於這種說法具有暗示性，我們很容易誤以為觀察到統計上的關連就證明彼此之間有因果關係。例如降 1 元一定會增加 1,000 單位的銷售量。有些統計教科書會特別對觀察到變項間（非實驗的）的相關而稱之為因果關係者加以指正。例如美國的各大城市中，如果警察與人民相比的比例越高，其暴力犯罪就越多，那我們可以認定是警察導致犯罪的嗎？

若不對觀察資料做任何因果推論，或許可以避免太大的錯誤，

但這麼做的代價很高。管理人、政策者和個人都會試圖從過去的資料裡面找出是什麼變項影響了某個我們有興趣的變項，以及影響的程度。零售倉儲或速食店老板要決定新(分)店的位置是基於已知區位的各種特質及已存在的成功店面二者在統計上的關係。議員會用檢查設備和車禍死亡率之間的統計關係來作為制定車檢法律的參考；吸煙者會用吸煙和死亡率之間的統計相關程度來決定是否戒菸。在資料中觀察到變項間相關和它們的確有因果關係，這兩者其實差距很大。本章的其他部份和後面的幾章，我們會討論一些取得和分析資料的方法，及該小心的陷阱，以得到合理的因果推論。

散佈圖

要看一變項如何隨另一變項變動，可使用**散佈圖**（scatter diagrams）。以自變項（x）的可能數值當橫軸，依變項（y）的可能數值當縱軸。每一點對應到一次觀察中的自變項和依變項的值。圖 1.5 將前面的學生身高體重資料，以身高為自變項、體重為依變項，畫成散佈圖。這個圖顯示出當身高增加的時候，體重也隨之上升，身高和體重之間的關係可以用直線或微彎的曲線表示，代表各個觀察值的點會落在那條線附近。

圖 1.5

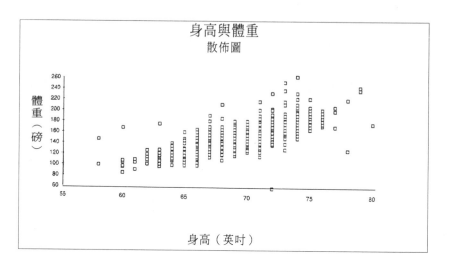

圖上的點之所以分散，有一種解釋是，對女性和男性來說，身高和體重之間的關係可能不一樣。就平均而言，同樣的身高，女性的體重比男性輕。所以總括來看，女性身高體重的關係和男性身高體重的關係可以分別用直線或曲線來表示，而代表女性的曲線會比男性的曲線稍微低一點，這個假設或許可以解釋圖中某些點的離散情形。要檢驗這個假設，我們可以分別將男性及女性的散佈圖畫出來，或是畫在同一圖上，將代表男性及女性的點用不同的符號表示。圖 1.6 與 1.5 相同，但用不同的符號來代表男性和女性（圓點代表女性，方點代表男性）。儘管有許多重疊之處，從圖上仍可看出，代表女性的點多集中在左下方，代表女性的體重較輕，身高較矮；而就同樣的身高來講，女性的體重也較輕。由此我們可以證明我們的假設是正確的，也解釋了一部份點的離散情形。引入一個同一值（identifier）來代表圖中第二個自變項的值，並用不同的符號

來標示這些值，常是很有用的判斷工具。

圖 1.6

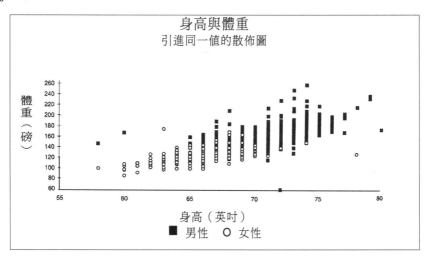

當然，圖中還是有些離散的點。有些可由由引入其他的變項（父母的身高和體重、健康情形、營養、種族等）來解釋，有些則無法被解釋或根本是隨機分布的。不過即使我們有額外潛在可解釋變項的資料，我們仍很難將他們共同的影響用圖形表示出來：這個問題要留待後面介紹更強力的分析工具時再處理。

相關

當一變項隨另一個變項呈同方向的變動，即一變項的值隨另一變項值的升高而升高，或一變項值隨另一變項值降低而降低，這兩個變項就是正相關。例如，員工多的公司，其資產通常也多，而員

工相對較少的公司，其資產通常也較少。這當然會有例外，但這種關係一般是成立的，我們便說某公司的員工數和資產成正**相關**（positively correlated）。

如果兩變項成變動方向相反，亦即某變項值隨另一變項值升高而降低（且反之亦然），則這兩個變項為**負相關**（negatively correlated）。例如，低通貨膨脹率通常伴隨著高失業率，因此通貨膨脹率和失業率呈現負相關。

若兩個變項呈正相關，則其散佈圖中的各點的分布大約會成一斜向上的直線，由左下方到右上方伸展。粗略而言，各點越接近這條斜向上的直線（左下－右上），變項間的相關程度就越強。圖1.5 體重和身高的散佈圖就顯示二者為正相關。相反的，點狀圖上的點若聚集在一斜向下（左上－右下）的直線，這兩個變項就是負相關。如果散佈圖中的點聚集在一水平線附近，則此二變項彼此無關。

相關係數（correlation coefficient）是衡量相關程度的一種方法。要計算相關係數，得先找到這兩個變項的**共變數**（covariance），它是表示 X 和 Y 如何一起變化的測量法。假定我們對 X 和 Y 這兩個變項有 n 次觀察，Mx 代表 X 變項在 n 次觀察中的平均數，My 是 Y 的平均數，針對每次觀察計算（X-Mx）×（Y-My）的乘積，再求出這些乘積的平均值，這個平均值就叫**共變數**。若在某次觀察中，X 和 Y 都大於其個別的平均直，或當 X 和 Y 都小於他們各別的平均值時，那麼該次觀察中二者的乘積便呈正數。若大部份的觀察中 X 和 Y 的值都大於或都小於其個別的平均植，則其共變數便傾向為正數。相反的，若 X 大於其平均值而 Y 小於其平均值，反之亦然，共變數就傾向為負數。共變數的大小要看 X 值和 Y 值的變異程度，以及它們一起變動的程度而定。

相關係數的求法是將共變數除以兩變項標準差的乘積，得出的結果在+1 和-1 之間。相關係數等於+1 表示散佈圖上的每一點都剛好落在一斜向上的直線上，相關係數等於-1 則表示散佈圖上的每一點都剛好落在一斜向下的直線上。在前面例子裡，身高和體重的相關係數為+0.745。

　　在描述有線性相關的兩變項的分布時，相關係數是相當有用的，它是一成對的測量：若你有 x、y、z 三個變項，你可以分別計算 x、y 間，x、z 間和 y、z 間的相關。這些成對的關係通常以表格的形式呈現，稱之為**相關矩陣**（correlation matrix）。表 1.4 表示身高和體重的相關矩陣，因為 x 對 y 的相關和 y 對 x 的相關一樣，所以在相關矩陣中通常只寫其中一個來代表。

表 1.4 _____

	身高	體重
身高	1.000	
體重	0.745	1.000

_____

　　一如先前對自變項和依變項的討論，x、y 間的高相關不一定就是 x 和 y 有因果關係。舉例來說，隨著時間的改變，股價和房屋銷售量之間有高度相關，但也許它們都傾向於隨利率的降低而升高，而非它們有因果關係。

對效果的簡單描述

我們看到圖 1.6，不管男性或女性，其身高和體重都呈正相關。若我們以量化方法標定這些關係，我們可以分別列出男性和女性在身高每增加一英吋時，其各組的平均體重。這種方式提供很多詳細資料，但對了解體重如何和身高扯上關係則很有限。或者我們可以聲稱不管男女，平均而言，每增加一吋身高，體重同時會增加四磅，但同樣身高的女性會比男性輕 25 磅，這種描述簡單明瞭地呈現大量的資訊。

若身高、體重和性別之間的關係可用以上過程適切地簡要表示，我們可以稱這種關係具有**直線性**（linear），及**等差性**（additive）。所謂的直線性，是男性或女性身高增加一吋時，體重也同樣增加的情形，無論身高是從 62 吋增加到 63 吋，或是 72 吋增為 73 吋，男女身高體重的關係都可畫成一條直線。而同樣身高的男女，無論他們是 62 吋或 72 吋，男性平均體重都會比女性重 25 磅。在這些假設下，性別的影響具有等差性。

雖然以直線性及等差性來描述關係是簡單且直觀的，卻不一定正確。在同樣的資料中，我們可以聲稱體重是隨身高的三次方增加的，因為身高是長度，而體重是容積。若小心地分析資料，可能會發現這種非線性的關係提供更佳的描述。另一方面，若身高和體重的關係是線性的，也許會發現，平均而言，男生身高增高一吋，體重增加 6 磅，但同樣情形，女性只增加 3 磅，如此一來，高度和性別的關係是直線性的，卻不是等差性[譯註三]。

[譯註三] 若要具有等差性，則女性的體重在身高增加一吋時和男性一樣增加 6 磅。高度跟性別具等差性時，可在直線圖上看到代表男性及代表女性的兩條線呈平行。

簡明表示及精確描述常是選擇判準上的兩難。有時我們可以將非直線性、非等差性的關係，轉換成具直線性及等差性的。至於方法容後討論。

時間序列

　　在**時間序列**（time series）的資料裡，觀察值以依時間先後順序排列，而時間本身可能就是自變項。當時間是唯一的自變項時，時序資料顯示某些依變項在不同時間上的變化。如圖 1.7 是美國所有零售商自 1982 年 6 月到 1988 年 2 月的月銷售額資料。

圖 1.7

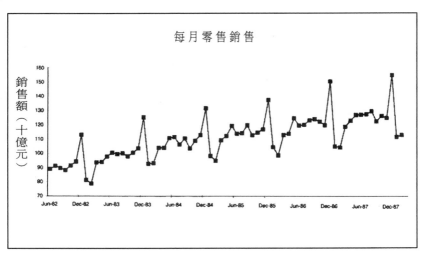

　　本圖表示在此時間序列上的兩個特徵：

➤ 有一明顯的季節變化型式：每年 12 月銷售量會急速上升，然後在一、二月又急轉直下，之後在一年中的其他月份又轉回常

態的銷售水準。

➤ 銷售量有穩定上升的趨勢：12 月的高峰一年比一年高，即使
在一、二月的低潮，也普遍有升高趨勢。由這兩者看來，整體
水準是隨著時間上升的。

　　趨勢和季節性（trends and seasonals）：我們要如何清楚展現
並以圖示掌握趨勢和季節性？一個簡易的方法是將一到十二月分
別標在橫軸上，用不同的折線來表示各年的銷售量，結果如圖 1.8，
圖形清楚地顯示每一年的折線都是向上攀升，而每一年的銷售量都
有明顯的季節性變化。你是否能藉由這個圖來預測 1988 年 12 月的
銷售量？為什麼？

圖 1.8

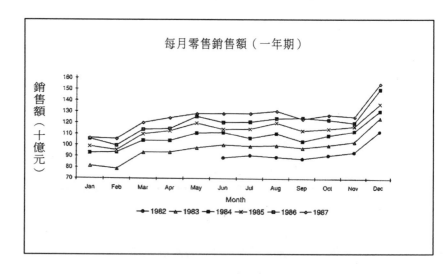

多重時間序列（multiple time series）：我們要了解一個時間序列的表現時，常常會引入另一個時間序列作為自變項。在零售商銷售量的例子中，可以引入各時間的廣告費用作為自變項，來協助解釋銷售量的歷時改變。我們可以假設廣告帶動了銷售量，圖 1.9 將零售點銷售量和廣告支出兩個時間序列變項用不同的尺度畫在同一張圖上。

圖 1.9

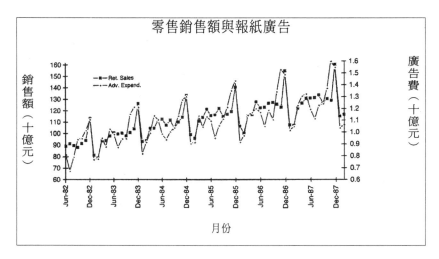

本圖顯示：

➢ 此時期中，廣告費用大約都是零售總銷售金額的 1%左右。

➢ 廣告支出的季節性變動和銷售額的變動基本上是同步的，但廣告支出在 10、11 月就開始增加，12 月時增加的幅度卻不像銷售額那樣大幅的增加。

去季節性（deseasonalization）：由於零售銷售量月與月間的變動完全是季節性因素的影響，一般會把季節性因素消除後再加以報告或分析。當看到 1 月銷售額大幅低於去年 12 月，其實不用太擔憂，你需要注意的是消除季節性因素後的長期趨勢。我們稍後會介紹如何在預測時引入季節因素，現在只要知道像零售銷售額這類受季節變動強烈影響的時序變項，常常會以原始資料及去除季節性變動這兩種不同的形式出現。圖 1.10 就是去除季節性變動後的零售銷售額圖，在此圖中可以更容易地掌握資料的長期趨勢。

圖 1.10

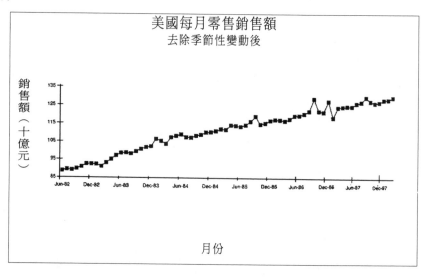

以年齡作為自變項：生命週期與世代效應

　　許多與人有關的資料，例如關於顧客、員工、納稅人、學生等的資料，常常會以年齡作為自變項之一。市場也常以年齡來作區隔，例如流行音樂、搭機旅遊、早餐麥片等的銷售。某些行為現象也被視為和年齡有關：例如一般我們相信隨著年紀增長，人們的政治立場會漸趨保守。其他某些現象似乎是受特定一代所接受的概念及產品的影響：在 1990 年代，年輕人比年長者更習慣於用電腦。我們可以預測一位 20 歲的年輕人，在三十年後政治立場會變得較保守，但是她使用電腦的能力，即使到 50 歲的時候都還是很好（而且比大部份現在 50 歲的人還要好）。如果政治立場隨年齡增長會漸趨保守是一般性的趨勢，這種現象叫作有**生命週期效應**（life-cycle effect）。如果現在年輕人使用電腦的能力持續一生，這種現象就稱為有**世代效應**（cohort effect）^{譯註三}。在說明年齡或與年齡有關（經驗、生日、畢業年次、年資）的橫斷資料對其他變項的重要影響時，是不可能單由資料決定所觀察到的是生命週期或世代效應。由於常有對年齡相關變項的錯誤解讀，以下可以說明我們多麼容易被誤導。

---

^{譯註三} "Cohort effect" 指的是在相同時代環境下，同一代人所受時代及環境造成的特別影響，因此與另一時代環境的一群人有差異。此名詞的中文翻譯眾多，有「世代效應」、「同儕效應」、「科羣效應」等。因「同儕效應」可能與社會心理學中的 "peer effect" 混淆；「科羣」的譯法仍不普遍，故此譯為「世代」

一個例子

在 1993 年時,我們從一所大學的畢業生裡面,隨機選出約 500
位畢業校友,請他們描述對母校的感謝之情,圖 1.11 以 10 點量表
表示其平均分數(1 最低,10 最高),當做該畢業年度的一個函數。
圖中指出,平均而言畢業越久的校友,對母校感念的程度越高。這
是因為學校對學生的影響比過去減少呢(世代效應)?還是因為畢
業生對母校感激的心情會隨著年紀增長而增加(生命週期效應)?

圖 1.11

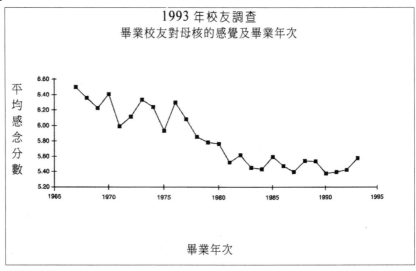

如果校友們的謝意對學校很重要,那麼學校行政單位就應該考
量這個趨勢是否由世代效應造成,而非認為它是生命週期的影響。
但我們無法單憑這份資料得知是何效應影響這種趨勢,或是否由兩
種效應合併影響。

假設五年後,在 1998 年再進行一次相同的調查,結果如圖

1.12。圖中 1967 年到 1993 年畢業校友的調查結果，看起來和 5 年前的調查（圖 1.11）一樣，1993 年畢業的校友在 1993 和 1998 的兩次調查裡態度依舊，1960 年代末及和 1970 年代初的校友也仍然對母校滿懷謝意：表示這是世代效應。從另一個角度來看，若 1998 年調查的結果如圖 1.13，我們會認為此一趨勢是生命週期效應：1998 年的畢業生在 1998 年的調查裡，其感激母校的程度和 1993 年畢業的校友在 1993 年的調查差不多，1980 年代的畢業生在 1998 年的調查裡，和 1975 年畢業的校友在 1993 年時的態度差不多。當然，1998 年的調查結果很可能異於這兩極端，但是我們可以會看到實際的圖跟這兩者之一差不多，由此可得知何種效應的影響較大。

圖 1.12

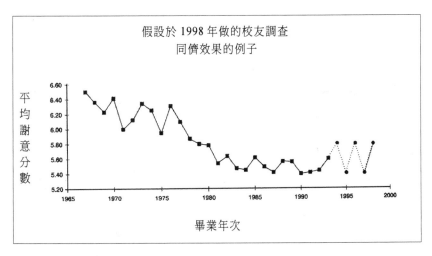

第 1 章．資料分析與統計敘述．29

圖 1.13

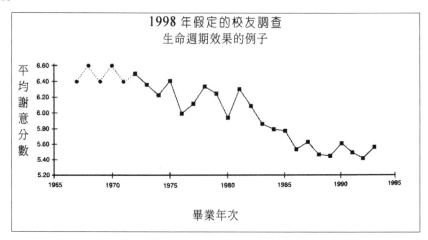

這個例子告訴我們，只以單一資料不足以區別年齡（或具有相同意義的變數）與其他變數間的關係是世代效應或是生命週期效應的影響，起碼要有兩份長時期調查所得的資料，才能作判斷。

對數與加成效果

回顧加成性對稱（multiplicative symmetry）

在前面討論直方圖的地方，我們看到有些變數具有加成對稱的特性，也就是說只要把這些變數作對數轉換，其分配會呈現一般的

對稱分配樣態。只要回憶一下對數的基本概念就不難理解：幾個數乘積的對數值，等於這些數分別取對數後再相加，如下例：

$$\log (a \times b \times c) = \log (a) + \log (b) + \log (c)$$

不管你用所謂的自然對數（以 e 為底的對數，e 約等於 2.71828），或是以 10 為底的對數，上式都成立[7]。如果不信的話，你可以查對數表或是用計算機，以自然對數和以 10 為底的對數來驗證下面這個式子：

$$\log (2 \times 3 \times 4) = \log (2) + \log (3) + \log (4)$$

加成性對稱的分配常出現在觀察值是一些小型隨機效果的乘積，這些值取對數後，就會成為一些小型隨機效果的和，且這些值的分配會趨於對稱。因此，對數的**轉換**（transform）將原本乘法特性的效果轉為加法的效果。

加成性的季節效果與固定成長率

若回頭看圖 1.7 那個零售商歷時銷售量的圖，可以發現每年 12 月的高峰和一、二月低潮間的差距好像有逐年擴大的**趨勢**，一個可能的解釋是季節性的變動是有加成性的。假設每年 12 月的銷售量會比一般時候攀高 20%，而每到一、二月就比平常降低 15%，那麼銷售量越高，十二月和一月的差距也就越大，銷售量不好時差距就

---

[7] 通常計算機的 LN 鍵可計算自然對數和 LOG 鍵可計算以 10 為底的對數。

變小。由於銷售量隨著時間而成長，因此差距也會越來越大。若實際上每個月的季節性影響是某個正常銷售量乘上一個常數（固定的數值）的話，那麼將銷售額取**對數**（logarithm）後所得的時序資料，可以看出每月銷售量的變動是某個正常銷售量加或減一個常數。也就是說，在對數的尺度上，季節性效果並不會隨著數列的大小而變動，是一個常數。圖 1.14 就是銷售量取對數後的圖，看來似乎驗證了加成性季節效果的假設。

圖 1.14

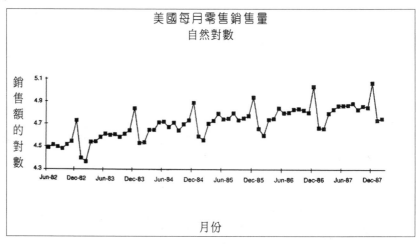

穩定的成長率意指時序上的連續數值都是由前一個數值乘上一個常數所形成，舉例來說，一個變數每年成長 5%，代表的是每一年的值會等於前一年的 1.05 倍。若是如此，時序上這些值的對數值會是前一數的穩定**增量**（increment），這些觀察值對數形成的時間序列呈一等差數列，圖形看起來就像一條直線。美國人口、消費者物價指數、國民生產毛額、發電量等，長期而言都有加成性成長的跡象。觀察值以一成長率增加，常被描述爲指數成長。圖 1.15

是 1920 年到 1983 年發電量的圖，至少在 1970 年代中期以前，顯示此種指數增加。圖 1.16 是此數列取對數後的圖，幾乎成一直線，藉由這個「直線化」（linearizing）方式，我們也可以更容易的看出 1930 年大蕭條、二次大戰結束、及 1970 年代石油輸出國組織的石油危機所造成的影響。

圖 1.15

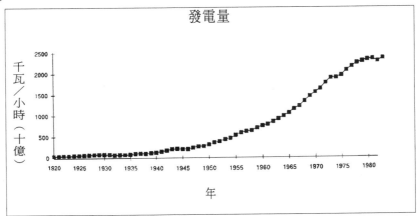

圖 1.16

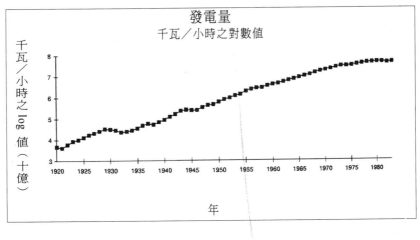

橫斷資料的加成效果

　　即使在橫斷資料中，某變項值也可能隨另一變項有加成性的變動。某公司的薪資結構可能會考慮年資和學歷。假設無大學學歷者在某年的起薪是 20,000 元，而同等資歷的大學畢業生薪水卻比他多了 25%，而年資每增加一年，薪水增加 5%，圖 1.17 表示在沒有其他可能影響薪水的變項時，薪資可能的變化。不同的符號代表有無大學學歷兩種員工。圖 1.18 是將縱軸（薪資）改爲薪資的對數值。無論在哪個年資的水準上，只要年資相同，學歷在薪資對數上的效果都是穩定地加上一個固定量。我們說學歷在薪資對數上的影響是**加成性**（multiplicative）的。當我們看到無論在何種學歷水準上，年資與薪資對數的關係是呈直線性的，這暗示著年資對薪水多寡也具有加成性。

圖 1.17

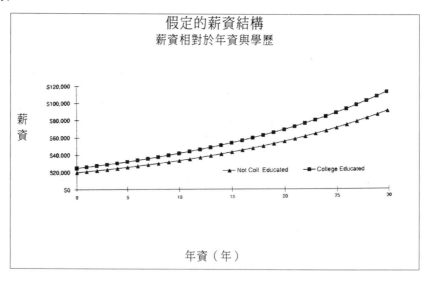

圖 1.18

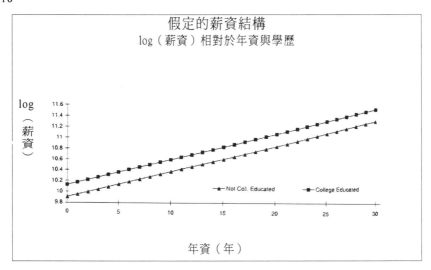

一般來講,當兩變項的關係不是線性的,且依變項是以比例尺度(ratio scale)表示時,若用依變項的對數值來圖示會更易說明。比例尺度的依變項作對數轉換時可以:

➤ 使依變項呈對稱分配,而非偏斜的分配。
➤ 如果原始依變項的效果是加成的性的,自變項和轉換後的依變項,會有直線性及等差性的關係。

當我們作如對數轉換這樣的資料轉換時,其實是以複雜的手續以換得簡明的直線性及等差性的資料型式。

對數尺度的圖形

　　一般圖形是以算術尺度（arithmetic scale）畫成，軸上的每一個增量代表一相同差距（1 到 2 之間和 2 到 3 之間的距離相同）。有些圖形是以比例或對數（log）尺度畫成，此時等距代表的是等倍數的改變（1 到 2 之間和 2 到 4 之間的距離相同）。

　　圖 1.19A~C 將 1968 年 1 月到 1993 年 1 月之間，每個月的 S&P 500 股價指數，以三種不同的座標畫出來。A 圖是算術尺度座標，B 圖是將股價指數的對數以算術座標表示，C 圖是將股價指數指數以對數座標表示。B 圖和 C 圖實際上是一樣的，當你想以圖示掌握比例尺度變項的加成性效果時，用這兩種方式都很恰當。

圖 1.19A

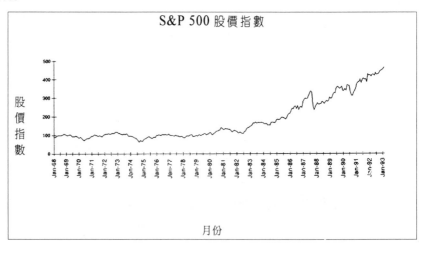

圖 1.19B

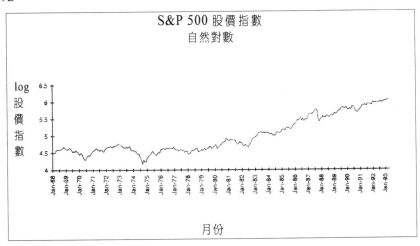

圖 1.19C

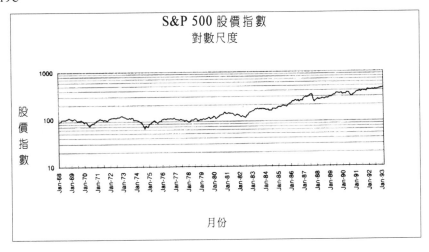

值得注意的是，B 圖和 C 圖比 A 圖提供了更多關於股票市場震盪的資訊。在 A 圖中，股市最大的跌幅好像出現在 1987 年的崩盤和 1990 後半年波斯灣戰爭前夕。但是從 B 圖和 C 圖裡面，我們可以發現在 1969 年到 1970 年間股市下跌的比率不遜於 1987 年的崩盤，而 1972 年末到 1974 年末的跌幅，比 1987 年的崩盤更嚴重。

附錄：
用不同的集中趨勢量值作決策依據

用眾數、中位數和平均數作為某變項所有數值的最佳代表值，在解決決策問題時相當重要（並能在做迴歸時提供幫助）。

以下是某變項 15 個觀察值：1、3、4、7、7、7、8、9、12、16、19、19、25、30、37，有人從這十五個數中隨機挑出一個來，並要求你選一個特定的數字（不一定要是這些值中的其中一個）來猜猜看，如果猜錯要被罰一塊錢，那你會選哪個數字？你可以自由決定，但你也可以很容易看出使你罰金期望值降至最低的就是挑那個出現最多次的——眾數，或曰 7。你在十五次中有三次機會（20%）可以不用罰錢，但是你也無法增加猜對的機會。若你選 7，罰金的期望值（expected value）是 0.8 元，如果你選其他的數字，罰金的期望值都會比選 7 要高。

假設現在規則改變了，罰金改為你猜的數與答案間的差距，若你選 7，而答案是 3，你就要被罰 4 元，若 30 是答案，那你就要被罰 23 元。那你會選哪個數？這是個臨界分位數（critical-fractile）

的問題：如果先暫時選出一個數，比如說 7 好了，再拿它和另一個數比較，比如是 8，比較這兩個數的優劣。如果拿 8 來和 7 比較，在隨機選出的數大於等於 8 時，你會少罰 1 元，但是在選出來的數字小於等於 7 的時候，你會多罰 1 元。你可以沿著這個數列，從小到大一個一個比較下去。因此要減少罰金的期望值，你應該選 G/(G+1)=1/(1+1)=0.5 的分位數，或曰**中位數**（median），在此例中是 9 。此時罰金的期望值是 8/15+6/15+5/15 +2/15+2/15+2/15+1/15+0/15+3/15+7/15+10/15+10/15+16/15+21/15 +28/15=8.07，不管選其他任何一個數字都不可能得到比這個低的期望值了。

若現在換作猜錯要罰此數字與答案差距平方的金額，也就是你選 7 而答案是 3 的話，你就得罰 16 元。在這樣的規則下，你應該選平均值，也就是 13.6，你可以算出最小的罰金期望值是 103.97。

三種集中**趨勢**量值在不同的情境下是最佳的解：選錯會被罰時，眾數是最佳解；中位數在罰金和差距成比例時是最佳解；若罰金和差距的平方成比例時，平均數是最佳解。因此，平均數被稱爲**最小平方**（least-squares）估計值。

圖 1.20[8]，1.21、1.22 顯示三個問題中罰金的期望值是我們挑選的數的函數。黑點代表使罰金期望值最低的那個數。

---

[8] 圖 1.20 中在罰金期望值為 1 的那條虛線的意思是，除了那 12 個變數值之外，其他任何值的罰金期望值都是 1 元。

圖 1.20

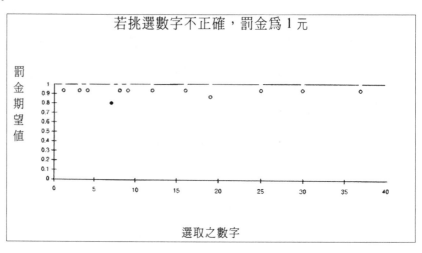

罰金期望值 / 選取之數字

若挑選數字不正確,罰金爲 1 元

圖 1.21

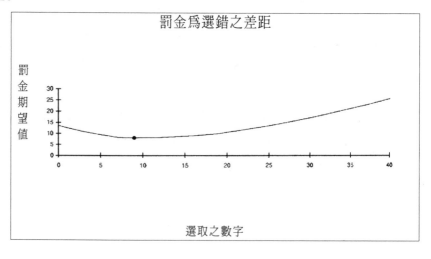

罰金期望值 / 選取之數字

罰金爲選錯之差距

圖 1.22

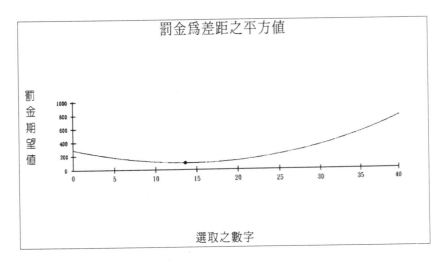

習題：解釋資料

問題 1： 打擊率

問題： 在 1991 年的打擊統計記錄中，誰是比較有價值的球員？為什麼 Murray 在左打和右打的打擊率都比 Merced 高，但是平均打擊率卻比較低？

1991 年，洛杉磯道奇隊的 Eddie Murray 和匹茲堡海盜隊的 Orlando Merced 都是國家聯盟的一壘手，兩人都是左右開弓型的打

擊者，也就是說他們用左手或右手都可以打擊。

打擊率（BA，batting average）是棒球運動中最重要的統計數字之一，它的計算方式是安打數除以上打擊區的次數——或曰「就打擊位置」。故一位打者在每三次就打擊位置就可以擊出一支安打的話，他的打擊率就是 0.333。在與球員談合約及與球員進行交易的時候，打擊率些微的差異可能就會差上百萬美金。

左右開弓型打者由於可以因應不同的投手來改變他們的打擊方式，所以身價很高。當面對左投時，他可以用右手打擊，因為球的行進路線會較接近打者，這樣比較容易擊出安打。球隊經理因此需要左手打擊和右手打擊兩種情況下的打擊率，以決定在面對左投或右投時是否要讓那位打者上場。

Eddie Murray 和 Orlando Merced 這兩位的打擊統計記錄如表 1.5。

表 1.5

1991 年左右開弓打擊統計記錄

	Eddie Murray 的打擊率	Orlando Merced 的打擊率
左手	.295	.285
右手	.217	.208
總和	.260	.275

問題 2: 預測汰換輪胎的需求量

問題：提供汰換輪胎需求量之預測（記住：所有車程都要算在四個輪胎上）。

輪胎產業提供全世界各式各樣車輛和飛機所需的輪胎,對輪胎需求量的預測[9]也按照不同種類的車輛、飛機或是地理區域,或是隨附(買新車所隨附的輪胎)和汰換輪胎等不同的分法分別預測。

我們現在討論的是北美的汽車更換輪胎市場。輪胎在相當程度的磨損或是嚴重受損到無法修復的時候,就得換新。每年汰換輪胎的需求量是依輪胎的壽命(在必須換新之前的可行駛里程數)和全年車輛總行駛里程數來決定。

後者的預測具有相當的準確度,但是輪胎的壽命卻會隨行駛路面狀況、駕駛習慣、車輛狀況、輪胎類型而變動。輪胎壽命的資料,可以藉由衡量汽車進廠時胎面的磨損程度、里程表的數字以及平均每英里胎面磨損速度來預測。

表 1.6 是最近一項對 5 萬輛汽車胎面磨損程度所作的研究中對輪胎壽命的預測[10],本題假設年度總行駛里程數為一兆英里。

表 1.6

預計壽命(英里)	輪胎百分比
18,000	20%
24,000	20%
32,000	20%
42,000	20%
80,000	20%

[9] 本問題之資料來源為「燧石輪胎暨橡皮製品公司」個案(參見第 4 章)。
[10] 為了避免過於複雜,原始資料被簡化為 5 組。

問題 3：富者越富？

問題：解讀下表中的資料，這些資料是否支持貧者越貧，富者越富，中產階級維持不變的說法？

1992 年年初，經濟學家和人口統計學家捲入了一項總統選舉中的辯論。布希主政的那幾年，是不是「貧者越貧，富者越富」？柯林頓說是，並引用支持這項主張的資料。布希總統及其支持者立刻予以反駁[11].

1992 年夏有兩份指出所得差距擴大是不正確的報告，引起廣泛的回應，但因政治傾向的不同而獲兩極化的評價[12]。其中之一(表 1.7)顯示在 1977 年相對較貧窮的階層，在 1980 年代所得有顯著的改善，甚至比 1977 年相對較富有的階層所得提升的比率更多。這和柯林頓（民主黨候選人）的論調正好相反，我們甚至還可以由此主張，「下滴」[13]效應的經濟型態正在運作。

表 1.7 是以一群在 1977 年時，25 到 54 歲的受訪者為樣本所做的調查資料，同一群人在 1986 年又接受一次調查。

---

[11] 這場辯論的背景，請參閱 Anne B. Fisher，「The New Debate Over the Very Rich」，Fortune，June 29，1992，pp.42-54，以及 Marvin H. Kosters，「The Rise in Income Inequality」，The American Enterprise，November/December，1992，pp.29-37。

[12] Isabel V. Sawhill & Mark Condon，「Is U.S. Income Inequality Really Growing? Sorting Out the Fairness Question」，Policy Bites，The urban Institute，June 1992；以及「Household Income Changes Over Time：Some Basic Questions and Facts」，U.S. Department of the Treasury，Office of Tax Analysis，July 1992。

[13] 「下滴」效應（trickle down effect）是一社會學概念，表示一個社會或國家中一部份人先富有，再帶動整個國家人民都富有。

表 1.7

1977~1986 年平均家庭所得及平均家庭所得
的變動,由 1977 年的家庭所得將家庭經濟情況分成 5 級[14]

1977 年分成 5 級	平均家庭所得		平均家庭所得的變動	
	1977	1986	總	百分比
第一	$15,853	$27,998	$12,145	77%
第二	31,340	43,041	11,701	37
第三	43,297	51,796	8,499	20
第四	57,486	63,314	5,828	10
第五	92,531	97,140	4,609	5

海津(Hygiene)工業公司

「我們一直很成功,因我們致力於高水準的時尚與設計、創新的市場概念,與三到十天內滿足顧客要求的承諾。」列文(Noel Levine)是海津工業的總裁,對該公司從 1933 年創立到 1988 年獨領市場風騷的成功因素,在 1988 年 3 月初做了這樣的說明。海津擁有美國浴簾市場 50%的市場佔有率,年度銷售量達一億元。

「我們的行銷策略以流行、質感、配送速度為首,這個策略成本很高而且複雜。我們有大約 200 種基本浴簾式樣,以質料、顏色、圖案和樣式等作為區分。每年設計師還會推出 60 種新設計。不可避免的,零售商會捨棄很多原本上架的款式而改採新式樣。我們必須在沒有過去的銷售資料可循的情況下,維持新款式的存貨。這個市場的特性是,賣了好多年的那些式樣每個月的銷售額都變動很大。因為我們的目標要在收到訂單的 3 天到 10 天內交貨,所以我

---

[14] 經許可後重新整理自 Isabel V. Sawhill & Mark Condon,op. cit。

們不能等到接到訂單之後才開始生產。因此如果我們能更精確的預測銷售量,每年可以省下數百萬元。」

產品線

列文過去 40 年中,提升了浴簾成為流行及與其他家用產品協調的角色。在 1950 年代,他說服零售商將浴簾從家用部門轉移到布品部門以使其商品化,並與其他家居產品搭配銷售來促進浴簾的銷售;在 1960 年代,他促使百貨公司將浴巾與浴簾搭配展示,開啟「浴室整體美學」時代。

1980 年代海津將產品線擴展到各式各樣的浴室用品(包括射出成形的垃圾桶、面紙盒、滾筒衛生紙架、牙刷架、馬桶刷、肥皂盒等)、陶製品、夜燈、馬桶座、按摩棒等。海津甚至生產非浴室用品,例如桌布、桌墊、桌巾等等。

顧客羣

海津對國內多數大型零售商是最主要,甚至是唯一的供應商,這些零售點包括 Kmart、Wal-Mart、Target、Zayres、Bradlees、J.C.Penny、Sears 和 Macy's。 海津用三個不同的品牌(Hydiene、Berkeley、5th Avenue)銷售產品,並為 10 個特定的零售商設計其自有品牌。連鎖店會從海津的產品線中挑選產品組合,並每年檢討這些產品組合是否合宜。

賣得慢的款式會被較新的式樣取代,這是由每年的銷售量來決

定的。有些連鎖店採用集中採購，每兩週海津就會收到他們電傳的訂單，其他的獨立店家則用郵件或是透過配銷體系下訂單。

很多連鎖店願意與海津分享他們各銷售點每月的銷售記錄，這些記錄反映了顧客的需求，當然海津也可以從自己的出貨記錄來粗略的估計銷售量。或許更重要的是，連鎖店在促銷（報紙夾頁或店面展示）前二個月通常會通知海津。有些甚至會提供他們自己估計的銷售額增量。示圖 1、2、3 為兩個代表性客戶提供的這類資料。

生產情形

海津公司的產品最終要經過一系列的處理程序，包括印刷、染色及其他加工手續。某些織品要經過鐵弗龍（Teflon）處理，以強化其抗水性；乙烯材質的浴簾素材要有浮凸設計及印刷。海津擁有自己乙烯素材印刷設備，儲存原料以備進一步處理。上述處理過的材料，以及在其他地方生產的配件，會運送到海津位於紐約、密西西比及洛杉磯的製造工廠。

捲筒布料備有大量存貨，隨時都可上線生產。捲筒布料被做成多種半成品，這些半成品再進一步處理成 2,000 種以上的原料單位（SKUs，stock keeping units）。因無法應付緊迫的交貨時間與種類繁多的特定訂單，商品必須在售出前就有足夠的成品存貨，等待包裝配送。面對大客戶時，商品必須預先包裝，才能應付臨時的訂單並使效率更高。至於面對其他的客戶，則採取另一種包裝系統。為了滿足各個客戶對於 UPC 編碼、標示及定價的需求，海津有 32 種不同的包裝系統，可以處理 10,000 種以上不同原料單位的包裝。

示圖 1

海津（Bradlees 每月銷售額）

樣式	顏色	大小	成本	1987年2月	1987年3月	1987年4月	1987年5月	1987年6月	1987年7月	1987年8月	1987年9月	1987年10月
Candystripe	深藍色	6x 6	$3.62	349	289	279	304	324	374	361	381	369
Capistrano	藍色	6x 6	$4.85	670	670	819	814	798	916	901	875	871
Chorus Line	黑色	6x 6	$5.87	251	223	257	302	278	358	372	308	264
Do-Si-Do	藍色	6x 6	$9.20	177	206	231	235	210	240	249	254	196
Elite	淡褐色	6x 6	$3.75	539	435	492	519	616	615	633	614	684
Flamingo Rd	粉紅色	6x 6	$5.87	22	42	72	187	316	374	465	487	455
Hms	透明	6x 6	$3.25	1,039	1,009	991	1,121	1,,195	1,282	1,209	1,264	1,055
Maytime	綠色	6x 6	$3.62	380	368	418	350	324	496	431	399	464
Pandora	白色	6x 6	$5.87	372	321	355	358	425	519	487	419	533
Sanibel	桃色	6x 6	$11.33	112	143	155	147	171	202	179	80	83
Siri	白色	6x 6	$11.85	189	223	255	232	197	194	145	101	228
Theodore	棕色	6x 6	$5.87	459	226	252	255	243	361	369	300	281
Tuliptime	藍色	6x 6	$4.28	278	236	258	287	319	368	363	341	359
Victoria	藍色	6x 6	$11.57	123	95	126	156	122	153	145	151	162
Wildlife	棕色	6x 6	$9.20	258	222	387	268	258	318	309	306	252
Sutton		Deluxswg	$15.00	501	437	371	384	392	591	254	494	536
Sutton		Deluxswg	$15.00	192	352	283	294	271	323	171	365	345
Sutton	深藍色	Deluxswg	$15.00	277	290	240	231	241	324	155	273	303
Sutton	白色	Deluxswg	$15.00	156	298	183	199	185	205	93	147	237
Sutton	綠色	Deluxswg	$15.00	180	242	221	197	185	264	131	299	377
Sutton	淡褐色	Deluxswg	$15.00	224	196	216	178	197	232	100	197	220
Sutton	藍色	Deluxswg	$15.00	304	297	340	352	318	502	204	394	484

樣式	顏色	大小	成本	1987年11月	1987年12月	1988年1月	1988年2月	1988年3月	1988年4月	1988年5月	1988年6月	1988年7月
Candystripe	深藍色	6x 6	$3.62	445	431	340	313	311	434	338	397	420
Capistrano	藍色	6x 6	$4.85	930	980	715	716	790	1,005	868	946	967
Chorus Line	黑色	6x 6	$5.87	303	371	267	243	189	174	117	123	111
Do-Si-Do	藍色	6x 6	$9.20	141	120	122	150	197	278	287	233	271
Elite	淡褐色	6x 6	$3.75	638	748	466	419	469	682	612	530	623
Flamingo Rd	粉紅色	6x 6	$5.87	470	5(9	441	356	420	579	478	477	648
Hms	透明	6x 6	$3.25	1,149	1,048	951	911	978	1,318	1,092	1,134	1,270
Maytime	綠色	6x 6	$3.62	518	520	305	309	412	489	404	484	525
Pandora	白色	6x 6	$5.87	615	819	529	653	610	591	536	498	637
Sanibel	桃色	6x 6	$11.33	125	157	87	95	99	149	121	105	121
Siri	白色	6x 6	$11.85	305	295	196	165	185	253	201	174	248
Theodore	棕色	6x 6	$5.87	406	443	281	167	185	216	185	169	254
Tuliptime	藍色	6x 6	$4.28	325	379	311	279	280	424	361	410	437
Victoria	藍色	6x 6	$11.57	160	122	63	87	109	199	195	176	375
Wildlife	棕色	6x 6	$9.20	318	337	210	194	187	314	241	245	352
Sutton		Deluxswg	$15.00	330	688	203	367	541	285	460	379	413
Sutton		Deluxswg	$15.00	226	501	133	298	432	351	381	360	315
Sutton	深藍色	Deluxswg	$15.00	129	275	88	231	341	319	287	234	266
Sutton	白色	Deluxswg	$15.00	92	278	67	138	211	171	189	162	163
Sutton	綠色	Deluxswg	$15.00	172	299	52	207	373	308	243	258	273
Sutton	淡褐色	Deluxswg	$15.00	103	347	69	178	226	203	195	208	243
Sutton	藍色	Deluxswg	$15.00	240	738	145	380	443	367	405	320	380

海津（Bradlees 每月銷售額）

樣式	顏色	大小	成本	1988 年 8月	1988 年 9月	1988 年 10月	1988 年 11月	1988 年 12月	1989 年 1月	1989 年 2月	1989 年 3月
Candystripe	深藍色	6x 6	$3.62	476	533	400	372	452	154	91	177
Capistrano	藍色	6x 6	$4.85	1,091	1,176	926	1,104	952	629	600	1,252
Chorus Line	黑色	6x 6	$5.87	103	59	38	74	127	65	66	106
Do-Si-Do	藍色	6x 6	$9.20	259	233	230	274	220	132	100	178
Elite	淡褐色	6x 6	$3.75	720	750	511	579	502	309	301	587
Flamingo Rd	粉紅色	6x 6	$5.87	664	627	433	515	442	380	334	674
Hms	透明	6x 6	$3.25	1,471	1,338	1,161	1,238	1,317	809	777	1,567
Maytime	綠色	6x 6	$3.62	490	437	459	413	428	157	178	324
Pandora	白色	6x 6	$5.87	722	567	439	485	397	274	294	558
Sanibel	桃色	6x 6	$11.33	118	100	76	71	63	46	35	89
Siri	白色	6x 6	$11.85	187	227	212	238	169	126	134	266
Theodore	棕色	6x 6	$5.87	276	215	204	219	210	105	81	135
Tuliptime	藍色	6x 6	$4.28	392	376	292	346	308	194	212	466
Victoria	藍色	6x 6	$11.57	247	437	184	207	148	66	94	188
Wildlife	棕色	6x 6	$9.20	304	311	307	361	312	173	214	412
Sutton		Deluxswg	$15.00	432	473	408	562	718	142	400	682
Sutton		Deluxswg	$15.00	166	210	213	348	507	116	292	649
Sutton	深藍色	Deluxswg	$15.00	275	292	196	264	356	79	196	397
Sutton	白色	Deluxswg	$15.00	203	129	122	165	378	95	214	415
Sutton	綠色	Deluxswg	$15.00	269	221	231	268	500	82	245	566
Sutton	淡褐色	Deluxswg	$15.00	237	129	140	156	297	28	76	199
Sutton	藍色	Deluxswg	$15.00	331	326	308	359	668	78	326	692

注意：這些資料是 Bradlees 向海津報告的確實銷售量。

海津（對 Kmart 每月運送量）

樣式	大小	成本	顏色	1987年1月	1987年2月	1987年3月	1987年4月	1987年5月	1987年6月	1987年7月
Capistrano	6x 6	$4.50	桃色	2,788	3,336	5,932	2,805	3,869	4,009	4,317
Chorus Line	6x 6	$5.34	藍色	9,426	2,545	3,035	2,016	2,416	2,726	2,958
Empress	6x 6	$12.00	淡褐色	706	882	1,327	365	403	573	322
Flowerbox	6x 6	$10.14	黃色	1,185	1,583	2,602	1,344	1,683	1,662	1,900
Mums	6x 6	$2.29	棕色	5,876	7,818	11,199	5,887	7,234	7,683	19,818
Mums	6x 6	$2.29		7,618	9,469	13,811	7,291	9,649	10,084	22,327
Mums	6x 6	$2.29	黃色	5,614	7,679	9,653	6,269	7,300	8,377	20,497
Mums	6x 6	$2.29	白色	7,142	9,531	12,976	7,270	8,848	10,485	24,637
Paris	6x 6	$5.87	淡褐色	1,587	2,070	2,809	1,448	2,219	2,203	2,369
Phoenix	6x 6	$3.35	棕色	4,211	5,282	7,904	4,319	15,739	8,315	5,208
Rainbow	6x 6	$5.34	紅色	9,117	3,146	4,107	2,358	2,970	3,143	3,857
Renowned	6x 6	$3.00		2,933	5,771	7,995	3,148	8,359	3,466	4,479
Renowned	6x 6	$3.00	綠色	1,826	3,102	3,906	2,363	2,714	3,894	4,163
Renowned	6x 6	$3.00	桃色	3,142	6,607	8,538	3,290	9,461	5,000	5,685
Renowned	6x 6	$3.00	白色	4,225	9,212	11,696	4,417	12,660	7,274	9,502
Renowned	6x 6	$3.00	黃色	1,871	3,459	4,170	2,257	3,240	3,540	4,222
Renowned	6x 6	$3.00	藍色	5,351	8,829	11,895	5,296	11,390	7,005	8,832
Renowned	6x 6	$3.00	淡褐色	5,791	11,112	14,400	6,022	14,093	8,315	9,921
Renownedc	6x 6	$2.75	透明	5,929	15,527	21,873	5,535	22,331	11,195	13,663
Wild life	6x 6	$8.54	棕色	1,490	1,835	2,973	1,436	1,904	1,830	2,014
Cortina	Deluxe45	$12.00	淡褐色	172	248	411	1,410	374	316	254
Cortina	Deluxe45	$12.00	常綠	342	403	678	1,361	480	363	316
Cortina	Deluxe45	$12.00	灰色	126	227	309	1,129	260	181	195
Cortina	Deluxe45	$12.00	藍色	303	294	603	1,629	505	386	368
Dobby	Deluxe45	$11.47		565	817	1,693	686	636	560	617
Dobby	Deluxe45	$11.47	淡褐色	189	368	820	272	334	287	291
Dobby	Deluxe45	$11.47	棕色	153	215	660	239	242	188	268
Dobby	Deluxe45	$11.47	藍色	268	734	1,607	652	750	557	662
Cortina	Deluxswg	$14.25	綠色	726	932	1,291	2,441	1,292	1,204	1,073
Cortina	Deluxswg	$14.25	灰色	344	553	764	1,875	772	620	589
Cortina	Deluxswg	$14.25	淡褐色	506	717	1,320	2,584	1,121	971	829
Cortina	Deluxswg	$14.25	藍色	652	831	1,388	2,974	1,350	1,181	1,158
Dobby	Deluxswg	$13.87		1,199	1,853	3,809	1,584	1,683	1,409	1,747
Dobby	Deluxswg	$13.87	淡褐色	477	910	1,667	905	911	772	972
Dobby	Deluxswg	$13.87	棕色	527	394	1,419	699	437	612	1,041
Dobby	Deluxswg	$13.87	藍色	836	1,815	3,974	1,641	1,717	1,659	1,783

海津（對 Kmart 每月運送量）

樣式	大小	成本	顏色	1987年8月	1987年9月	1987年10月	1987年11月	1987年12月	1988年1月	1988年2月
Capistrano	6x 6	$4.50	桃色	4,855	2,081	4,835	1,986	1,886	1,669	2,138
Chorus Line	6x 6	$5.34	藍色	3,365	2,783	4,224	1,737	1,665	1,466	1,940
Empress	6x 6	$12.00	淡褐色	538	890	1,502	593	452	367	558
Flowerbox	6x 6	$10.14	黃色	2,112	1,360	2,256	1,008	891	707	903
Mums	6x 6	$2.29	棕色	11,493	4,199	8,076	3,662	4,426	3,869	4,976
Mums	6x 6	$2.29		14,269	6,164	11,378	5,448	6,700	5,981	6,862
Mums	6x 6	$2.29	黃色	11,699	4,424	7,817	3,440	4,471	3,430	4,488
Mums	6x 6	$2.29	白色	15,489	6,255	10,710	4,977	5,944	5,168	6,363
Paris	6x 6	$5.87	淡褐色	2,605	1,305	2,569	1,274	1,207	973	1,181
Phoenix	6x 6	$3.35	棕色	5,575	3,707	7,015	3,302	3,480	4,016	3,816
Rainbow	6x 6	$5.34	紅色	4,639	2,774	4,833	1,685	1,766	1,455	2,177
Renowned	6x 6	$3.00		9,914	3,180	4,831	2,355	8,431	4,637	6,584
Renowned	6x 6	$3.00	綠色	4,370	3,016	5,383	2,284	3,104	2,595	4,032
Renowned	6x 6	$3.00	桃色	11,307	4,284	6,572	3,177	9,270	5,317	7,604
Renowned	6x 6	$3.00	白色	16,764	5,607	6,340	4,445	13,092	7,154	10,652
Renowned	6x 6	$3.00	黃色	4,500	2,550	4,235	1,553	2,348	1,702	2,902
Renowned	6x 6	$3.00	藍色	14,551	5,844	8,805	4,413	11,274	6,770	9,348
Renowned	6x 6	$3.00	淡褐色	17,938	7,103	9,810	5,316	14,201	8,152	11,378
Renownedc	6x 6	$2.75	透明	28,574	9,416	12,184	6,958	24,649	15,757	20,238
Wild life	6x 6	$8.54	棕色	2,440	1,477	2,866	1,287	1,289	1,155	1,527
Cortina	Deluxe45	$12.00	淡褐色	334	184	340	1,961	219	195	202
Cortina	Deluxe45	$12.00	常綠	480	243	414	1,967	387	336	387
Cortina	Deluxe45	$12.00	灰色	300	155	306	1,834	147	144	133
Cortina	Deluxe45	$12.00	藍色	451	244	463	2,904	245	199	206
Dobby	Deluxe45	$11.47		775	1,745	972	483	527	380	496
Dobby	Deluxe45	$11.47	淡褐色	342	835	570	248	240	166	226
Dobby	Deluxe45	$11.47	棕色	316	871	505	188	208	148	175
Dobby	Deluxe45	$11.47	藍色	777	1,679	872	477	420	456	441
Cortina	Deluxswg	$14.25	綠色	1,269	717	1,115	2,643	1,007	864	1,001
Cortina	Deluxswg	$14.25	灰色	694	337	716	2,464	427	340	408
Cortina	Deluxswg	$14.25	淡褐色	887	431	1,010	2,773	629	538	526
Cortina	Deluxswg	$14.25	藍色	1,198	745	1,174	3,882	643	543	608
Dobby	Deluxswg	$13.87		1,917	3,959	2,238	862	911	622	1,129
Dobby	Deluxswg	$13.87	淡褐色	1,211	1,579	1,444	646	536	551	692
Dobby	Deluxswg	$13.87	棕色	1,228	1,640	1,588	693	609	527	657
Dobby	Deluxswg	$13.87	藍色	2,086	4,036	2,173	1,202	1,160	1,088	1,302

注意：這些資料是海津對 Kmart 的出貨情形。

海津（Kmart 的促銷預測）

樣式	大小	成本	顏色	1987 年 1月	1987 年 2月	1987 年 3月	1987 年 4月	1987 年 5月	1987 年 6月	1987 年 7月	1987 年 8月
Capistrano	6x 6	$4.50	桃色	0	0	0	0	0	0	0	0
Chorus Line	6x 6	$5.34	黑色	7,288	0	0	0	0	0	0	0
Empress	6x 6	$12.00	淡褐色	0	0	0	0	0	0	0	0
Flowerbox	6x 6	$10.14	黃色	0	0	0	0	0	0	0	0
Mums	6x 6	$2.29	棕色	0	0	0	0	0	0	8,083	0
Mums	6x 6	$2.29		0	0	0	0	0	0	8,083	0
Mums	6x 6	$2.29	黃色	0	0	0	0	0	0	8,083	0
Mums	6x 6	$2.29	白色	0	0	0	0	0	0	8,083	0
Paris	6x 6	$5.87	淡褐色	0	0	0	0	0	0	0	0
Phoenix	6x 6	$3.35	棕色	0	0	0	0	0	22,000	0	0
Rainbow	6x 6	$5.34	紅色	6,953	0	0	0	0	0	0	0
Renowned	6x 6	$3.00		5,372	0	5,537	0	5,000	0	0	3,642
Renowned	6x 6	$3.00	綠色	0	0	0	0	0	0	0	0
Renowned	6x 6	$3.00	桃色	5,372	0	5,610	0	5,000	0	0	3,642
Renowned	6x 6	$3.00	白色	8,053	0	8,240	0	7,500	0	0	5,463
Renowned	6x 6	$3.00	黃色	0	0	0	0	0	0	0	0
Renowned	6x 6	$3.00	藍色	5,372	0	6,338	0	5,000	0	0	3,642
Renowned	6x 6	$3.00	淡褐色	8,053	0	8,748	0	7,500	0	0	5,463
Renownedc	6x 6	$2.75	透明	22,080	0	16,059	0	17,000	0	0	11,496
Wild life	6x 6	$8.54	棕色	0	0	0	0	0	0	0	0
Cortina	Deluxe45	$12.00	淡褐色	0	0	0	1,187	0	0	0	0
Cortina	Deluxe45	$12.00	常綠	0	0	0	1,053	0	0	0	0
Cortina	Deluxe45	$12.00	灰色	0	0	0	1,000	0	0	0	0
Cortina	Deluxe45	$12.00	藍色	0	0	0	1,300	0	0	0	0
Dobby	Deluxe45	$11.47		0	0	1,000	0	0	0	0	0
Dobby	Deluxe45	$11.47	淡褐色	0	0	500	0	0	0	0	0
Dobby	Deluxe45	$11.47	棕色	0	0	500	0	0	0	0	0
Dobby	Deluxe45	$11.47	藍色	0	0	1,000	0	0	0	0	0
Cortina	Deluxswg	$14.25	常綠	0	0	0	1,692	0	0	0	0
Cortina	Deluxswg	$14.25	灰色	0	0	0	1,536	0	0	0	0
Cortina	Deluxswg	$14.25	淡褐色	0	0	0	1,966	0	0	0	0
Cortina	Deluxswg	$14.25	藍色	0	0	0	2,213	0	0	0	0
Dobby	Deluxswg	$13.87		0	0	2,250	0	0	0	0	0
Dobby	Deluxswg	$13.87	淡褐色	0	0	750	0	0	0	0	0
Dobby	Deluxswg	$13.87	棕色	0	0	750	0	0	0	0	0
Dobby	Deluxswg	$13.87	藍色	0	0	2,250	0	0	0	0	0

海津（Kmart 的促銷預測）

樣式	大小	成本	顏色	1987年 9月	1987年 10月	1987年 11月	1987年 12月	1988年 1月	1988年 2月	1988年 3月	1988年 4月
Capistrano	6x 6	$4.50	桃色	0	0	0	0	0	0	0	0
Chorus Line	6x 6	$5.34	黑色	0	0	0	0	0	0	0	0
Empress	6x 6	$12.00	淡褐色	0	0	0	0	0	0	0	0
Flowerbox	6x 6	$10.14	黃色	0	0	0	0	0	0	0	0
Mums	6x 6	$2.29	棕色	0	0	0	0	0	0	0	0
Mums	6x 6	$2.29		0	0	0	0	0	0	0	0
Mums	6x 6	$2.29	黃色	0	0	0	0	0	0	0	0
Mums	6x 6	$2.29	白色	0	0	0	0	0	0	0	0
Paris	6x 6	$5.87	淡褐色	0	0	0	0	0	0	0	0
Phoenix	6x 6	$3.35	棕色	0	0	0	0	1,200	0	0	0
Rainbow	6x 6	$5.34	紅色	0	0	0	0	0	0	0	0
Renowned	6x 6	$3.00		0	0	0	3,356	0	0	0	0
Renowned	6x 6	$3.00	綠色	0	0	0	0	0	0	0	0
Renowned	6x 6	$3.00	桃色	0	0	0	3,356	0	0	0	0
Renowned	6x 6	$3.00	白色	0	0	0	5,034	0	0	0	0
Renowned	6x 6	$3.00	黃色	0	0	0	0	0	0	0	0
Renowned	6x 6	$3.00	藍色	0	0	0	3,356	0	0	0	0
Renowned	6x 6	$3.00	淡褐色	0	0	0	5,034	0	0	0	0
Renownedc	6x 6	$2.75	透明	0	0	0	10,240	0	0	0	0
Wild life	6x 6	$8.54	棕色	0	0	0	0	0	0	0	0
Cortina	Deluxe45	$12.00	淡褐色	0	0	1,744	0	0	0	0	0
Cortina	Deluxe45	$12.00	常綠	0	0	1,714	0	0	0	0	0
Cortina	Deluxe45	$12.00	灰色	0	0	1,679	0	0	0	0	0
Cortina	Deluxe45	$12.00	藍色	0	0	1,268	0	0	0	0	0
Dobby	Deluxe45	$11.47		1,081	0	0	0	0	0	0	0
Dobby	Deluxe45	$11.47	淡褐色	509	0	0	0	0	0	0	0
Dobby	Deluxe45	$11.47	棕色	509	0	0	0	0	0	0	0
Dobby	Deluxe45	$11.47	藍色	1,081	0	0	0	0	0	0	0
Cortina	Deluxswg	$14.25	常綠	0	0	2,131	0	0	0	0	0
Cortina	Deluxswg	$14.25	灰色	0	0	2,046	0	0	0	0	0
Cortina	Deluxswg	$14.25	淡褐色	0	0	2,205	0	0	0	0	0
Cortina	Deluxswg	$14.25	藍色	0	0	3,289	0	0	0	0	0
Dobby	Deluxswg	$13.87		2,331	0	0	0	0	0	0	0
Dobby	Deluxswg	$13.87	淡褐色	777	0	0	0	0	0	0	0
Dobby	Deluxswg	$13.87	棕色	777	0	0	0	0	0	0	0
Dobby	Deluxswg	$13.87	藍色	2,331	0	0	0	0	0	0	0

注意：在不同時間及對不同的浴簾，Kmart 有特殊的促銷。海津的供給量是在數個月前事先決定的，而這些資料是 Kmart 對每個月所需額外增加的浴簾之估計值，實際上的訂單可能會不同。1988年 2月到 1988 年 4 月的資料都因為沒有排定促銷活動而掛零，並非資料有缺失。

　　　　史泰德(Stride Rite)公司（A）

「馬克，這一定會把你嚇一跳，」安德生對史泰德公司的銷售經理馬克說：「少女系列的鞋子賣得比我們預期好很多。我想調整銷售預測，這裡有一些圖表請你過目。」

「你說的沒錯，我也沒料到會這樣，這一季要增加產量還不算太晚，你和生產控制室談過了嗎？」

「是的，談過了。但我有一個問題，就是到底要再生產多少？需求量可能剛開始時很高，然後以我們原來預測的速度成長。也可能像過去幾個星期一樣。我猜也有可能下跌，以致最後的銷售量跟我們原先預期的相去不遠。當然得先決定各種樣式的鞋子各要增加多少。我想和你一起研究這些資料，看看我們目前的狀況吧。」

安德生把許多統計報表的比較資料攤開，她開始解釋為何在1980 年秋季起，少女系列鞋子的銷售預測要大幅修正。

史泰德製造公司

史泰德製造公司，是史泰德企業集團中最早及最大的成員，製造並銷售 0 至 12 歲的高級男女鞋。最早的產品包括嬰兒鞋、皮鞋、牛津布鞋，以及禮服鞋和休閒鞋。近來公司擴展了「Zips」運動鞋產品線，以因應近來成長迅速的帆布鞋市場，同時也引進了一些涼鞋款式。史泰德的鞋子是由遍佈全國的獨立零售商，以及一些被史泰德零售公司完全掌控的附屬公司。這些商店約佔史泰德 20%的營業額。此外，史泰德還有 3%到 4%的鞋子銷往軍營的福利社。

鞋子是依照兩個為期 26 週的生產季來做規畫的。6 月到 12 月是秋季,主要的銷售尖峰在學校開學前,而春季的銷售尖峰則在復活節前。在某些季節會推出一些新款式,而其他的則是上一季也在賣的式樣。後者的訂單大部份是再訂購,或稱為「即時訂單」,因為這些必須馬上補貨。

　　如果是那些新樣式,則由一群 35 人的銷售人員先向經銷商取得訂單。這些經銷商和史泰德的直營店是新產品主要訂單來源。1 到 3 月間的訂單要在夏天交貨。為了使生產順暢、減少存貨、鼓勵經銷商預估其需求量,可以到 9 月下旬才付預訂款項。春季產品則在 8 月到 11 月間預訂,12 月到 2 月間交貨。由於春季的銷售量只有全年銷售量的三分之一,故春季時沒有付款優惠。

　　雖然預訂是鞋業的慣例,但史泰德是唯一擁有即時訂購系統的公司。許多製鞋商只接受預訂,因為這樣可以簡化生產排程,且變動較小,但當零售商某種樣式或尺寸缺貨時,零售商便無法在當季補貨。史泰德的經銷商卻可以利用即時訂單,補齊幾乎所有樣式及尺寸。

建立初始預測

　　史泰德用的是由上而下的預測策略,從管理階層設定的財務目標(鞋子銷售量)開始。馬克在四位產品經理的協助下,將總銷售量分配到幾個主要的產品群,例如嬰兒鞋佔總銷售量的 25%,女鞋佔 30%等等。[15]

---

[15] 青少女群又分為三組「銷售群」:Service、Press 與 Welt 涼鞋。示圖 4 顯示史泰德的商品分類。

產品經理的任務在於預測所有樣式及尺寸產品的預訂及即時訂單數量，並向工廠下生產訂單。他們將產品線分成幾部份，分別由不同的產品經理負責，一位負責所有的運動鞋，一位負責嬰兒鞋的所有樣式，一位負責女鞋，第四位則負責男鞋產品線。安德生負責的是女鞋產品線，共有 38 種不同的樣式，大多有兩種以上的顏色，以及兩種以上的尺寸，尺寸範圍包括：幼兒、小孩、少女及青少女。每一種不同樣式、顏色、尺寸的產品，都有一個型號[16]。安德生預測女鞋產品線內每一個型號的當季需求量，然後適時對工廠下達生產訂單。大部份的鞋子都由史泰德本身的工廠製造，少部份外包給獨立的供應商。由於製造工廠在銷售季節之前好幾個月就開始製造鞋子，所以預測的正確性對於拿捏存貨與缺貨水準有很大的影響。

產品經理同時要處理至少兩季的預測資料。要預測下一季預訂產品的訂單數量，並追蹤實際上的預訂訂單以確保生產排程合宜。當季的銷售預測就比較複雜，且時間壓力也較大。一旦銷售季節開始，當季訂單就都是即時訂單，幾乎不再有預訂訂單。

即時訂單要求的是立即補貨，否則就會喪失銷售良機。零售商要產品馬上補齊，如果不行，就不用補貨了。若史泰德缺貨，訂單就會自動被取消，但是零售商仍有重下訂單的權利。產品經理基於銷售預測，力求產品不缺貨，同時避免生產過剩。他們仔細追蹤工廠生產、出貨情形，及每一種鞋子需求量的變動情形。如果必要，會修正銷售預測，並與生產控制室協調製造上所需相對應的更動。由於製造鞋子要 6 個星期，所以隨著銷售季節接近尾聲，可以做的

---

[16] 每種樣式有一基本型號，例如 Varsity 型鞋為 2617。顏色碼加在基本型號後面，如 26175 為黑白色的 Varsity 鞋。尺寸碼加在基本型號前，如 926175 為黑白色青少女 Varsity 鞋。最後一碼為「檢查碼」，因此黑白色青少女 Varsity 鞋為 9261751。

修正也越來越小。安德生和馬克見面的時間是 8 月中旬，她正準備要修正 1980 年秋即時訂單的預測值。

1980 年秋季青少女 Service 鞋的銷售預測

　　為決定少女 Service 鞋的銷售預測，安德生先回顧過去的資料。

　　史泰德大部份鞋子的樣式和過去的產品很相似，所以有豐富的相關資料可供參考。不同尺寸的數量比例在過去幾年可以說是完全相同，且童鞋的整體市場大小相當穩定（請見示圖 5）。圖 6 是少女鞋銷售量與史泰德總銷售量的比較（其中 1980 年的資料是稍早前的預測值）。從 1971 年開始，少女鞋的銷售量就明顯下跌，從 1971 年的 468,000 跌到 1979 年的 215,000 雙，減少了 54%。史泰德的總銷售量也減少，但是幅度沒有那麼大。少女鞋佔總銷售量的比例也從 9.2% 降到 4.8%。安德生並不預期會有任何反轉的趨勢。

　　除了歷史資料以外，安德生也從銷售人員那邊得到許多最新的資料。銷售人員在開展新產品的銷售之前，會對新產品的銷售情形作預測，在他們開始巡迴推銷幾個星期之後，會作第二次的銷售預測。示圖 7 是 1980 年秋季銷售人員對少女 Service 鞋預訂訂單的第一次和第二次銷售預測。銷售人員也反映經銷商對當季產品的意見，包括顏色及是否合腳、顧客對特定樣式是否喜歡等等。史泰德的直營零售店在每月的報表中以不同樣式及尺寸分類以提供進一步的銷售資訊。

　　銷售團隊所提供的資訊使安德生對少女鞋的尺寸感到困惑。12 歲左右的顧客群傾向於購買提供給成人的產品，即她們轉而購買小

號的成人鞋，而非大號的少女鞋。此顧客群中某些愛好流行產品的族群，她們想要的產品甚至在史泰德的產品線是不存在的。2月底時，她以本身所做的預測、銷售團隊的銷售預測為基礎，向工廠下達生產訂單。

接到預訂訂單後，安德生很快就得到預訂訂單的彙總表，由於新樣式的預訂訂單比例很高（最多到80%），所以預訂數量提供了很好的預測基礎。相反的，既有產品線則少有預訂訂單，約80%是即時訂單。過去的經驗顯示，在3月上旬左右，會收到75%的預訂訂單。此時安德生可以修正她的預測，並進行即時訂單的預測。在這個時候，所有的資訊和她先前的預測出入不大。3月中，她預測青少女鞋的銷售量是 96,100 雙，佔女鞋總銷售量 850,000 雙的11.3%，其中 72,771 雙是預訂訂單（女鞋的預訂訂單預估為 566,000雙），23,329 雙是即時訂單[17]（女鞋為 284,000 雙，1979 年的預訂訂單為 85,700 雙，即時需求量為 29,400 雙，即時訂單為 23,100 雙）。

然後她將 96,100 雙的銷售量分配到少女鞋 22 種不同型號的產品上（共有 13 種不同樣式，某些樣式有兩種以上的顏色）。為建立各型號產品的預測，她運用了歷史資料、銷售人員提供的資訊、她本身對趨勢的直覺，以及預訂訂單數量等，並持續驗證這份預測，隨著其餘預訂訂單的到達，作必要的修正。這方面，主要的資訊來源是產銷摘要（merchandising summary）。

---

[17] 即時需求包括銷售量（出貨的數量）及由於存貨不足而取消的訂單數量。

產銷摘要

每週一公司會作一份產銷摘要,列出前一週每種型號產品的訂單、存貨、生產、出貨狀況,及每天的銷售量、季節銷售預測、銷售量對銷售預測的比例(請見示圖8)。產品摘要共有十六行,前九行提供了需求量、銷售量及銷售預測資料,後七行則是供給面的資料,包括已被訂購的數量、現有未被訂購的數量、前一週的生產量,以及線上和列入排程的數量。藉此產品經理可以迅速掌握目前每一種型號的需求和供應量。

產品經理使用幾種不同的方法來驗證和評估需求預測。不只比較收到的訂單與季節預測量的差異,還比較同尺寸、不同樣式,以及同樣式、不同尺寸產品間的差異。

為了進行這些交叉比較,需要兩種版本的產銷摘要。兩者都先以產品群排序,其一按照樣式、顏色、尺寸排序;另一個按照尺寸、樣式、顏色排序。圖8是後者的其中一頁,列出 Service 女鞋產品群中的兩類產品:少女鞋與青少女鞋的資料。

圖 9 表示這種由上到下,將銷售預測分配到各型號產品的做法。圖的上半部(圖 9A)顯示史泰德的鞋業架構下 Service 女鞋的銷售預測;圖 9B 則顯示 Varsity 樣式的銷售預測及實際銷售量的細部資料。

此外,另一種運用產銷摘要的方式是:將其與前一年的資料作比較。產品經理慣例上會用電腦取得這項資訊。在分析上,每季及每週需求的「相對比例」扮演很重要的角色。當年的相對比例為本季到某日為止的立即需求,和當季立即訂單預測的比例;去年的相對比例為去年該季到某日為止的立即需求,與去年該季總立即需求間的比例。如果某一種型號的鞋子,其相對比例在今年和去年都大

約是 40%，則此型號的立即需求預測大概會蠻準確的，也就是說，今年和去年的銷售速度大約相若。產品經理要找出相對比例相差甚遠的特殊情形，有些時候特殊情形可以用供應面的問題來解釋，例如製造工廠的生產進度落後，則實際的銷售量會減少，以及總需求量重複計算某些已被取消但又再恢復的訂單；有些需求面的情形可歸因於外部因素，如冬天氣候相當溫暖，則靴子的實際需求就會低於預測值。

即時訂單與修正預測

當 1980 年 6 月秋季的銷售季節開始時，安德生已接到幾乎全部的預訂訂單，而即時訂單才正要進來。為了方便與前一年的資料作比對，安德生為女鞋產品群與青少女鞋建立了每週與累計的立即需求與相對比例（relative rate）圖。圖 10 是 1975 年到 1979 年秋季，以及 1980 年前 11 週 Service 女鞋[18]產品群的需求圖；圖 11 則是青少女 Service 鞋 1978 年，1979 年，及 1980 年前 11 週的需求圖。當安德生看到圖 11 的累計圖時，她注意到 1980 年銷售量持續超越前兩年，雖然她也注意到 1979 年前 14 週的銷售量持續超越 1978 年，但仍比 1978 年的總銷售量少 12%。

而在相對比例圖方面，她看到 1979 年第 11 週的相對比例高於 1978 年第 11 週的相對比例，這代表 1979 年該季其餘幾週的銷售量在總銷售裡面所佔的比例比 1978 年低。如果 1980 年的銷售預測提高的話，代表第 12 週到第 26 週的銷售量會比到目前為止的總銷

---

[18] 雖然安德生應預測與追蹤所有三大產品群的銷售量，此時她只針對 Service 女鞋產品群。

售量稍多。雖然她不認為 1978~1979 兩年所發生的逆轉會再出現，但是她仍覺得 1980 年的需求被低估。

　　她開始由上而下做修正的工作，從手上的女鞋需求量與前一年總需求量的比較，及她所作的需求預測開始，她仔細的找出那些由於所需型號存貨不足而被取消的訂單。到前 11 週為止的資訊仍然不是很充分，但隨著銷售季節的進行，資訊會更充分，所以有人說早期儘量少作需求修正。另一方面而言，早期修正對於生產排程的影響最小，也更有充裕的時間生產足夠的存貨。

　　考慮過全盤情形後，安德生修正了 Service 女鞋的季節預測。然後她檢視女鞋產品四種不同尺寸的需求比例，她假設本季其餘時間內各產品的相對比例會保持穩定，也就是說，如果少女鞋的銷售量是青少女鞋的兩倍，但只有童鞋的一半，則這些比例關係在本季會保持不變。為了修正這些不同市場產品的銷售預測，她要預測女鞋在本季其餘各週的銷售量，並將預測值按比例分配給這四種不同市場的產品。在青少女鞋方面，她將預測值提高 5,000 雙，這也是她打算和馬克討論的部份。

　　「馬克，看來我們在這個年齡層上有些產品賣得不錯，」安德生說。「尤其是 Mariner 型和 Varsity 型賣得特別好」（請見示圖 12，Mariner 和 Varsity 分別代表船型及鞍型樣式）。

　　「是的。我們的銷售員告訴客戶這些產品會大賣，但是有些零售商就是不相信，現在他們可要後悔存貨不夠了。」

　　馬克和安德生研究了這些圖表，接受她的修正預測。他強調：「最好加上每一種型號的圖表。」

　　這是整個預測修正流程的最後兩步驟。安德生首先修正了女鞋的銷售預測，然後將其分配到四種不同市場的產品上，接著針對每個市場，進一步修正每種型號的銷售預測。整個流程可以 Varsity

9261751，黑白花色的 Varsity 鞋來作例子。

修正 9261751 的預測

　　這個型號在第 11 週的訂單數目為 1,205 雙，如圖 8 所示。安德生認為這樣的需求水準實在是太高了。青少女鞋一般來講，都只有少女鞋銷售量的一半到三分之一，然而在第 11 週，這兩者的銷售量卻在同一水準（請見示圖 8，相應的女鞋型號為 7261753）。當週 1,205 雙的訂單佔了目前為止 1,264 雙即時訂單的大部份，這也顯示銷售量已超越原本安德生預測的總銷售量 3,200 雙（包括預訂與即時訂單）。她覺得有必要進一步的探索其中關鍵所在。

　　8 月 20 日，她向零售推銷員詢問相關的銷售資訊，由於大部份 Mariner 型鞋訂單來自一地，她打電話給該區域的產品經理巴克萊。

　　「你知道 Mariner 型的鞋子是怎麼一回事嗎？」安德生問道，「我們完全沒料到會賣得這麼好。」

　　「喔，當然，你不知道發生了什麼事嗎？Bamberger 賣這鞋子簡直就是賣翻了，紐澤西州所有的啦啦隊都在穿 Mariner 型鞋」，巴克萊回答。

　　Bamberger 是紐澤西州一家連鎖百貨公司，其連鎖店中有 18 家分店賣史泰德的鞋子。Bamberger 的訂單佔了黑白花色 Mariner 型鞋需求的大部份。由於很難確定這關於紐澤西州啦啦隊的資訊是否有指標性意義。巴克萊認為所有啦啦隊都已經購買 Mariner 型鞋，所以需求將會跌落。另一方面來看，或許其他學生會受到啦啦隊的選擇之影響，這樣需求就會持續高漲。此外，是否還有紐澤西

州啦啦隊以外的相關資訊能協助判斷？由於史泰德的鞋子很少被國、高中青少女大量購買，所以安德生接受巴克萊的意見，預期像 Bamberger 那樣的大訂單不會再出現。

這份訂單佔了第 11 週對 Mariner 型鞋的立即需求中的 600 雙左右，所以安德生決定除去這份訂單的影響，而以 605 雙的需求為基礎來作預測修正。產銷摘要指出青少女產品當週的立即訂單為 5,339 雙（示圖 8），她將其減少 600 雙，向下修正為 4,739 雙。黑白花色的 Mariner 型鞋在除去特殊訂單的影響之後，佔當週的青少女鞋的需求比例為 605/4,739=12.8%。安德生覺得修正過的需求比例比較合理，即使這僅僅是基於一週的資料所算出來的。接著她想要決定青少女鞋各產品的銷售預測。

原本青少女鞋的銷售預測為 96,100 雙（示圖 8），現在增加 5,000 雙，向上修正為 101,100 雙。然後減去到第 11 週底為止已經出貨的數目，加上未出貨的數目，總共是 18,519 雙，要分配到青少女鞋的各型號上。她分配的方式是以到第 11 週為止各型號的需求佔總需求的比例，加上各種必要的調整，如 9261751 的調整[19]。如前所述，這種鞋子當週調整後的需求佔青少女鞋當週需求的 12.8%。在這種需求比例將會持續下去的假設下，9261751 在秋季接下來各週的需求為 18,519 雙的 12.8%，也就是 2,370 雙（計算的細節如圖 13）。

當算出 Mariner 型鞋的需求之後，安德生要做進一步的分析判斷。她原本的預測值 3,200 雙已經達成，追加 2,500 雙訂單算是相當合理。但是在接下來的 14 週內，可能有 6 週 9261751 會缺貨，從示圖 8 中可以看出目前的存貨水準略少於 900 雙，在第 11 週只增加了 355 雙。必定會因為缺貨而失去一些銷售機會，而某些訂單

---

[19] 若不這樣調整，9261751 將佔秋季女鞋需求的 22.6%。

示圖 4　　　史泰德的商品種類

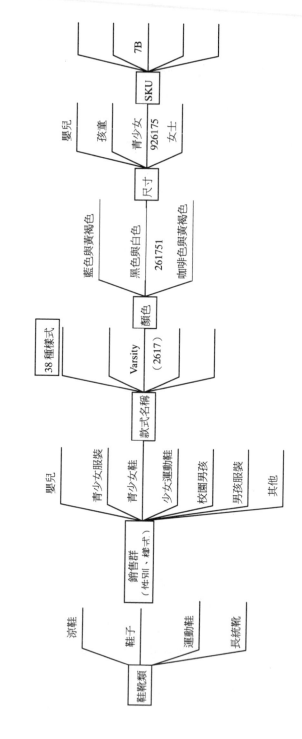

會因此而取消。接下來她和生產控制室洽詢，了解工廠最多可以再生產 2,000 雙黑白花色 Mariner 型鞋。在檢視過目前的需求、必將出現的缺貨情形及工廠的狀況之後，安德生決定本季剩餘各週的合理銷售預測為 1,600 雙。由於已售出 3,773 雙（圖 8），她將 9261751 的銷售預測修正為 5,400 雙。

　　她以類似的計算及分析方法得出青少女產品各型號，及女鞋產品各型號的預測值。

示圖 5

國內生產與進口：非膠鞋（百萬雙）

年	總計	與去年比較之增減幅度	孩童鞋	孩童鞋變動百分比
1975	669.5	-7%	107.9	-4%
1976	786.5	+17%	140.8	+30%
1977	781.8	-1%	120.8	-14%
1978	785.5	+0%	109.7	-9%
1979	776.7	-1%	102.9	-6%

資料來源：史泰德公司

史泰德的青少女鞋與總銷售量

年	青少女鞋 銷售量	總銷售量	青少女鞋銷售量 佔總銷售量百分比
1971	468,000	5,081,000	9.2%
1972	423,000	5,251,000	8.1%
1973	373,000	5,056,000	7.4%
1974	326,000	4,981,000	6.5%
1975	381,000	5,438,000	7.0%
1976	305,000	5,490,000	5.6%
1977	206,000	4,491,000	4.5%
1978	212,000	4,597,000	4.6%
1979	215,000	4,437,000	4.8%
1980（早期）	201,900	4,549,500	4.4%

1980 年秋天青少女 Service 鞋

樣式	31 位銷售人員 第一次預測	31 位銷售人員 第二次預測	零售商	軍方
Mariner	118,900	116,880	136,580	143,000
Misty	53,500	47,840	49,490	55,400
Harbor	37,260	37,790	43,390	43,390
Varsity	50,800	29,700	33,200	34,300
Jessie	9,355	8,720	8,720	8,720
Heather	39,700	39,200	46,400	46,400
Tammy	68,650	64,800	77,300	79,200
Tracy	23,100	19,940	19,940	19,940
Joy	67,850	46,700	50,700	52,700
Tweety	46,400	53,700	61,100	61,100
Flair	37,800	48,000	48,000	48,000
Camper	7,950	4,615	4,615	4,615
總計	561,265	517,885	579,435	596,765

產銷摘要報告

1980年8月16日

型號	樣式名稱	即時訂單 本週	即時訂單 本季至今合計	未來交貨合計	季銷量合計	缺貨量 本週	缺貨量 本季至今	預測值百分比 %	本季預測值	下季預測值	已出貨合計	未來出貨量	上週完成量	現有成品	在製中	列入排程後	三項合計
7214646	heather	384	949	8795	9744	10	28	86%	11300		12011	139	516	2147	120		2267
7214836	misty	163	74	12638	12712	19	21	83%	15400		15108	63	582	764	1632		2396
7214869	misty	136	113	13719	13835	8	25	84%	16400		16150	130	496	755	1152	408	2315
7225238	harbor	290	385	13531	13916	2	22	84%	16500		18027	85	359	751	1752	1608	4111
7225261	harbor	334	475	11439	11914		20	88%	13600		13118	143	72	268	1128	-192	1204
7239536	kim	56	127		127			42%	300		2803			2676			2676
7239544	kim	18	71		71	6		71%	100		2414			2343			2343
7261746	varsity			1488	1488		24	99%	1500	1900	1544	38	36	44	12		56
7231753*	varsity	1232	1315	4542	5857		5	87%	6700	600	8071	15	308	1422	792		2214
7261787	varsity	176	187	3150	3337		11	68%	4900	1100	5295	24	144	914	732	312	1958
7261795	varsity	811	937	15767	16704		28	71%	23400		22752	172	1311	3600	1752	696	6048
7286131	tracy	277	583	8706	9289	30	49	87%	10700		11335	171	1016	1302	744		2046
7286149	tracy	53	316	4797	5113	54	85	90%	5700		5848	143	84	39	696		735
7417504	jessie	235	877	180	1057	111	209	96%	1100		1224	-1		167			167
7417801	jessie	131	406	47	453	4	34	57%	800		887	16		434			434
7464597	fairway	212	405	243	648		37	29%	2200		5771			5123			5123
7573934	penny	1086	2146	1629	3775	352	777	60%	6300	3300	7896	126		2213		1908	4121
7960032	greta	27	96	11	107			6%	1800	1000	9429	28		9322			9322
女鞋合計		9968	17892	191282	209174	596	1381	79%	265800	333000	299100	3281	12751	64150	17052	8724	89926
9201732	Kate	38	128	24	152			15%	1000	2900	6458	107	356	6303			6303
9210832	Mariner	556	1291	14951	16242	156	213	86%	18900	7300	18983	192	96	101	1704	936	2741
9210865	Mariner	1256	2179	14718	16897	106	132	92%	18400	2700	19515	291	756	506	2112	96	2618
9214636	Heather	197	495	6104	6599	43	81	87%	7600	500	8424	102	24	1273	456		1825
9214644	Heather	76	220	1415	1635	26	54	96%	1700		2239	18	83	580	24		604
9214834	Misty	19	-1	3033	3032	14	110	87%	3500		3510	35	72	214	216	48	478
9225236	Harbor	201	109	7263	7372	102	154	88%	8400		9056	166	96	-8	1188	504	1684
9225269	Harbor	249	277	6773	7050	8	13	94%	7500		7567	114		301	192	24	517
9239534	Kim	13	31	14	45			90%	50		1203			1158			1158
9239542	Kim	4	2	8				16%	50		724			716			716
9240532	Camper	196	936	455	1391			41%	3400	2500	8204	-27	215	1920	624	4893	6813
9261744	Varsity			650	650		7	93%	700		720	1		70			70
9261751*	Varsity	1205	1263	2510	3773	27	62	118%	3200	700	4657	28	335	-148		408	884
9261785	Varsity	27	27	855	882		6	74%	1200	200	1653			471		300	771
9261793	Varsity	522	539	7699	8328	9	119	85%	9700	600	10301	38	618	1055	1008		2063
9286139	Tracy	12	134	2591	2725	15	45	88%	3100		3486	53	491	557	204		761
9286147	Tracy	36	28	1772	1800	71	70	82%	2200		2342	82	96	-106	648		542
9417502	Jessie	65	370	100	470	71	293	78%	600		696			226			226
9417809	Jessie	31	143	7	150	5	49	75%	200		606			456			456
9464595	Fairway	102	172	8	160		10	36%	500		2357			2177			2177
9573932	Penny	505	1313	542	1855	71	162	53%	3500	1700	4324	12		1497		972	2469
9960030	Greta	29	78	19	97			14%	700	500	7123	26		7026			7026
青少女鞋合計		5339	9740	71503	81313	653	1580	85%	96100	19600	124148	1268	3238	26348	8376	8181	42905

* Varsity 的黑白色樣式

1980 年秋天預測

A.　　　　　在全面預測架構下 Service 女鞋的銷售預測

銷售群體
　　嬰兒

少女				尺寸		
		嬰兒	女孩	青少女	女士	總計
服裝		…	…	…	…	…
	未來	…	…	73K	195K	566K
服務	現在	…	…	23K	71K	284K
	總計	…	…	96K	266K	850K
運動鞋		…	…	…	…	…
男孩						
學校						
服裝						

B. Varsity 及其他相關樣式的實際與預測

到 1980 年 8 月 16 日止

		青少女				女士			
		預測值			實際值	預測值			實際值
樣式	顏色	未來	現在	總計		未來	現在	總計	
	…								
…	…								
…	…								
	…								
Varsity	黑白	2,538	662	3,200	3,773	4,557	2,143	6,700	5,857
	…								
	…								
Varsity 總計		11,811	2,989	14,800	13,543	8,865	27,635	36,500	27,386
	…								
	…								
總計		72,770	23,330	96,100	81,243	194,563	71,237	265,800	209,174

Service 女鞋秋天需求成長

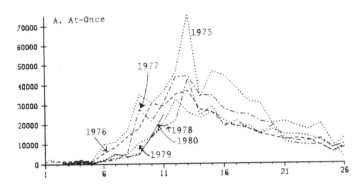

A. At-Once

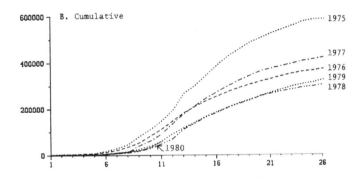

B. Cumulative

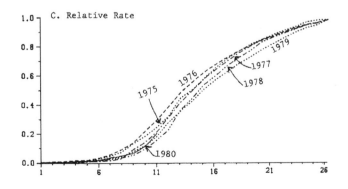

C. Relative Rate

青少女 Service 鞋秋天需求成長

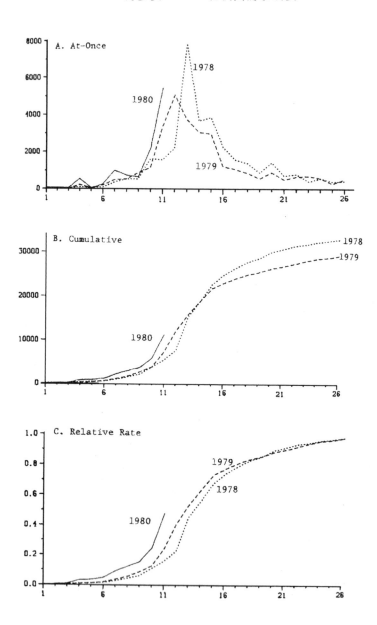

示圖 12

Varsity	72617 53	黑／白色	$12\frac{1}{2}$ to 3	B to EE	14.50	29.00
	92617 51		5 to 9	AA, B to D	16.00	32.00
	72617 87	藍／黃褐色	$12\frac{1}{2}$ to 3	C to E	14.50	29.00
	92617 85		5 to 9	AA to C	16.00	32.00
	72617 95	咖哩／黃褐色	$12\frac{1}{2}$ to 3	B to EE	14.50	29.00
	92617 93		5 to 9	AA, B to D	16.00	32.00
Mariner	52108 36	黃褐色	$8\frac{1}{2}$ to 12	B to EEE	14.00	28.00
	72108 34		$12\frac{1}{2}$ to 3	B to EEE	15.50	31.00
	92108 32		5 to 9	AA, B to E	17.00	34.00
	52108 69	葡萄色	$8\frac{1}{2}$ to 12	C to EE	14.00	28.00
	72108 67		$12\frac{1}{2}$ to 3	C to EE	15.50	31.00
	92108 65		5 to 9	AA, B to D	17.00	34.00

926175 號需求預測修正計算表
（資料取自示圖 8 第 11 週產銷摘要資料）

第 11 週實際女鞋需求	5,339（示圖 8，第 3 欄）
9261751 號第 11 週預測需求	-600
第 11 週女鞋需求修正	4,739
舊預測/青少女鞋	96,100（示圖 8，第 10 欄）
季節修正	+5,000
新季節青少女鞋預測	101,100
第 9261751 號需求佔第 11 週青少女鞋需求百分比	12.8%（=605/4,739）
已經運出的青少女鞋	81,313（示圖 8，第 6 欄）
未出貨	+1,268（示圖 8，第 13 欄）
已經賣出	82,581
總預測	101,100
已經賣出總量	-82,581
下一季可銷售	18,519

9261751 號預測修正
2,370（佔 18,519 的 12.8%）：當季剩餘時間需求
1,600：當季剩餘時間預測銷售（由 2,370 中扣掉，因為可能無現貨）
5,400：修正預測（=3,773 已售出+28 未售出+當季剩餘時間預測）

第 2 章

抽樣及統計推論

導言

　　本章是講述如何由母群中抽出樣本以推論母群的相關資料。其重點在於推論母群的平均值和百分比[1]。母群平均數的例子有：顧客群中平均每年每人在某產品的購買數量及顧客使用機票定位系統平均等待的時間。母群百分比的例子，如美國的平均失業率[2]等。

　　統計推論的主要概念是：即使樣本提供了母群平均或母群百分比的相關資訊，這些資訊還是不完整的。我們仍不能確定其真正數值。統計推論提供的是如何推估真正的數值，及將推估的不確定性加以量化的方法。

　　從母群得到完整資料是不可能、不可行或太貴時，我們會抽取**樣本**（samples）。例如，你要從目標母群中抽取一群樣本，以求得他們願意購買某一產品的花費，從他們的回答中推論出整個目標母群中每人平均實際購買量。再舉一個例子，你打電話給航空公司的訂位系統做為抽樣，測量每一通電話等待的時間，由此可以推論所有訂位電話的平均等待時間。

　　本章針對抽樣和推論的議題提供概念性的簡介。其中一些基礎觀念並不容易理解。要測驗你對這些概念的理解程度，最好的方法

---

[1] 有時候我們對於母群總量（population totals）的興趣甚於母群平均和母群中的百分比。例如我們可能對某顧客群的總購買量比對每個顧客的平均購買量更有興趣。當已知母群平均值或母群百分比時，乘上母群的大小即可得到關於母群總量的資訊。

[2] 我們也可以推論過程。舉例來說，我們可能想要推論一個生產過程長期的不良品比率。書中所有關於母群的推論都可以適用於過程，但本書的重點放在關於母群的討論。

就是做一做這些例子和練習。當你得到一個數量化的結果，問問自己這個結果的意義。抽樣的重要公式並不難；都已收集在本章的附錄中作為參考。

　　若先前你已學過抽樣理論，要注意不同的計算方法有不同層次的精細程度。或許你已學過比本書中更精確有力的方法，但其實它們的複雜性更高。在許多管理場域中，若能以簡單的方法算出 95% 的信賴區間是介於 190 與 260 間，就不用精確地算出實際值是在 200 與 250 之間，因為這兩種答案經常可以歸納出相同的結論。而若精確結果很重要時，就應該先徵詢專家的意見。

　　本章中討論的概念幾乎都會在談迴歸（regression）的章節中再出現。某些在此出現的概念（例如，t-統計量或自由度）對了解抽樣和推論並非必要，但是在做迴歸時卻很重要。本章和後面介紹迴歸的章節應該可以讓你了解抽樣、推論和迴歸之間的緊密關係，並且告訴你這些概念扮演的重要角色。

抽樣誤差

　　一份抽樣可能因為抽樣誤差而無法求得母群精確的平均值或百分比[3]。「籤運」（"luck of the draw"）使得樣本平均值和母群中未被抽到的部份有差異。這是由樣本推論母群時可能的誤差來源之一。

---

[3] 本節主要討論母群平均；最後會介紹如何對母群百分比做細微的調節。

由樣本推論母羣

因為有抽樣誤差，即使當某個樣本從母羣中抽出時具有「代表性」（"representative"）[4]，也只是提供不完整的資訊。說明如下，假設你問 100 個可能購買者他們願意花多少錢去買一個明年會推出的新產品。第一位說 10 元，第二位說 92 元，第三位說一毛都不給…諸如此類。你把這 100 個答案相加除以 100，得到 32.51 元作為你的**樣本平均**（sample average）。此時，若要從這些回答中推論出明年整個市場（目標母羣）中平均可能的潛在消費者平均的花費，你可以做出以下的推論：

A. 「每個潛在顧客平均消費額的最佳估計值是為 32.51 元。」
B. 「在 95%的信賴水準下，每個潛在顧客的平均消費額是 27.37 元到 37.65 元。」
C. 「在 2.5%的顯著水準下，每個潛在顧客的平均消費額會大於損益平衡點的 27 元。」

如上面的 A 稱為**統計估計**（statistical estimation），B 是**信賴區間**（confidence interval），C 中的推論稱為（統計）**顯著水準檢定**（test of [statistical] significance）。

✍ 估計和信賴區間

統計估計（statistical estimation）相對而言在程序上較簡單易

---

[4] 要確定抽樣具有代表性的唯一方法，是藉由某些型式的隨機抽樣。在本章稍後會有詳細探討。

懂：當母群數值分配相當對稱且沒有極端值時，**樣本平均值**（sample mean，*m*）可以作爲一個很好的母群平均數估計值。在前面每個顧客平均消費額的例子中，32.51 元就是個很好的母群平均數估計值。

換言之，**信賴區間**（confidential interval）就比較複雜了。信賴區間作爲樣本估計值，其與母群平均值的實際差距取決於**樣本數**（sample size，*n*）和所抽出樣本的離散程度，以**樣本標準差**（sample standard deviation，*s*）[5]計算。其他條件都不變，當樣本數增加且樣本值離散程度降低時，就可以降低母群平均值的不確定性。在前面的例子中，當你的樣本數由 100 人增加到 400 人時，你可以更確信母群平均值接近樣本平均值的 32.51 元。類似的情況，若你訪問的 100 人，他們的回答都介於 32 元和 33 元間，這會比他們的回答介於 0 元和 500 元時讓你更確信母群平均值接近樣本平均值。

母群平均值的信賴水準可以用**信賴度分配**（confidence distribution）來表示。在推估母群平均數時，信賴度分配的平均值等於樣本平均值 *m*，且信賴度分配的標準差（稱爲**標準誤**，standard error）等同於樣本的標準差 *s* 除以樣本數 *n* 的平方根。

標準誤 $= s / \sqrt{n}$

當樣本離散程度降低且樣本數增加時，標準誤會減少。

無論母群本身的數值分配形狀爲何，信賴度分配的形狀基本上是常態的，或曰鐘形的。一如在任何常態分配中，在平均值上下一個標準差以內的數值包含 68%的信賴度；上下兩個標準差，含有 95%的信賴度；而上下三個信賴度則有 99.7%的信賴度。圖 2.1 畫

---

[5] 關於樣本標準差的討論請見附錄的第 1 節。

出了這三種信賴度分配間的關係。

圖 2.1

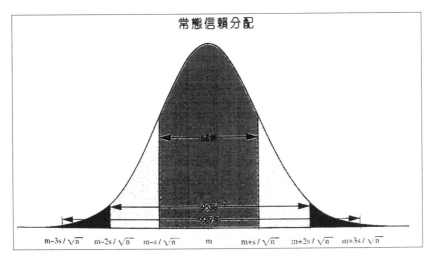

由信賴度分配中，可以建構出母群平均值的信賴區間。信賴區間代表的是母群平均數的實際數值會出現的範圍，以及實際落在此範圍的可信度。不同長度，或曰不同信賴度的信賴區間，可以被某個給定的樣本建構出來。一般而言，我們偏好較窄的信賴區間，因為越窄的區間表示推論母群平均值的確定性越大；但我們又希望信賴水準越高越好。不幸的是，對一個已被抽出的樣本來說，是無法同時達到這兩個目標的：信賴區間越窄，母群實際平均值落在此區間的信賴度越低；相對地，母群平均值落入此區間的可信度越高，區間就必須越寬。唯一可以兩者兼顧——更窄的區間和更高的信賴度——的方法就是增加樣本數。

從信賴度分配中，你可以建構出母群平均的信賴區間。信賴區間由樣本的三個特性來決定：即樣本數（n）、樣本平均值（m）

和樣本標準差（s），和母群大小無關。不論母群大小是 1,000 還是 1,000,000，只要抽出的樣本具有同樣的 n、m、s，得到的信賴區間就會完全一樣。一般人會犯的錯誤是，認為適當的樣本數應該是母群大小的一個固定百分比（例如 10%）。其實不然，決定準確度的是樣本數的絕對大小。[6]

下面的例子說明信賴區間是如何建構出來的。某個市場調查員對 100 個潛在顧客樣本詢問他們明年願意花多少錢購買某項產品。樣本平均值是 32.51 元，標準差是 25.7 元。潛在顧客平均花費的最佳估計值就是 32.51 元。標準誤是 $25.7 \div \sqrt{100} = 25.7 \div 10 = 2.57$。因此在 68%[7]的信賴度下我們可以說每個潛在顧客的平均花費介於 (32.51-2.57)元和(32.51+2.57)元之間（即 29.94 元和 35.08 元間）。類似地，在 95%的信賴度下，平均花費會介於 27.37 元和 37.65 元間；99.7%的信賴度時，會介於 24.80 元和 40.22 元間。

✍ 統計顯著度

你可以由樣本做的第三種推論是**顯著度檢定**（ test of significance）。在此，我們不去估計母群平均落在哪一點或哪段區間上，而是標定母群平均是有可能比一個臨界值 c 大或小。例如，你或許想知道每人平均購買額是否大於損益平衡點 27 元。如果樣本平均值是 32.51 元，比臨界值 27 元大，母群平均有多大可能和樣本平均數落在臨界值的同一側？

要回答這個問題，你可以先建立一個信賴區間看看這區間是否

---

[6] 此論述的簡易證明請見本章附錄中之「有限母群修正」一節。

[7] 「信賴度 68%」的意義如下：如果你對很多個不同的母群進行抽樣，並為每一組樣本建立 68%信度的信賴區間，那麼各樣本組中，其真正的母群平均位於信賴區間中的機會有 68%。

涵蓋臨界值。若不涵蓋的話，這個抽樣的結果就稱作達**統計的顯著**（statistically significant）；若涵蓋此臨界值，這個抽樣結果稱為**不顯著**（not significant）。這些檢定有其相對應的**顯著水準**（level of significance）。統計是否達顯著應該與其顯著水準同時被報告。當臨界值落在95%的信賴區間之外，且母群平均因此落在只有2.5%顯著度的區域時，表示此抽樣結果在 2.5%的水準上統計達到顯著[8]。換言之，當臨界值落在 99.7%信賴區間之外時，只在 0.15%的顯著度上達到統計顯著[9]。

我們用新產品發售的例子說明檢定和顯著水準。假設 n=100，m=32.51，s=25.7。一如前面看到的，95%的信賴區間從 27.37 到 37.65，並未涵蓋臨界值 c=27。所以，相對於 27，抽樣所得結果 32.51 在 2.5%的水準上達到顯著。

t 統計量（the t-statistic）：若不建立信賴區間以決定是否達到統計顯著，下面較為簡要的過程也可達到同樣的結果。如果 c 代表臨界值，計算下面的子式：

$$t = \frac{(m-c)}{標準誤} = \frac{(m-c)}{s / \sqrt{n}}$$

若 t>2 或 t<-2，則此抽樣結果在 2.5%的水準上達顯著（試試看用此算式計算前兩個例子，那可以說服你得到的結果是相同的）。若 t>3 或 t<-3，則此抽樣結果在 0.15%的水準上達顯著。

---

[8] 我們有 95%的信賴水準說母群平均會落在這個區間，因此有 5%的信賴水準說它會落在此區間之外。因為信賴度分配是兩邊對稱的，所以我們只有 2.5%的信賴水準可以說母群平均低於信賴區間的下界。

[9] 這些例子是單尾的顯著水準檢定。在統計學中，有些檢定是雙尾的（基本上是將顯著水準加倍），但這些檢定在此只是附帶一提，並不考慮。

顯著和重要性（significance vs. importance）：必須一提的是，一個結果可能是統計上顯著但卻不重要，反之亦然。因為母群平均或百分比例不太可能剛好等於臨界值，一個夠大的樣本常可得到統計上顯著的結果，而較小的樣本就無法如此。基於此原因統計達顯著的結果有時不比未達顯著的好。例如，假設某管理人要決定該推出 A 或 B 兩種產品。A 和 B 產品每人購買的損益平衡點都是 27 元。此管理人有 A 產品 10,000 人的潛在顧客樣本，而 B 產品的樣本只有 100 人。樣本統計結果如表 2.1。

表 2.1

	A 產品	B 產品
樣本個數 n	10,000	100
平均數 m	27.3	46.0
樣本標準差 s	10	100

在產品 A，95%的信賴區間為 27.1 到 27.5，在臨界值 c=27，顯著水準為 2.5%時可達顯著。但在產品 B，95%信賴區間為 26 到 66，所以此結果在 2.5%的水準時不顯著。如果管理人在沒有其他資料的情況下，選擇一種產品上市，該選那一種呢？

產品 A 在損益平衡點的考量上，其前景較佳，但獲得豐厚利潤的潛力並不大。產品 B 在損益平衡點的考量上，其前景較差，但獲得豐厚利潤的潛力大得多。除非管理人極度規避風險，否則應該會傾向於選產品 B。

樣本數

　　要從樣本取得母群平均數資訊而做抽樣時，須先決定樣本數目。樣本應該要多大？因為抽樣通常價格不菲，而且樣本越大，花費越高，所以在高正確度、高成本和低正確度、低成本之間很難抉擇。要決定適當的樣本大小，你可以先決定信賴區間大小和想要達到的信賴水準，然後藉此再算出適當的樣本數。

　　例如你在 95%信賴度下，要聲稱目標母群每年消費的平均是落在長為 L 的間距內。也就是說，若樣本平均值是 32.51 元，則你會希望在 95%的信賴度時，母群平均落在 32.51-0.5L 和 32.51+0.5L 間，則你要有多大的樣本才能達到這樣的精確度呢？如果我們已經知道樣本的標準差 s，這個問題就很容易解決了。你會希望此間距從 $m-2s\sqrt{n}$ 到 $m+2s\sqrt{n}$ 且有長 L 的間距。那代表 $4s/\sqrt{n}$ =L，或 $\sqrt{n}$ =4s／L，或 $n=16s^2/L^2$。若 s=25.7 且 L=2，則所需樣本數就是 n=2,642(同理，當在 68%的的信賴區間內，樣本數 $n=4s^2/L^2$；99.7% 的區間則 $n=36s^2/L^2$)。

　　要抽取這麼大的樣本，可能花費很高。若你願意將區間長度加倍，由 2 增到 4，就可以將樣本數由 2642 減為 661，只有原來的四分之一。這是因為區間的長度隨 $1/\sqrt{n}$ 成正比變化：所以當 n 增為 4 倍，區間長度減半；當 n 是原來的四分之一，區間長度就變成兩倍。一般而言，選擇樣本大小的過程是經由不斷地測試，以在精確度和抽樣花費間取得一個平衡。

　　以上的分析是假設你在取樣前就已經知道樣本標準差 s。但不幸的是，s 是樣本抽出*後*才計算得知的統計量。為了避免落入邏輯

上的陷阱，你只能猜[10]一個 s 值，並且希望你的結果對實體的誤差不會太敏感。

信賴度和機率

　　當報告母群平均數 95%的信賴區間界於 27.37 元與 37.65 元間時，很容易和機率混為一談，而以為這就是說母群平均數真值落於此區間之外的機率是 5%。同樣地，若樣本平均值是 32.51 元，以信賴度分配對稱的特性和信賴度分配的平均數等於樣本平均數的事實，很容易以為母群平均的真值大或小於 32.51 元的機率各是 50%。這樣的解釋比起註 7 中的複雜解釋更自然且更有說服力。但它們是否合理？

　　如同前例，一組 100 人潛在顧客的樣本回答每人明年可能購買某產品的消費額。在過去幾年當中，每個顧客的平均消費是 10 元到 15 元，且沒有其他產品或競爭性的機會使其躍升至 27 到 38 元。因此，你一定會下結論說 95%信賴區間若是從 27 到 38 元是高估了每個顧客的需求量落在此區間的機率。你只能說抽樣時的籤運使樣本平均數 32.51 元太高。

　　另一方面，若你沒有其他的資訊說這個抽樣結果可證實它可能大於或小於其他可能結果，那你可以解釋此信賴度分配是來自一個機率分配的樣本，且你可以視顯著水準為母群平均值大於或小於臨界值的機率。

---

[10] 有時候可以先進行一個小型的抽樣，來求得 s 的近似值。

母羣百分比

如同前面所述,我們對母群平均所做的推論都適用於推論母群百分比。雖然以「百分比」思考是很自然的(例如某候選人的得票百分比、一群人會買某產品的百分比等等),但爲了計算的方便,我們要以小數比例的形式來表達母群百分比,例如:20%=0.20。爲了強調這點,這一節中將用小數比例表示,而非百分比。

當我們以小數比例來處理的時候,每個值都可編碼爲 0 或 1。某人將投票給 X 候選人編碼爲 1,某人將投票給其他候選人編碼爲 0,諸如此類。假設取一有 n 個觀察值的樣本,且 f 是觀察值爲 1 時的比例,樣本比例 f 即是樣本平均值,依此可得:

➢ 樣本比例 f 是母群比例的估計值。
➢ 母群比例的信賴度分配以 f 爲平均值、$s/\sqrt{n}$ 爲標準誤的常態分配。
➢ 68%、95%和 99.7%的信賴區間正如前面介紹 t 值時界定的一樣。

雖然虛擬變項的 s 值可以用跟處理其他變項相同的方法求得,但它可用一較簡潔的公式計算:對一個虛擬變項來說,$s=\sqrt{f\times(1-f)\times n/(n-1)}$,除了 n 很小(等於或小於 10),不然 n/(n-1) 會很接近 1,如此這一項就可以被忽略。因此,有個合理的近似值:$s=\sqrt{f\times(1-f)}$ 。

範例:詢問 100 個受訪者他們在下次選舉中會投票給候選人 x 還是候選人 y。其中 52 人回答要投給 x。所以 f=0.52,$s=\sqrt{0.52\times(1-0.52)}$=0.4996,標準誤是 0.4996／$\sqrt{100}$ =0.04996。95%

的信賴區間在 0.52-2x 0.04996=0.4201 與 0.52+2x 0.04996=0.6199 之間。此抽樣結果的顯著度是 2.5%，並未在臨界值 c=0.50 達到統計上的顯著（如樣本數是 10,000，其中有 5,200 人選 x，則抽樣結果將可達到統計顯著水準，你可以自己算算看）。

圖 2.2 顯示一個虛擬變項的標準差 s 與樣本比例 f 間的關係。如果你在抽樣前就很確定樣本比例不會少於 0.2 也不會大於 0.8，那你就可以確定 s 會界於 0.4 與 0.5 之間。

圖 2.2

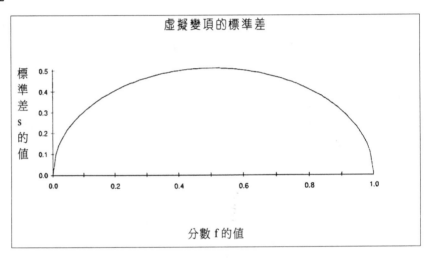

這對探討樣本大小的問題很有幫助。說明如下，假設你主持一個全國性的民意調查，試圖了解下一年總統選舉中有多少百分比的選民要投票給共和黨的候選人。若你希望以 95%的信賴度來說明 L=5%的區間所得到的結果，我們可以很確定 f 會落在 0.2 與 0.8 之間，所以 s 會界於 0.4 與 0.5 之間。假定最差的狀況——s =0.5，此時抽樣數 n 等於：

$$n=16s^2 \diagup L^2=16\times\ 0.5^2 \diagup 0.05^2=1,600$$

實際上，許多全國性的民意調查只包括約 1,600 個受訪者，且一般報告時約會有 2.5% 的誤差（信賴區間長度的一半）；隱含的意義是信賴水準爲 95%。

現實世界中的抽樣

在隨機抽樣的誤差外，由樣本推論母群時還有兩種誤差來源。第一種是指受訪者回答的偏誤，第二種是樣本的代表性。

受訪者回答的偏誤

幾乎所有關乎個人意見、態度、期望或喜好的問題都會有各種回答上的偏誤。當六月時在民意調查中有 44% 的受訪選民說他們會投票給共和黨的總統候選人，而當 11 月投票的實際結果有 53% 的人投給了共和黨，這個調查結果常被認爲是「錯誤」的。然而，44% 和 53% 之間的差異幾乎不是抽樣誤差造成的，相反，它幾乎可歸因爲受訪者實際上在十一月時的投票行爲與六月時的回答是不同的。

這類回答上偏誤來自許多因素。首先，意見隨著時間而改變。其次，人們並非總是據實回答將會做的事或曾經做過的事。第三，人們無法切實的回答某些問題；例如消費者通常不清楚下一年會花多少錢買一個新產品。最後，問問題的方式也常會影響受訪者的答

案。

例如，問 764 個人是否同意：「廣告常促使人買那些不該買的東西」，結果有 76%同意，20%不同意，4%沒意見，但是若問題改成「廣告幾乎無法促使人買那些不該買的東西」，則有 40%同意，56%不同意，4%沒意見[11]。

除了問題被提出的方式會影響受訪者的答案外，隨著時間的改變，同一個受訪者在相同的問題上也有不同的回答。像總統的「施政成績單」是由定期訪問選民來了解總統的表現。當提出相同的問題時，若滿意度突然下降（此下降無法解釋為抽樣誤差時），那就是母群中大部份人對其表現不滿意的一個好指標。但若評分的忽然下降和問卷改版同時發生，就可能只是顯示受訪者回答因問題問法改變而有偏誤了。

代表性

樣本應該要能代表它被抽出的那個母群的特性。要確定代表性最簡單的方法就是確定抽取樣本時，目標母群的每個個體被抽中的機率都相等。這樣的抽樣方法稱為**隨機抽樣**（random sample）。要得到一個確實的隨機樣本，你必須有一張目標母群中所有個體的完整名單，然後經由一個過程，使每個個體被抽選為樣本的機會均等。這個隨機的過程可以是由籤筒中抽出一個人名、用亂數表、或用電腦隨機抽出觀察值。若你的目標母群是一群人，選取樣本時還要多一個步驟：你必須追蹤選出的個體，並確定他們會回答你的問

---

[11] Raymond A. Bauew 和 Stephen A. Greyser，*Advertising in America: The Consumer View*，Division of Research, Harvard Business School，1968 年。

題。要得到一個確實的隨機樣本實在是既耗時又困難的過程。我們常會用較不正式的方法——在街上、商場、機場等地方攔下路人訪問。

即使認真的想要得到完全隨機的樣本,常會因為諸多原因而無法用原本設想的方法得到樣本。例如,在美國,目標母群常是基於十年一次的戶口普查,不但很容易過時,就算是剛普查完的時候,也不見得完全準確。挨家挨戶訪問的方法常會受阻於受訪者不在家或拒訪[12]。電話訪問會受限於電話簿上才有登記的家庭,且還是很多人會不在家或拒答。郵寄問卷通常有約 80%的受訪者不會寄出回函。因此,即使有些基本意圖,一般來說仍不太可能由母群中得到隨機的樣本[13]。

然而,許多民意調查組織和市場研究機構,仍以樣本得到的結果用估計、信賴區間、和顯著度檢定的型式報告出來,一如提供資料的樣本真的是隨機的。這些結論真的會造成嚴重地誤導嗎?有時候是的[14],但在把這個叫推論結果的小嬰兒從非隨機抽樣的浴缸中扔出去之前,應該先了解當某人試圖由一個非隨機樣本中做推論時可能犯的錯誤。

非隨機樣本會造成影響的原因是因缺乏隨機性和缺乏研究的中立性。若你訪問有關晚上看電視的習慣,晚上不在家的人和那段

---

[12] 根據紐約時報專題報導,美國民意調查研究協會研究發現,1988 年中有 38%的消費者拒絕受訪。

[13] 有一種例外,可以真的做到隨機抽樣,就是以郵寄的名冊來抽樣。在此狀況下,名單上的名字就是母群,從名單上姓名樣本的回應,我們可以合理的推斷整個郵寄名單的回答樣態。

[14] 1936 年著名的 Literary Digest 的民意調查,主旨在預測 Landon 和 Roosevelt 競選總統的結果。由擁有電話和汽車者的名單中抽出樣本,共寄出一千多萬張問卷。在回收的 2,376,523 份問卷中,54.5%支持共和黨的 Landon,但真正投票的結果,他只得到 36.7%的票。後來的研究發現,最嚴重的錯誤在於名單上的人並不能代替沒有電話或汽車的人,後者較傾向於支持民主黨。

時間在家的人可能會有相當大的差異。但若你有興趣的是他們比較喜歡吃哪種義大利麵醬，若不要求非常準確，也許就可以合理的相信在家的人和不在家的人其代表性是相似的。要驗證這個命題，可以想辦法尋找一組晚上不在家的人，來和晚上在家的人比對，但我們還是會懷疑，晚上不在家的人之中，這些能被我們找到的人，可能和我們找不到的人有不同的偏好。更難以證明的是，那些願意回答問題的人，是否能代表那些當著訪員的面將門關上或掛上電話而不願回答的人。

　　抽樣組織常用的一種修正方法是用相同或相似條件的人來取代隨機抽取到但卻無法訪問到的人，譬如年齡、性別、種族、教育程度或收入。在這些統計特性確實有助於區辨母群中不同族群的答案時，如此的取代方法就有意義。舉例來說，若是年輕人和老年人對搖滾樂的態度大不相同，則以一個老人的回答來取代一個年輕但拒答的受訪者，就會扭曲你在音樂品味調查上的抽樣估計；但若以另一個年輕人來代替那個拒答年輕人的回答就可以避免這種扭曲了。然而，這樣的代換仍必須對拒答者和願意回答的人做一個區別，而且可能會有某個人假設回答與否的意願和音樂偏好有某種程度的關聯，問題仍然存在。若如此的關係幾乎不存在，那這種修正方法就足以使我們對母群的推論相當可靠了。

附錄：抽樣理論的幾個重點

樣本標準差

試算表的計算（spreadsheet calculation）：樣本標準差 s 是指樣本的離散程度。再處理大筆資料時，通常交由電腦運算。

以下說明如何使用 Excel 軟體算出標準差。若你在 Excel 試算表中有一欄是每個樣本的數值，那麼對整個欄使用 =STDEV 函數可以得到樣本標準差。若你想要不靠=STDEV 函數來求得樣本標準差，也可以採用下列步驟求得：

➢ 假設樣本值都在 A 欄中。用函數「=AVERAGE」算出 A 欄中樣本的平均值。
➢ 在 B 欄第一格中計算 A 欄第一格之值和樣本平均的差，這叫做**離均差**。
➢ 在 C 欄第一格中計算 B 欄第一格的平方。
➢ 然後用同樣的方式將 B 欄其他格子求出離均差，C 欄的其他格子求出對應 B 欄的平方數。
➢ 使用=SUM 函數算出離均差平方的總和（即 C 欄中各格的總和）。
➢ 將所得的總和除以 n-1。
➢ 使用=SQRT 函數計算平方根，即可得到樣本標準差。

簡言之，樣本標準差 s 可由離均差平方之和，除以 n-1，再開根號後得之[15]。

虛擬變項的標準差（standard deviation of a dummy variable）：若 A 欄中的值都是 1 和 0，前文中的運算過程可以簡化為：$s=\sqrt{f \times (1-f) \times n/(n-1)}$，其中 f 是 1 所占的比例，即 A 欄的平均。

自由度（degrees of freedom）：你或許注意到，求樣本標準差，取平方根之前，是以 n-1 做為除數，而非第一章中對標準差的定義，以 n 做除數。為什麼會有差別呢？

第一章中，我們計算的是整個*母群*的平均值和標準差。在此，我們計算的是*樣本*相對應的統計量。計算母群和計算樣本時的方法一樣，只有在計算樣本標準差時除數是 n-1 而不是 n。

如同樣本平均數是母群平均的估計值，樣本標準差也是母群標準差的估計值。我們希望樣本平均值和標準差是「不偏」（unbiased）的估計值，也就是說如果你重複地隨機從一個母群中抽出固定數目的樣本（例如 n=10），並且在抽出每個個體後都再丟回母群中（即可能再抽到同一個體），以固定 n 得到的這些樣本平均值有時偏高，有時偏低，但多做幾次以後它們的平均是可以對應到母群的平均值的。樣本平均值是母群平均的不偏估計值，但樣本標準差若以 n 作為除數就不是母群標準差的不偏估計值了。它們平均起來會得到過低的值[16]，因為為了要計算樣本標準差，你首先必須從同一組資料中計算出樣本平均數。

用統計術語來說，一群樣本中的 n 個值都提供了一個自由度

---

[15] 因為標準誤（信賴分配的標準差）的計算中也有 $\sqrt{n}$，所以容易混淆。這裏所談的是如何以計算樣本標準差 s 推估母群標準差。而前文中提到的**標準誤**則是 $s/\sqrt{n}$。

[16] 舉個極端的例子，如果你要推估哈佛 MBA 一年級學生身高的標準差，而樣本只取一個，那麼 n=1 時，除數會等於 0，顯然是無法求出求出樣本標準差的。

（degree of freedom）以估計樣本統計量。其中有一個自由度被用來估計樣本平均值，只剩下 n-1 個可用以估計樣本標準差。

為了讓樣本標準差的平均值幾乎等於母群標準差，你應該將離均差平方和除以 n-1（自由度），而不是 n（樣本數），然後才取平方根（在 Excel 中，=STDEV 函數自動地完成這些步驟）。

除非樣本數非常小（小於或等於 10），這種修正方式其實沒有實際的效用，上一段的論述只是為了釐清觀念，而非加重你計算的負擔。然而，將來討論到迴歸時，有許多的統計量會需要更多的自由度概念，那時自由度就非常重要了。

有限母群修正（finite-population correction）：在本章中曾經說過，樣本的準確性是由其絕對大小決定的，而不是由其相對於母群的大小來決定：不論母群的大小是 1,000 還是 1,000,000，只要抽樣數同樣是 100，則得到的信賴區間都一樣大。這其實不完全正確。假設母群大小是 101，抽取樣本為 100 時估計母群平均的準確性會遠高於母群大小是 1,000,000 時。

從大小為 N 的母群中抽出 n 個樣本（抽出後不放回，即母群中每個個體不可能在樣本中重複出現兩次），則標準誤不是 $s/\sqrt{n}$，而是 sx $\sqrt{(N-n)(N-1)}/\sqrt{n}$。

$\sqrt{(N-n)(N-1)}$ 這個因素叫有**限母群修正**（finite-population correction），或 FPC。若 N=1,000,000，且 n=100，則 FPC=0.99995，可以被忽略。若 N=1,000，而且 n=100，則 FPC=0.949，忽略它會使得標準誤變大 5%，影響並不嚴重。若 N=101，n=100，則 FPC=0.1，此時若忽略它會使得標準誤比正確值大 10 倍。

在實際的例子中，樣本數很少會超過母群的 10%，所以忽略 FPC 的影響並不嚴重。

公式摘要

符號：

n：樣本數

m：樣本平均值

f：樣本比例

s：樣本標準差

c：臨界值，用於樣本顯著水準的計算

推估母群平均：樣本平均值（m），或樣本比例（f）。

信賴區間：

m-s/$\sqrt{n}$ ～m+s/$\sqrt{n}$：68%信賴度。

m-2s/$\sqrt{n}$ ～m+2s/$\sqrt{n}$：95% 信賴度。

m-3s/$\sqrt{n}$ ～m+3s/$\sqrt{n}$：99.7% 信賴度。

統計顯著度：若 t=（m-c）/（s/$\sqrt{n}$）<-2 或>2，則樣本平均值於臨界值在 2.5%水準時顯著；若 t<-3 或 t>3，則樣本平均值在 0.15%的水準上顯著。

樣本數：長度 L 的信賴區間若要達到：

68%信賴度，則 n=$4s^2/L^2$；

95%信賴度，則 n=$16s^2/L^2$；

99.7%可信度，則 n=$36s^2/L^2$。

計算：定義 x_i 為第 i 個數據的值（ i=1，2，……，n）。可以用下列這些公式。

虛擬變項的樣本平均數（m）或樣本比例（f）：將各個樣本的數值相加，並除以樣本數 n。

$$m=f=\frac{1}{n}\sum_{i=1}^{n}x_i$$

樣本標準差（s）：將每個樣本值減去樣本平均（m）後平方，相加，除以 n-1，然後取平方根。

$$s = \sqrt{\frac{1}{n-1}\sum_{i=1}^{n}(x_i - m)^2}$$

若母群中每個成員之值都是 0 或 1：

$$s = \sqrt{f \times (1-f) \times n/(n-1)}$$

標準誤：將樣本標準差（s）除以樣本數的平方根：

標準誤 $= s/\sqrt{n}$

抽樣和統計推論的練習題

1. 數年前，我們曾調查過所有哈佛一年級學生的身高（英吋）、體重（磅）及性別。本題中使用其中 768 個學生的資料。下列 20 個重量就是從這 768 筆資料中隨機抽出的。

160	113	140	148	185
130	185	155	166	161
158	200	144	180	210
170	175	108	155	163

A. 計算樣本平均值和樣本標準差。

B. 算出有 95% 機率包含 768 人實際平均體重的信賴區間。

C. 這 768 人的平均體重是 154.15 磅，你算出的信賴區間有沒有包含它含真正的平均值呢？

D. 在 20 個人組成的樣本中，有兩個人是女的，其中一個體

重是 113 磅，另一個是 108 磅。在全部的 768 人中，有
171 個是女的。在這些樣本的資料，你對母群平均體重的
最佳推估是多少？

2. 中西部某州兩個大學（州立大學和州立學院）的校長正在討論
   兩校入學新生的學業程度。下表所列的兩校 SAT 成績統計是
   他們兩人都不知道的：

	州立大學	州立學院
平均值	950	930
標準差	160	160

   A. 假設兩個校長各自在其學校抽出同樣數量的新生樣本。他
      們須要抽樣多少個學生，才能以 95%的信賴度得出州立
      大學新生的 SAT 平均成績高於州立學院的新生？
   B. 抽樣已經完成，而州立大學的校長說：「我的學生比較好
      ，因為平均分數的差異在統計上達顯著。」州立學院的校
      長反駁道：「平均上，你的學生可能比我的學生好，但我
      有很多學生比你的很多學生要好。」請討論這兩種論點在
      統計上的價值。請大約估計，但不用實際計算，州立大學
      隨機抽出的學生 SAT 成績比州立學院中隨機抽出的學生
      分數高的機率。

3. 國家餅乾公司生產銷售高級的巧克力餅乾。每一包有 10 個餅
   乾，淨重 250 公克。但不可避免的，生產過程中總有些誤差。
   在長期的改進之後，公司已經將每片餅乾重量的標準差降低為
   0.6 公克。簡言之，國家餅乾公司雖無法再將每片餅乾的重量

更精確地控制，但可以控制餅乾的平均重量。每一季修正餅乾平均重量是很重要的，因爲如果平均重量太重，該公司會浪費許多高成本的原料，但若平均重量太低，這些餅乾就只能以不良品來售出了。

A. 假設國家餅乾公司設定重量過低的餅乾包數最多不得超過 2.5%。那公司該如何設定每片餅乾的平均重量呢？

B. 不用計算，只須簡單描述該公司要如何決定重量不足餅乾包數的最佳數量。假設下列數據：製造每一克餅乾的原料價格爲 0.12 元，餅乾批發價格一包 1.75 元（一般批發商），和一包 0.75 元（量販商）。

注意：求此題的解一般會用到微積分。

4. 華特公司是一銷售各類水上運動（如帆船、游泳、浮潛等）器材的郵購公司。公司有超過 2 千萬個客戶姓名和地址的郵寄名單。在 1990 年夏季，他們決定試驗兩種郵購目錄，看那一種會吸引較多顧客。據此，他們分別寄了 5 千份 7.5x 8.5 英吋標準規格的目錄給一組顧客樣本，及 5 千份 8.5x 11 英吋實驗規格的目錄給另一組樣本。被選出的這兩組 5,000 人樣本以他們過去的購買歷史和所在地點做配對，使他們的條件盡量相似。其他的 1 千 9 百萬個客戶也收到標準規格的郵購目錄，但不列入計算。要知道那些才是收到實驗的兩種目錄的顧客，可由回應者的顧客編號得知。兩組的購買人數如下：

標準組　　8,450 或 1.69%
實驗組　　11472 或 2.29%

A. 分別爲兩種郵購目錄建構一個 99.7% 信賴度的信賴區間

，要能反映該組郵寄名單中購買的百分比。兩個信賴區間會重疊嗎？你對這兩種規格的目錄造成不同購買率有什麼推論呢？

B. 你會採用 8.5x 11 英吋的實驗規格目錄做為新的目錄樣式嗎？為什麼？

C. 在進行這次的實驗之前，曾有人建議乾脆將今年的 2 千萬份郵購目錄全部改為新的實驗規格，然後比較今年和去年購買率的不同即可。這種做法和前文中的實驗比起來，有那些優點和缺點？

第 3 章

時間序列

導言

　　時間序列（time series，以下簡稱爲「時序」）是由不同時間點上對同一變項的觀察結果組成，通常每隔一段固定時間觀察一次。典型的時間序列包括：

➤　每年、每季或每月的全國總收入額或生產量（如國內生產毛額、政府支出、物價指數、失業率等）。

➤　公司重要的營業指標（如月銷售量、生產率、不良品率）。

➤　金融市場統計值（如 IBM 股票當日收盤價）。

➤　氣象資料（如波士頓當日最高溫、芝加哥當月降雨量）。

➤　人口資料（如美國人口，或每年出生率及死亡率）。

　　觀察值的順序性是這些時序資料的一個基本特徵。

　　我們已經看到某些時間序列會展現出趨勢性和季節性。例如，美國零售市場的每月銷售量有一向上趨勢及十二月到次年一、二月有一季節性高峰。這個向上的趨勢，有部份可由其他的時序資料來解釋：例如人口成長、平均每人收入增加、或通貨膨脹。由趨勢和季節性影響的小幅波動可有部份被解釋爲天氣、消費者的信賴程度、貨幣流通量等的影響。因此，我們會相當自然地以趨勢、季節性和其他時序性變項的影響來「解釋」某種特定時序資料的樣態。不幸地，那些不知不覺被用來解釋過去數值的變項，可能對預測該時間序列的未來數值沒有幫助。舉例來說，上個月因天氣不好造成零售市場銷售量下降，但除非我們對下個月的天氣有準確的預測，否

則天氣並不是一個預測未來銷售量的有用變項[1]。

因其他解釋變項目前的數值並非每次都可用於預測時序上未來的數值，預測者常只看時序本身內部的資訊，而不用其他的解釋變項。這些時序隱藏了大量資訊：我們先前看到趨勢的連續性及季節型態的重複出現。因此可以有把握地預測下一年一月的零售額基本上會少於前一個月，且可合理地預測零售額會大於前一年的一月。

如果我們取得的時間序列無法辨別其趨勢及季節性又如何呢[2]？這樣時間序列中是否還有助於預測未來走向的資訊呢？答案是肯定的，但需要一些分析的工夫才能抽取出資訊。我們可以將組成時間序列的觀察值想像為由一個有（機率）法則的產生過程中生成的樣本資料。可以由這些抽樣資料界定出資料產生過程中的法則。若我們知道規則為何，就可以對時序的未來數值做出（機率的）預測。

在真實世界中可觀察到的時序中法則（rules）的數目──即使是那些不具有趨勢性或季節性的──有很多，而且若想要全部囊括

---

[1]在三種情況中，解釋變項可以被用來預測時序資料的未來數值。第一，若這個解釋變項是個「主導性指標」（leading indicator），即可預先得知其數值：例如發出建物執照的數量或許可以作為下一年冰箱銷售量的良好指標。第二，有些變項值是被公司控制的，可以預先知道它的值：例如價格變動、廣告花費和包裝方式改變會同時影響產品銷售量，但一個公司影響這些改變的決策都會在事前讓公司的預測者知道。第三，某些解釋變項或許比我們要處理的時序資料能更容易或更確實地被預測：雖不能預先知道它們的實際值，但卻可以預知其預測所得的值。因此，這些種類的變項有可能成為主導性指標，雖然在全國總收入和生產總值上的預測易有誤差，但在預測某公司的銷售量上是較精確的，因為專業的預測組織在發展適合的預測模型上花了很大的工夫。

[2]對於無解釋變項、無趨勢性、無季節性所做的假設較表面上看的的限制要小。即使當我們藉著趨勢、季節性或其他解釋變項來說明或解釋如何分析時序資料，但我們通常感興趣的是當一些解釋變項被列入考慮時，是否還有其他資訊遺留在此時序中。

所有時序分析中豐富的主題，是需要一本書，而非一章，來說明的。這一章的目的是簡介時間序列分析的概念，並介紹兩個很簡單的法則，以描述真實世界中某些重要的時間序列展現的方式。在本章的最後，我們會介紹這兩種法則可以應用的領域，但是現在要先簡介這兩個法則，然後再敘述這兩個法則所產生的資料要如何界定、分析和預測。

資料產生法則中使用的概念

記號法

我們可以標定 1，2，…，t，…T 以表示某時期中的各時間點。例如，時間 1 是一月一日的午夜，時間 2 是一月二日的午夜，依此類推。若有一整年的資料，T 應該是 365。讓我們標定在時間 t 的時序資料值為 y_t：在上面的例子中，第一個觀察值（即時序中一月一日的值）可以標定為 y_1，最後一個標為 y_{365}。我們可以推論整個時間序列（上例中一年裡每天的資料）為 y_t；描述 t 的理由在此就很清楚了。因為產生時序的法則是機率性的——意思是說我們無法很確定地預測時序中的下一個值——我們必須引入時間 t 的隨機「干擾」的概念，符號為 e_t[譯註四]。定義上，每一干擾項是由同樣

[譯註四] 在一些統計書上，e_t 被稱為「誤差項」，其中符號 "e" 即為 "error" 的縮寫

的機率分配中抽取出來的，且其值和前面任一個干擾項的數值無關（這個定義可簡略說明為 e_t 的值是相互**獨立**（independent）的，也是**同質的分配**（identically distributed），有時候縮寫成 **iid** ^{譯註五}。

為了方便，一般將 e_t 的平均值設為 0，因此可以這樣表示： e_t 有 0.5 的機率其數值為+1，有 0.5 的機率 e_t 的值為－1；或有 0.3 的機率 e_t 的值為+2，有 0.1 的機率是 0，有 0.6 的機率是－1。通常我們會簡稱其為平均數是 0，某特定標準差 S 的常態分配——例如 S=2.5。

自我相關

有一個在做時序資料的分析時不可不提的概念就是**自我相關**（autocorrelation）。我們已知的兩個變項，如 x 與 y，之間的相關：可以用散佈圖來估計 x 與 y 之間的相關；也可以用計算二者的相關係數來衡量他們的相關性。

在時間序列的分析上，只有一個變項，但我們很容易可以造出一個比原有變項的後一期或多期所組成的新變項。如果 y_t 是由 y_1 ， y_2 ， y_3 ，…， y_t ，…， y_T 等觀察值組成的原始時序 ^{譯註六}，又， y_{t-1} 代表的是比原有變項晚一期的的相同序列資料。假如在第一期之前沒有其他觀察值出現，那麼 y_{t-1} 中的第一個值就會被省略，但是 y_{t-1} 中的第二個值就是 y_1 ，第三個就是 y_2 ，最後一個值是 y_{T-1} 。如果原來的序列 y_t 包括一年中由一月一日到十二月三十一日每天的觀察

。但本書原文稱 e_t 為 "disturbance" 故譯為「干擾項」。

^{譯註五} idd 即為 independent and identically distribution。

^{譯註六} 這種新造的變項稱為「遞延變項」（lagged variable），在下一章有較詳細的說明。

值，y_{t-1} 會缺少第一筆資料，其第二筆資料代表的就是一月一日的資料，最後一筆是十二月三十日的資料。

因此由單一的時間序列中可以得出二個變項 y_t、y_{t-1}。我們可以畫出二個變項的散佈圖（但裡面只有 T-1 個點），也可以計算 y_t、y_{t-1} 的相關係數。這個係數就稱作（一階的）**自我相關係數**（autocorrelation coefficient）。

我們並未限制只做能遞延一期的分析，變項 y_{t-2} 在開始時會少兩筆資料；第三個觀察值才是原序列中一月一日的值，而最後一筆資料會是十二月二十九日得數值。由 y_t 和 y_{t-2} 畫出的散佈圖顯示實際上是否有二階相關，也可計算出二階的自我相關係數。

二個「產生資料」的法則

常數－平均法則

一個最簡單的產生時間序列的法則就是「常數－平均」法，就是讓序列中的每一個值都是常數 M 加上一個干擾項；所以第 t 個值就是 $y_t=M+e_t$。

M 和 e_t 的值都不是直接觀察值，但可由資料分析得出它們的推論值。

模擬序列（simulating the series）：一個常數－平均的數列看起來像什麼？我們可以用一個特定的 M 值假造出 e_t 機率分配的

虛擬序列，然後由這個分配中抽取出樣本分配。假設 M=10，T=20，而 e_t 是一個平均數 0，標準差 2.5 的常態分配。e_t 的每一個值都和前一個值相獨立；長期而言，平均值應該是 0，有 68%的值會落在－2.5 和＋2.5 之間，有 95%的值會落在－5 和＋5 之間，有 97%會落在－7.5 和＋7.5 之間，其直方圖近似鐘形，且其次數累積分配圖類似 S 型[3]。當然，任何樣本都會因為抽樣誤差使得實際的 e_t 值無法符合上述標準。從表 3.1 的前 4 欄可以看出變項 Y_t 就是用這種方法產生出來的。圖 3.1 畫出了 Y_t 的時間序列。

表 3.1

t	M	e_t	Y_t	Y_{t-1}	Y_{t-2}	Y_{t-3}	Y_{t-4}	Y_{t-5}
1	10	0.33	10.33					
2	10	2.25	12.25	10.33				
3	10	0.22	10.22	12.25	10.33			
4	10	0.13	10.13	10.22	12.25	10.33		
5	10	0.70	10.70	10.13	10.22	12.25	10.33	
6	10	-1.43	8.57	10.70	10.13	10.22	12.25	10.33
7	10	1.38	11.38	8.57	10.70	10.13	10.22	12.25
8	10	2.04	12.04	11.38	8.57	10.70	10.13	10.22
9	10	2.69	12.69	12.04	11.38	8.57	10.70	10.13
10	10	7.02	17.02	12.69	12.04	11.38	8.57	10.70
11	10	-2.03	7.97	17.02	12.69	12.04	11.38	8.57
12	10	-1.36	8.64	7.97	17.02	12.69	12.04	11.38
13	10	0.58	10.58	8.64	7.97	17.02	12.69	12.04
14	10	-0.55	9.45	10.58	8.64	7.97	17.02	12.69
15	10	-2.29	7.71	9.45	10.58	8.64	7.97	17.02
16	10	0.37	10.37	7.71	9.45	10.58	8.64	7.97
17	10	1.88	11.88	10.37	7.71	9045	10.58	8.64
18	10	-0.58	9.42	11.88	10.37	7.71	9.45	10.58
19	10	-2.49	7.51	9.42	11.88	10.37	7.71	9.45
20	10	4.35	14.35	7.51	9.42	11.88	10.37	7.71

			自我相關係數					
平均			10.66	-0.025	-0.213	-0.110	-0.139	-0.292
標準差			2.32					
標準誤差			0.52					

[3]有很多的數學方法可以畫出具有這種特性的隨機分配，但是最簡單的就是使用 Excel 中的「工具」、「資料」、「亂數」等功能。

圖 3.1

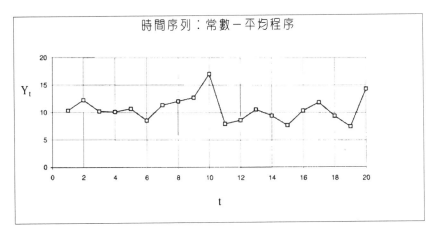

時間序列：常數－平均程序

界定規則：現在，我們換個角度。假設在 3.1 中已呈現了 y_t 的 20 筆資料，如果我們知道這些資料代表什麼，我們也許可以界定出掌控這些產生資料過程的規則。現在只要檢查一下資料，簡單問一下，我們如何檢查這些觀察值是否真由常數－平均的程序產生？

如果檢查結果為真，每個觀察值都會和 M 有一定量的差異，且與前一個觀察值相獨立。因此散佈圖中每一個觀察值和前面的觀察值應該都是無關的（除非有抽樣誤差）。在表 3.1 的第 5 欄中，我們可以看到晚 y_t 一期的 y_{t-1}[4]。圖 3.2 的散佈圖中，把 y_{t-1} 的值放在橫軸，y_t 的值在縱軸，看不出它們的相關。基於兩個變項都有數值存在的 19 個觀察值，得出 y_t 和 y_{t-1} 的相關係數（第一階自我相關係數）是－0.025；印在表 3.1 第 5 欄的最下方。我們沒有特別介紹計算相關係數的信賴度分配，但仍可以知道，當母群相關係數為 0，樣本有 19 個時，68%的信賴區間會涵蓋－0.24 到 0.24 間的樣本

---

[4] 這些值都可以在 Excel 中複製 y_t 的值到下一欄中但須要降一格。

相關係數，95%的信賴區間會涵蓋在－0.45 到 0.45 間的樣本相關係數；因此，觀察到的樣本相關係數－0.025 代表在這個夠大的樣本中，y_t 和 y_{t-1} 是無關的。

圖 3.2

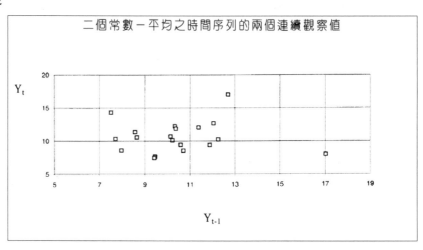

我們現在可以繼續創造出包括遞延兩期的新變項 y_{t-2}、遞延三期的新變項 y_{t-3} 等，及計算每階樣本的自我相關係數：二階的自我相關係數是指計算 y_t 和 y_{t-2} 間的相關係數，餘依此類推。在表 3.1 的最底下的適當欄位展示這些係數計算至遞延五期的變項。一如預期，它們與假設中運算各階的自我相關係數均為零的假設一致，係數值都很接近 0。這是當由常數－平均法則產生出時序時，界定時間序列的關鍵：對如此的序列，*各階的樣本自我相關係數會因為抽樣誤差而使得係數值不為 0*。

預測：界定出掌管資料產生的法則後，我們現在來試著做預測。如果已知 M=10，且干擾項呈平均數為 0，標準差 S＝2.5 的常態分配，可以預測出 y_{21} 這「點」是 10，預測的機率性：有 0.68

的機率落在 7.5 到 12.5 之間，0.95 的機率落在 5.0 到 15.0 之間，0.997 的機率會在 2.5 到 17.5 之間。但 M 的值與干擾項的標準差，甚至干擾項是否呈常態分配都是未知。不過樣本資料可以提供 M 跟 S 的估計值：樣本平均值 m＝10.66，和模擬過程中的平均值 M＝10 相距不遠；樣本標準差是 s＝2.32，也和模擬過程中的標準差 S＝2.5 差不多。假如干擾項呈常態分配，則在爲數 20 的觀察值樣本中，y_t 值會很接近常態分配；因此可以畫出一個 y_t 實際值的累積次數分配圖來證明，其平均值爲 10.66，標準差爲 2.32。在圖 3.3 中我們可以看出它和標準情況很接近。

圖 3.3

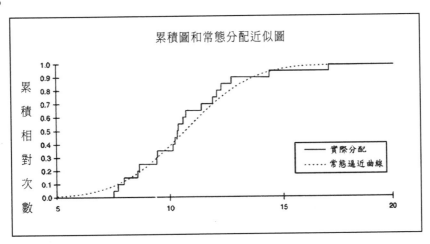

現在可以用實際值的累積次數圖做機率預測，或更簡單地用接近常態的分配來預測。若是用後者，我們可以得到如下的近似機率區間：有 0.68 的機率使 y_{21} 的值落在 8.34 和 12.98 之間，有 0.95 的機率使 y_{21} 的值落在 6.02 和 15.30 之間，有 0.997 的機率使 y_{21} 的值落在 3.70 和 17.62 之間。這些區間和前面用 M、S 及資料產生的法則所計算出的區間很接近，但不完全相同。通常以樣本資料估

算出的區間會過窄，因為我們用了四個簡化的假設：

➢ 我們用樣本平均值 m 代替模擬過程中的平均值 M。
➢ 我們用樣本標準差 s 代替模擬過程中的標準差 S。
➢ 我們假設干擾項是常態分配，圖 3.3 支持這個假設，但無法證明。
➢ 我們假設資料產生過程的法則是常數－平均法，自我相關的分析可支持這個說法，但無法證明。

　　有更多精密的方法可修正上述第一和第二個假設，但只有透過判斷才能調整第三和第四個假設。但就現階段的目的而言，只要了解區間會較窄就夠了。

　　假設要預測前於 y 二期的 y_{22} 的值。如果已知前於 y 一期的 y_{21} 值，我們可以用這 21 個觀察值，再計算一次 m 和 s，用這些新的統計量算出一個點的預測和機率性的預測。但如果只有 20 個觀察值，且要預測前於 y 二期的 y_{22}，我們能做的就只是用這 20 個觀察值計算出的 m 和 s 來預測：則對 y_{22} 的預測值和其後各期 y 值的預測都會和 y_{21} 預測完全相同。

　　常數－平均法有二個重要的特性：對未來值的點預測和機率性預測，不管距現在多久，都是完全一樣的；所有現存的觀察值在決定未來值的預測都有同等的重要性。y_1 的值在預測 y_{21} 或是 y_{20} 時一樣重要。但是，常數－平均法的特性並不適用於接下來將討論的法則。

隨機漫步法則

一個時序觀察值由隨機漫步法則（random-walk rule）產生時，意指這一期觀察值為前一期觀察值加上一個隨機干擾項：

$y_t = y_{t-1} + e_t$。

如果第一個觀察值是 y_0，則我們可以知道：

$y_1 = y_0 + e_1$

及 $y_2 = y_1 + e_2$

依此類推。和常數－平均法不同，干擾項的值從 e_1 到 e_T 都是可觀察的。

模擬數列（simulating the series）：一個用隨機漫步序列看起來像什麼？我們可以標出起始值 y_0 和機率干擾項 e_t，假造出一個虛擬序列，然後由這個分配中抽取出抽樣分配。假設 $y_0 = 10$，$T = 20$，e_t 是一個平均值為 0，標準差為 2.5 的常態分配。我們可以由表 3.2 中的前三欄看出 Y_t 這個變項就是由這種方法產生的。圖 3.4 即顯示 y_t 的時間序列圖。

表 3.2

T	e_t	Y_t	e_{t-1}	e_{t-2}	e_{t-3}	e_{t-4}	Y_{t-1}
0		10.00					
1	0.33	10.33					10.00
2	2.25	12.58	0.33				10.33
3	0.22	12.81	2.25	0.33			12.58
4	0.13	12.94	0.22	2.25	0.33		12.81
5	0.70	13.64	0.13	0.22	2.25	0.33	12.94
6	-1.43	12.20	0.70	0.13	0.22	2.25	13.64
7	1.38	13.58	-1.43	0.70	0.13	0.22	12.20
8	2.04	15.63	1.38	-1.43	0.70	0.13	13.58
9	2.69	18.32	2.04	1.38	-1.43	0.70	15.63

			自我相關係數				
10	7.02	25.34	2.69	2.04	1.38	-1.43	18.32
11	-2.03	23.31	7.02	2.69	2.04	1.38	25.34
12	-1.36	21.95	-2.03	7.02	2.69	2.04	23.31
13	0.58	22.53	-1.36	-2.03	7.02	2.69	21.95
14	-0.55	21.98	0.58	-1.36	-2.03	7.02	22.53
15	-2.29	19.69	-0.55	0.58	-1.36	-2.03	21.98
16	0.37	20.06	-2.29	-0.55	0.58	-1.36	19.69
17	1.88	21.93	0.37	-2.29	-0.55	0.58	20.06
18	-0.58	21.35	1.88	0.37	-2.29	-0.55	21.93
19	-2.49	18.86	-0.58	1.88	0.37	-2.29	21.35
20	4.35	23.21	-2.49	-0.58	1.88	0.37	18.86
平均	0.66		-0.025	-0.213	0.110	-0.139	0.881
標準差	2.32						
標準誤	0.53						

圖 3.4

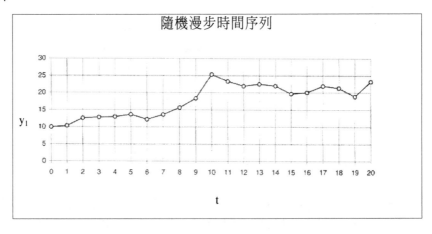

界定規則：表 3.2 給定的 y_0 到 y_{20} 的 21 個觀察值中，我們可以檢視由隨機漫步法則中所得的觀察值是否和這些資料一致？馬上由這個法則得出

$$y_t = y_{t-1} + e_t$$

亦即　　　$y_t - y_{t-1} = e_t$

　　每個觀察值和其前一項之間的差（通常稱做首差[the first difference]譯註七），也就是隨機干擾項。因此，首差就好像具有由 M=0 的常數－平均法中產生一般的特性。

　　我們已經知道如何分析由常數－平均法產生的資料：我們看的是期與期之間的差異，不論是一期、二期或是多期，都可以計算出一階或是二階或是更高階的自我相關係數。在此，階數並不放在序列值上來考量，而在以觀察值間的首差來考量。如果除了抽樣誤差之外，這些首差的自我相關係數都等於 0 的話，那麼這些首差就和由常數－平均法中產生的數值一致，因此 y_t 會符合它們是由隨機漫步法則產生的假設。

　　在表 3.2 的第 4 到第 7 欄中我們可以看到呈階梯狀的首差（欄 e_t 是 y_t 本身的各個首差）。在第 4 到第 7 欄的底下是這些首差的自我相關係數。只有當常數－平均過程分析正確的情形下，樣本的自我相關係數在 68%信賴度時會落在－0.24 到 0.24 間，若過程中顯示自我相關為 0，則所有的係數都會在這個區間之內。

　　在圖 3.5 中，我們畫出了晚一期的首差(e_{t-1})對應「當期」首差(e_t)的圖。在散佈圖中看不出二者有相關。注意，假如我們用表 3.2 中第 8 欄的 y_{t-1} 和當期序列 y_t 來畫圖，如圖 3.6，就有明顯的相關了（相差一期的相關係數是 0.881）。請用常數－平均過程對應畫出的散布圖來對照看看。

譯註七 「首差」（first difference）並不是一個專有名詞，而是作者兩個連續的觀察值的差時所用的名詞，代表「一階」的差距。其值等於干擾項，但二者在意義上不同。

圖 3.5

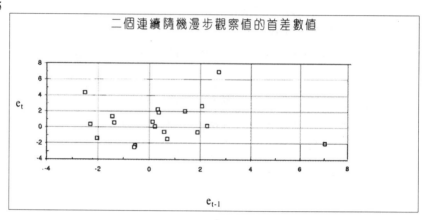

二個連續隨機漫步觀察值的首差數值

圖 3.6

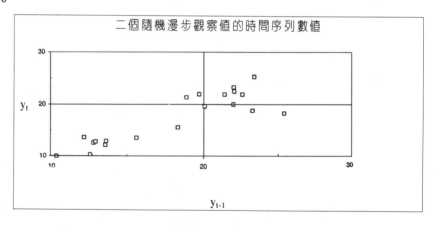

二個隨機漫步觀察值的時間序列數值

　　預測：如果已知從 y_0 到 y_{20} 的 y 值，要預測 y_{21} 的最好方法是什麼呢？若我們知道資料產生的過程是隨機漫步法則的話，就可以得到

　　$y_{21}=y_{20}+e_{21}$

　　因為 e_{21} 的平均數等於 0，對 y_{21} 最好的點預測就是前一個值 y_{20}：在第 20 個觀察值之前的那些歷史，和預測未來的值是無關的。

在預測 y_{22} 或是其後的 y 值時也一樣,最好的預測值就是前一個觀察值。

再回頭看機率的預測值,y_{20} 和 y_{21} 的差別是在於干擾項 e_{21}。所有的干擾項都被假定為獨立且同質的分配。我們可以由直方圖或是累積次數分配圖中來推論其分配(這些就是它們本身首差的值),或者,若我們假設干擾項的分配是平均數為 0 的常態分配,就可以用這個分配中的樣本標準差來估計其標準差。在表 3.2 的資料中,標準差是 2.32,因為 y_{20}=23.21,因此對 y_{21} 的機率預測值有 68% 的機率會落在 20.89 到 25.53 之間,有 95% 的機率會落在 18.57 到 27.85 之間,諸如此類。一如常數平均法的例子中相同的理由,其所估算的區間可能會過窄。

對 y_{22} 的機率預測有其巧妙之處,已知:

$y_{22} = y_{21} + e_{22}$

且

$y_{21} = y_{20} + e_{21}$

可知:

$y_{22} = y_{20} + e_{21} + e_{22}$

那麼這兩個 idd 干擾項總和的分配是什麼呢?可以這麼說,如果每個干擾項都有一個常態分配,其總和就會是常態分配。更進一步來說,總和的平均數就是平均數的總和,或曰 0,總和的標準差是 $s\sqrt{2}$,其中 s 是任何一個干擾項分配的標準差的估計值[5]。因此對 y_{22} 的預測區間是 $y_{20} \pm s\sqrt{2}$。由表 3.2 中的資料中可以看出:有 68% 的機率 y_{22} 的值是 y 在 19.96 到 26.46 之間,有 95% 的機率 y_{22} 的值是介於 10.20 到 29.72 之間。

這些結果都可以簡化成通則。若在隨機漫步中的最後一個觀察

---

[5] 樣本數為 2 的樣本群,其平均數之標準差為 $s\sqrt{2}$,而其和為平均數的二倍。

值是 y_T，那麼 y_{T+n} 的機率預測值會有一個平均值是 y_T 並且標準差是 $s\sqrt{n}$，亦即：要預測的事件越遙遠，則其不確定性越強。

摘要

以上所述可加以摘要如表 3.3：

表 3.3

	常數－平均法則	隨機漫步法則
程序	$y_t = M + e_t$	$y_t = y_{t-1} + e_t$
界定	除了抽樣誤差外，所有自我相關係數都是 0	除了抽樣誤差外，所有首差的自身相係數都是 0
前面 n 期的機率預測[*]		
平均值	m（觀察值 y 的平均值）	y_t（y 之最後一個觀察值）
標準差	s（觀察值 y 的樣本標準差）	$s\sqrt{n}$（s 是首差的樣本標準差）

[*] 若干擾項為常態分配，則預測值的分配也是常態分配。

接下來會如何？

前面討論了兩種最重要的資料產生法則，可由界定資料看出時序是如何由這些法則產生的，以及如何做點預測及機率預測。實際

生活中也有很多產生時間序列的其他法則。但在此先打住,我們要來分析一種時間序列——通常是有趨勢性及季節性的序列——其中的解釋變項可以用來預測未來值。但在結束前面那個不用解釋變項做預測的主題前,讓我們稍微看一下如果它繼續進行會有什麼結果。

研究了常數－平均法和隨機漫步法之後,下一種值得探討的法則是當(未觀察的)平均數不是一個常數,而是在隨機漫步的面向上隨著時間而變動,且序列的實際值以 iid 分配和這個「變動的」平均數產生差距,這種產生資料的法則稱為**變動－平均法則**(moving-average rule)。可以由首差的自我相關界定出來,且可用一個過去觀察值的加權平均數建構出其點預測,最接近現在的觀察值其權數最重,後繼距現在越遠的觀察值,其權數呈「指數」地下降。這種預測機制稱作**指數的平緩法則**(exponential smoothing rule),是一種相當具有強韌性且有效的方法,即使在不是由嚴格變動－平均法則產生的時間序列上也適用。

雖然我們將重點放在不具趨勢或是季節性的時序,仍可用一個「變動－平均」的時間序列,加上變動－平均的趨勢,甚至是變動－平均的季節性。這種序列的未來值可以用更複雜的指數平緩法則來預測,它可以使季節性、趨勢、和序列本身都有同樣規則。這種技巧常可以成功地應用到不嚴格由變動－平均法則產生的序列上。

有一種更常用但更複雜的資料產生法則:假定每個(首差的)觀察值,都是前面觀察值(或差數)總和的加權加上一個干擾項再加上前面干擾項總和的加權。

這種程序可以藉檢查數列或首差的自我相關來界定,也有可用以預測未來值的公式。這個產生時間序列的方法是由 George E. P.

Box 和 Gwilym Jenkins[6]所首倡的，被稱作 Box-Jenkins 或是 ARIMA 法。有興趣的讀者可以自行查閱 S. Makridakis、V. E. McGee、S. C. Wheelwright 等人的資料。

時間序列的練習題

1. 圖 3.7 中表示波士頓從 1944 到 1990 年的年均溫。若只有這一組資料，試預測 1991 到 1992 年的年均溫。你的預測確定性有多高？你對 1993 年的預測及預測的不確定性為何？在這個資料中能否看出任何全球溫度上升的證據？

2. 圖 3.8 是 1981 年 12 月 31 日到 1992 年 11 月 30 日每月月底的黃金價格（在 CMX 中每金衡單位的價格）。若只有這一組資料，你對 1992 年 12 月底的黃金價格預測為何？你對這個預測有多確定？你對 1993 年 12 月底的預測及其不確定性為何？

---

[6] G. E. P. Box，G. C. Reinsel 的《 *Time Series Analysis，Forecasting and Control* 》，3ed。Englewood Cliff，NJ：Prentice Hall，1994 年。

圖 3.7

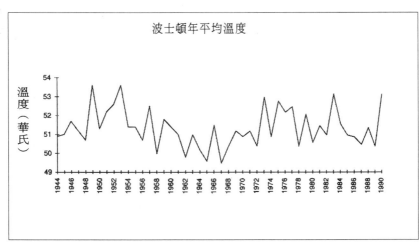

波士頓年平均溫度

圖 3.8

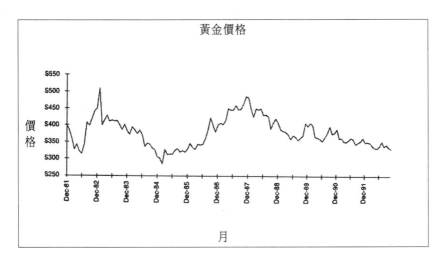

黃金價格

波士頓煤氣公司：1980~1981 冬

在剛過完約一個月酷寒的天氣後，1981 年的 1 月 11 日美國麻薩諸塞州的州長愛德華·金恩公開要求該州的煤氣使用者節約燃料，及要求可使用兩種燃料的消費者可以改用燃油。1 月 12 日及 13 日仍然非常地冷，1 月 14 日州政府要求工業及商業的燃料使用者將其自動調溫器降至華氏 55 度。儘管州長要求節約，但天氣持續酷寒，波士頓煤氣公司不斷送出數量驚人的燃料。1 月 15 日，星期四（馬丁路德日，在麻州是學校放假日），州長宣佈波士頓的煤氣供給有耗盡的危險，於是宣布州的緊急命令，且在隔天關閉該區所有學校。這使得學校改變過去使用煤氣的習慣，但更重要的或許是彰顯了煤氣供給情況的嚴重性，這激勵波士頓煤氣公司及州長持續推動節約。在州長公告之後，煤氣公司安排了一個多媒體廣強調節約。消費者明顯地開始注意節約燃料。

波士頓煤氣短缺的高峰起因於幾個同時發生且未預期的事件。第一，波士頓從秋天到初冬經歷了前所未有的嚴寒，1980 年 9 月 1 日到 1981 年 1 月 31 日，是波士頓史上最冷的時期。12 月 20 日到 1 月 18 日間的 30 天，在溫度上和時間上都異於尋常。示圖 1 是根據 1920 到 1981 年每天溫度資料所繪出的波士頓季節溫度型態。從這 60 年間每天的溫度資料我們可以建構出以 30 天為中心的平均數的平均位移所繪成的一條線[7]。對於一年中特定一天的 30 天平均位移的次數分配都是從 60 個資料點而來，這些資料點的位移平均是以問題中間的那一天為中心[8]。實線代表了分配的中位數，虛

---

[7] 天氣統計中定義平均溫度是用每天最高和最低溫度加以平均。
[8] 在這個個案的附錄中有討論如何找出這個分數。

線（在中位數實線的上下）則是分別代表平均溫度分配中的 0.75
、0.25 分位數，0.90、0.10 分位數，0.99、0.01 分位數。示圖 2 中
的虛線是 12 月 1 日到 2 月 28 日的 0.99、0.01 分位數與中位數，粗
實線是 1980 到 1981 年的冬天，也是用 30 天為中心的溫度位移平
均得出。其他的虛線則是和四個酷寒冬天所做的比較，這四個冬天
是 1933~1934 年、1934~1935 年、1935~1936 年、1947~1948 年。

　　嚴寒使人們自然地對可取暖的燃料產生額外的需求。這段期間
，不只實際的「日測度使用量」（degree days，用來衡量燃料需求
，其定義在稍後說明）高於預期，消費者也比過去有更密集的需求
量。室外溫度降得越低，人們似乎會希望室內更溫暖。波士頓煤氣
公司預期輸出量（作為日測度的函數）會因為節約的明顯趨勢而比
前一年降低。相反地，日測度維持穩定，消費者在 1980~1981 年的
12 月到 1 月中使用的燃料比前一年還多。

　　最後一個造成公司供給短缺的因素來自供給來源本身。波士頓
煤氣向不同的供應商購買多種燃料，同時有許多不同的契約和價格
（這種複雜的供給情形在後面會有祥細探討）。公司的基本燃料來
源——煤氣管瓦斯，是無法增加的。一般而言，煤氣管瓦斯可由其
他不同供給來源補充，其中最重要的就是液化天然氣（Liquefied
Natural Gas，以下簡稱 LNG）。天暖時，波士頓煤氣以煤氣管瓦斯
自製 LNG，儲存在瓦斯槽中。除此之外，公司還向麻薩諸塞州狄
斯提瓦斯（Distrigas）公司（由阿爾及利亞以油輪進口）購買 LNG
。一個次要的補充來源是代用天然氣（Substitute Natural Gas，以
下簡稱 SNG），可以向波士頓煤氣的供應商亞爾岡京公司購買，
或是自行在位於艾威雷特（Everett，華盛頓州西北一港埠）的工廠
以丙烷製造。波士頓煤氣可以更直接的使用丙烷生產丙烷－空氣的
混合物。在某些情況下，儲存於紐約和賓夕法尼亞州地下的天然瓦

斯可以由管線傳輸，但是管線容量有限。結果 LNG 就變成波士頓煤氣在寒冬時最主要的「高峰」燃料。示圖 3 中可以看出當日測度用量增加時幾種不同的供給來源的角色。基本的煤氣管瓦斯就足以應付 1980~81 年時平均溫度 45 度或以上的需求。溫度降低時，就需要其他的來源了（因為合約的複雜性，各種來源的運用次序每日不同）。

回顧煤氣的危機，波士頓煤氣的總裁約翰·貝肯注意到：

> 人們無法完全了解煤氣供輸的運作。煤氣公司不能像電力公司部份停電一般部份停止供應煤氣，只要系統能夠運作，就必須滿足*所有的*需求。我們運輸管線中的煤氣運送就像颱風般，無法降低其壓力。如果壓力降低，空氣就會進入煤氣管，這是非常危險的。要滿足 90% 的需求量唯有排除 10% 的用戶。但是人們也無法想像這個結果。我們必需到外面關掉主要的閥，以停止整個社區的煤氣供應。要再將供應線啟動的話，必須挨家挨戶重新點燃爐子的母火——不是個快速的程序。

因為煤氣的運送只有全有或全無兩種情況，沒有部份停用或是減少供應量的可能性，切斷煤氣供應會產生嚴重的結果。因此，波士頓煤氣公司會避免切斷供應線：公司特意採用多家不同的來源，以避免完全單一的依賴。波士頓煤氣和某些商業和工業消費者有一「可中斷」的契約：如果供給吃緊時，在事前的預警之下就可中斷供應煤氣，以作為平衡負載的措施（這些用戶都可轉用燃油）。

這個可中斷供應的措施使需求量可以被緩衝：在「設計年」（design year，稍後解釋）中，公司充分滿足企業顧客的需求，並可

將多餘產能賣給「可中斷」用戶。公司的主要職責爲充分供應爲住家、工商業用戶的需求。其基本的權宜計畫是在不得不關閉住宅區供應之前，先關閉可中斷與可用雙重燃料的公司用戶、志願節約者與工商業用戶（除非爲了保護工廠設施）。

1980~1981 年事件

1968 年，波士頓煤氣公司開始用 LNG 做爲煤氣管瓦斯的補充品，並從 1971 年起，向狄斯提瓦斯公司進口 LNG。在 1970 年代，煤氣管瓦斯的供應商田納西瓦斯公司與亞爾岡京公司都有瓦斯供給短缺的情形，也縮減了他們的輸送。波士頓煤氣便以 LNG、丙烷和 SNG 補其不足。當 1979 年底煤氣管供應量不足的情況結束時，那個夏季該公司便進口 LNG 作爲基本負載量供應來源，而把煤氣管瓦斯用來製造 LNG 並儲存。1980 年狄斯提瓦斯公司遇到一些狀況：阿爾及利亞的頌納塔（Sonatrach）公司取消了和埃爾巴索^{譯註七}天然氣公司的合約。轉變了生產和輸送的過程：頌納塔原由 Skikda 港向狄斯提瓦斯公司交貨，但是現在必須改由 Arzew 港來出貨。在 Arzew 生產的 LNG 有較高的加熱容量，其在波士頓的系統中蒸發的速度比來自 Skikda 的 LNG 來得慢，因此運送的時程表必須有所修正。運送時程的交涉，從 4 月延續 8 月，就是爲了取得使頌納塔、狄斯提瓦斯和其顧客都滿意的方案，然而波士頓煤氣在早秋之前都還無法有效預估到貨量和進貨次數。因此夏天時，公司沒有用任何狄斯提瓦斯公司的 LNG 供給量做公式預測。但是到了秋天，LNG 的進貨不但正常且充足，波士頓煤氣公司就將狄斯提

譯註七　美國德州西部一城市。

瓦斯公司的 LNG 供應做爲預測指標之一（但公司仍不敢指望會收到狄斯提瓦斯的 LNG 合約所約定的全量）。

傑克‧麥肯納是管理營運的資深副總裁，他強調：

> 簡言之，在 1980~1981 年間我們開始需要有比想像中更多的 LNG 存貨，這是因爲狄斯提瓦斯公司又開始運送原料給我們。但我們已安排其他的補充來源（SNG 和丙烷），所以在進入冬天大家開始用暖氣的時節後，我們應該可以滿足所有高峰期的需求。

示圖 4 中告訴我們在 1980 年 7 月尚未包括來自狄斯提瓦斯公司的進貨量時[9]對供給來源做的計畫。在 9 月波士頓煤氣公司又多了 6340 BTU 的狄斯提瓦斯公司進貨量；在 10 月更新資料時，公司預計 1981 年 6 月底將有由狄斯提瓦斯公司而來的 7,000 BTU 的 LNG。

1980~1981 年冬天的酷寒與超出預期的用量暴增，意味波士頓煤氣公司的煤氣貯量會比想像中減少地更快。首先，公司剛開始認爲使用量的增加僅是簡單地反映了典型的秋天使用型態：消費者不會想到初冬使用燃料的花費。然而，直到 12 月，送出的瓦斯仍比想像中要多，使用量並沒有下降，顯然節約的計畫並沒有被落實。到了 12 月中，艾松（Exxon，公司的丙烷供應商）發生了供給問題。結果，造成此時丙烷價格明顯上漲。爲了避免轉移增加的成本給消費者，波士頓煤氣公司便與布魯克林聯合煤氣公司（Brooklyn

---

[9] 瓦斯是以立方英呎（cf）來衡量的，其產出是以制熱衡單位（BTU）來衡量。一立方英呎的天然瓦斯提供了大致 1,000 BTU。波士頓煤氣公司以 M 來當作千，以 MM 來當作百萬，以 B 來當作 10 億的標準縮寫單位。

Union Gas）簽訂契約，以在 12 月後半及 1 月時取代部份丙烷供應，並暫停艾松公司的輸送合約，但保留恢復供應的權利。由於丙烷供給停止以及持續大量需求，公司在 12 月 19 日停止供給可中斷供應的用戶。寒冷的天氣、持續的高需求、高使用量與新的需求預測，在在顯示了對波士頓煤氣公司的瓦斯供給來源而言，狄斯提瓦斯公司的供給似乎變成必要的。狄斯提瓦斯公司在 12 月 26 日取得阿爾及利亞的 LNG 出貨，下一次的出貨日期預計是 1 月 14 日。

在 12 月 29 日，波士頓煤氣公司做了另一次預測。先假設需求會繼續增加且比預期還高。再者，公司計畫要「設計」天氣（design weather），也就是假設天氣比正常的天氣更冷，約是 17 年發生一次（對於設計天氣的定義及相關發展詳述於後）。當時天氣比一般「設計」的 12 月天氣都來得冷。第三個假設是 LNG 的出貨量持續增加，儘管公司仍不指望狄斯提瓦斯公司的全額供應量都會到達。此時，公司每天都要追蹤供給和輸出的情況，並在 12 月底決定恢復艾松公司的丙烷運輸。因為天氣寒冷，布魯克林聯合煤氣公司已無法由 12 月 26 日狄斯提瓦斯公司所得的原料，提供契約所訂的 LNG 量，只好延後到 1 月 14 日狄斯提瓦斯公司再出貨時再供應。最後，波士頓煤氣公司終於順利地安排複雜的煤氣管瓦斯的交易，允許布魯克林聯合煤氣公司 1 月中才運送，同時在 1 月 8 日恢復艾松公司的丙烷輸運。

雖然供給吃緊，但只要天氣不要更糟，應付需求應該沒有問題。12 月底，暴風襲擊 Arzew（狄斯提瓦斯公司由阿爾及利亞進口 LNG 的港口），這個暴風造成了部份設備損壞，最重要的是吹沉了港口中一艘滿載汽油的船，妨礙所有船隻的通行。在 1 月 5 日之前波士頓煤氣還沒想到狄斯提瓦斯公司由 Arzew 港灣來的船會無法到達。原本應該在 1 月 14 日到的 LNG 被延至 1 月 28 日。在 1

月 7 日狄斯提瓦斯公司又把到達的時間改到 2 月 11 日。現在公司預測如果天氣持續低溫，在 1 月底燃料就會供給不足。因此公司在 1 月 9 日要求使用雙重燃料的用戶改用燃油，掌管煤氣供給的副總裁查爾斯‧柏克萊，在 12 月底就開始加緊對額外供應的各種交涉。

查爾斯成功地從南方能源公司買進 LNG，但當他試著將 LNG 由塞芬拿（美國喬治亞州東部一海港）運送到波士頓時又遇到麻煩。聯邦法律中的瓊斯法案禁止掛外國國旗的油輪在美國港口間運送 LNG，而公司現有的兩艘美國籍的油輪現在卻停泊在希臘。

因為這樣的供給危機，查爾斯認為公司無法等到那兩艘在希臘的油輪先開到塞芬拿，再到波士頓。同時，調查顯示船煙囪必須要切斷 5 到 6 英呎，才能夠通過密斯提克河的橋，以到達狄斯提瓦斯公司的港口。查爾斯因此安排向印尼的現貨市場購買 LNG，並派一艘美國籍油輪運回，同時向美國政府交涉免除聯邦法律的限制。他知道有一艘阿爾及利亞的船在波士頓的港口內修理，若可以排除法律障礙，那麼就可以用這艘船從塞芬拿運回 LNG。總裁約翰‧貝肯解釋道：

> 我們和政府交涉時，已經告訴政府，我們有美國籍的船在蘇伊士運河外待命。通過蘇伊士運河的成本是 50 萬美元，若能排除聯邦法律規定的限制，就可以不必花這筆錢。

在 1 月 12 日收到了免受瓊斯法案限制的許可。船出發 10 天後載著 LNG 返回。當然此時供給問題持續嚴重，天氣仍然寒冷，需求量仍大。傑克‧麥肯納是掌管營運的資深副總裁，他說：「1 月 11 日和 12 日將達 57 日測度（上升 8℉），這會使得這兩天的需

求量總和達到 1,059 BTU，或是超過一艘油輪的容量。預測顯示，在船到達之前，我們根本無法滿足這個需求量。」公司通知州政府目前迫切的短缺，要求州政府勸告消費者降低自動調溫器。天氣不見緩和，要求節約又無效，公司於是要求州長宣布緊急危機命令並關閉學校。

當危急的程度逐漸明朗化時，大眾交相指責，質疑怎麼會發生這麼大的問題，及為什麼不早點公佈。回顧整個事件的發展，波士頓煤氣公司的主管們認為是因三個極不可能發生情況同時出現使得無法合理地預測危機的發生。第一，波士頓此時的天氣比一年中的其他時間都冷得多，且這一年的冷天氣比往常要來得早。第二，當需求極為迫切時，一個異常的情況使公司的供應來源受阻：當狄斯提瓦斯公司的供應成為波士頓煤氣公司的重要原料之一時，狄斯提瓦斯公司的運輸船隻受到暴風雨的阻撓。第三，消費者在每個日測度使用的燃料比往年要多，扭轉了原本在此時更應節約的趨向。傑克·麥肯納評論：

> 我們已經思考許多有關高燃料用量的問題。因為冷天氣來得早，在此我們失去了一些節約的時機——使用暖氣的季節剛開始是較溫和的，於是大家都延後開始用暖氣的時間。然後大家似乎就覺得天氣比平常還要冷——我認為天氣一直很冷的時候溫度調節器就該設定得高一點。還有一個原因，我們從調查中估計出有 24%原本不用暖氣的用戶也開始啟用壁爐和炊爐以在這個冷天氣中取暖。這就幾乎增加了 50,000 個新用戶了！
>
> 當你打開暖爐的門使得熱氣不斷流出，此時熱能是持續產生而不是在屋子裡循環的。實際上，這並非不理性的作法

。爐子熱氣的效能可達 100%，且其花費不到燃油的一半。當然，這不完全是安全的。我們曾看過一個大人跟一個小朋友因而窒息的意外。但有些人自以為聰明，用電扇吹散熱氣。用電扇的話，你可以只靠一個暖爐就把三間房的公寓弄得很溫暖。而那樣也使得高峰期的用量增加了三到四十萬 BTU——實際上，這真是致命的打擊。

總裁約翰・貝肯補充：

在供應的安排上我們是趨於相當保守的——我們知道那就表示終究會耗盡。但如果太保守，消費者會花許多不必要的錢在他們所需的燃料上。那麼公用事業部會為此追著我們不放。

危機結束之後，公用事業部立即展開調查，以了解發生原因，以及該州的煤氣供應商是否有任何過失。

公司背景

波士頓煤氣公司是下屬於麻州波士頓東方瓦斯公司（Eastern Gas）和燃料協會（Fuel Associates）的一個全權自控的附屬公司。波士頓煤氣公司在波士頓及其他 73 個麻州東部的社區，運送及銷售天然瓦斯給當地住戶、商業、工業的用戶。其範圍包括 1,056 平方哩，幾乎涵蓋波士頓全部。示圖 5 是波士頓煤氣公司營業範圍的地圖。系統中包括了 5,700 哩長的主線，由主線輸送到用戶上的管子約有 40 萬哩，現在的計費錶約有 486,000 個。公司員工約 1,900

人。

　　波士頓煤氣公司提供幾種顧客服務。可中斷供應用戶（在下面會有更詳細的討論）有燃油或煤氣兩種燃料可用的，由公司決定是否供應煤氣。波士頓煤氣保證對其固定客戶提供必要的服務，不論是住宅、商業或是工業。住宅類中有一些用戶只將瓦斯用於非暖氣的用途（如烹調、熱水器、烘衣服等），而使用暖氣的用戶則用煤氣來使屋子溫暖，同時也使用部份於非取暖的功能。因此使用暖氣的用戶的煤氣使用量會隨氣溫有很大的變化，而不用暖氣的用戶他們的用量變化就沒那麼明顯。雖然住宅型的暖氣使用用戶在使用型態上有差異，波士頓煤氣公司仍將以暖氣使用為主用戶的平均用量視為有效的統計指標。平均言，住宅型暖氣使用用戶每年使用 130千立方英呎的燃料。

　　商業及工業用戶在用量跟使用煤氣的用途上有很大的變異。學校、醫院、工廠、商業建築物不能用「平均」消費者來計算，而必須要考慮到帳單上的煤氣使用量。因為他們使用煤氣時有許多不同的目的，必須對這一種型態的新用戶各別分析他們在不同氣溫時的煤氣用量與改變之間的關係。

　　示圖 6 中可以看出波士頓煤氣在不同消費類組的統計資料，包括了從 1978 年 1 月到 1981 年 7 月住宅型使用暖氣與不用暖氣的用戶其數目、燃料的銷售等，這二種都是住宅型用戶，還有同時間內的商業及工業用戶。銷售的計算可以由實際的帳單來看，值得注意的是，以 2 個月為一期的量錶期，住宅中不用暖氣的用戶一年的帳單是 6 張；以同樣的量錶期，住宅中使用暖氣的用戶一年收到 12張帳單——一次照錶計，一次估計。商業及工業用戶的帳單則是按月量錶收費的。帳單上的資訊更複雜，因為它有 21 個收費循環期，每一期都是以該月的各個工作天來計算。如果不能按預定時間測

量到住宅用戶或是商業用戶的使用量，那麼就寄出估計的帳單。

　　在 1970 年代中期，煤氣管的瓦斯供給受到限制，波士頓煤氣公司只能收到很有限的額外負載量。1977 年之後，因為有一些額外的供應來源，使得額外負載量的上升，而且石油的高昂貴價格與供應不穩定也導致用煤氣來加熱的大量需求。1980 年代早期，波士頓煤氣公司刪除其對住宅型用戶的直接銷售計畫，在供應系統可調節的情況下，公司可以用郵寄廣告及媒體廣告來說服尚未使用煤氣暖氣取暖的用戶改用煤氣暖氣。

1980~1981 年的輸出預測

☝ 天氣

　　要了解波士頓煤氣如何發展其預測，必須要從公司的天氣分析（weather analysis）開始。使用由海洋科學及大氣科學部（NOAA）所蒐集的 1923~1973 年間的 53 年的天氣資料，波士頓煤氣公司發展出一個「正常」年的衡量方式，由加總每一年的日測度，並計算其平均得出這段時期內的年平均（所謂的日測度是指當天平均溫度低於 65℉時其溫度度數。若是一天中的平均溫度大於 65℉，日測度就是 0）。51 年每年的日測度的平均數目是 5,758，其標準差是 352。示圖 7 中以圖來表示從 1920~1921 年到 1980~1981 年，每年（7 月 1 日到 6 月 30 日）的日測度。為了規劃之需，波士頓煤氣使用了所謂的設計年（design years），是指比一般還冷的年。每一設計年有 6,300 個日測度，是每 17 年才會發生一次的天氣型態。設計年包括了 25 個氣溫低於或是等於 20℉的日子，總計 1,274

個日測度，其中會有一天的氣溫達到-8°F。根據以上的氣候資料，波士頓煤氣實際上準備以特定的每日溫度來設計月，以反映一般較冷或是較暖月份的氣候型態。示圖 8 和 9 可以看出正常年及設計年每天溫度的資料。

（按照波士頓煤氣公司的天氣模型，兩相鄰年間的天氣狀態是無關的，連續的日子也沒有任何短期相關。至少 60 年之內，沒有發現溫度上的循環或是特定型態。）

ᔐ 供給

波士頓煤氣公司的供給情況是極度複雜的。有好幾個供給來源，每一個來源的訂價都不同，每一個都有其容量上的限制。在需求的高峰期間，需求超過系統中的煤氣管所可以提供的上限，使得公司必須要維持存量：結果，公司就必須維持其存量足夠。在努力使供需能平衡時，設計計畫的人得要權衡極端狀況發生時的花費。就一方面來說，他們要考慮統計上幾乎不可能出現那種會使得運輸中斷的酷寒天氣。另一方面，也得考慮到額外增加的倉儲成本以及儲存必要的煤氣量，以降低慘劇發生的可能性。透過對可中斷供應用戶的適當安排，波士頓煤氣公司努力的提供最充足的供給以應付最冷的多天（如同他們設想到的設計年），但是也在天氣開始變暖之前，將契約上約定的供給額及所有儲存的燃料都耗盡了。

A. **煤氣管瓦斯**：煤氣管瓦斯的價格是管制的，波士頓煤氣公司有二家供應商——亞爾岡京與田納西煤氣運送公司是他們最便宜的燃料來源。在契約中明定可提供波士頓煤氣公司的最大數量。此外，契約中也提到了每日最大量（MDQ）的額度，和一年中有多少天波士頓煤氣公司可以取得 MDQ。波士頓煤氣

公司同時也有和亞爾岡京公司訂有多天供給契約（WS，比年合約價高）：從 11 月中到 4 月中這 151 天中約定一個 MDQ，在這當中任何一天都可以用 MDQ，契約中的總量是 MDQ 的 60 倍。

B. **代用天然氣（SNG），丙烷－空氣混合氣**：除了用煤氣管輸送的瓦斯之外，波士頓煤氣還向亞爾岡京公司購買 SNG 以及在自己的艾威雷特廠用液體丙烷自製 SNG。丙烷也可以直接進入系統中和空氣混合，但是這種方法要視現有系統需求的程度而定。一般而言，SNG 是波士頓煤氣公司的所有正常供給來源中，價格最高的來源。

C. **液態天然氣（LNG）**：另一個主要用量高峰期的燃料，也是最重要的燃料就是 LNG，可以由波士頓煤氣公司自行進行液化或向外購買。雖然 LNG 可以在本國或是國際的自由市場上買到，但是狄斯提瓦斯公司是波士頓煤氣公司唯一的 LNG 供應商。LNG 的體積是氣態時的六百分之一，且很容易轉成煤氣管瓦斯，其蒸發進波士頓煤氣公司系統的比例非常高。如同在示圖 3 中可以看到的，在 1980~1981 年當日測度超過 34°F 時，波士頓煤氣有部份是依賴 LNG 的。LNG 的成本比 SNG 或丙烷－空氣混合氣便宜，但比煤氣管瓦斯貴。

D. **倉儲設備**：波士頓煤氣在賓州和紐約租有 4 個地下瓦斯儲存槽。當公司不須立即輸送這些瓦斯時，比如夏天時，就將瓦斯儲存在這裡。通常這些存貨在大家開始使用暖氣前是滿的，當使用暖氣的季節結束後就會用完。有時一些額外未被用到的煤氣管瓦斯也會被送到波士頓煤氣的二個液化廠，液化後儲於公司的四個 LNG 儲存槽中。

此外，和狄斯提瓦斯公司的契約提供了大致每月一次的出貨。船從阿爾及利亞運到波士頓要花 10 天，並需約 1 天的時間卸貨，然後返航。狄斯提瓦斯公司的終點站艾威雷特可暫時儲存運送一次的燃料，運量的一半須在到港後 10 天內運出，另一半需在下一班船抵達前送出。狄斯提瓦斯公司同意將一部份直接蒸發到波士斯瓦斯的系統中，其餘的用卡車運到其儲存槽中。公司必須規劃充分的空間存放 LNG，且須在油槽都盛滿時，儘可能的將其蒸發至系統中。除了基本的煤氣管瓦斯和一部份來自艾松公司自由契約的丙烷，即使無法及時「拿到」這些燃料，波士頓煤氣無仍必須付費給這些供應商。

因此公司面臨的問題是該如何有效利用各種供應來源，同時仍能履行契約義務。亞爾岡京公司的 SNG 和冬天供給契約（WS），只在暖氣季節時有效，且要每天使用以吸收契約規定的數量，因此這是系統中優先採用的來源。如果有必要，在之後波士頓煤氣才會開始正常的供應瓦斯、SNG、LNG、丙烷氣等。既然在契約中訂有最冷天候的最大煤氣管瓦斯使用量，為了應付高峰期的大量需求，必須在天暖時多儲存一些（以液態型式儲於地下儲存槽），或是賣給「可中斷」的客戶。每天公司都要決定其直接用於系統中的基本煤氣管供應量，及該分配多少至儲存槽或送到那兩個製造液化天然氣的工廠。當一艘狄斯提瓦斯公司的運輸船到達時，LNG 必須要按照契約上的比率蒸發或是儲存，因此會暫時影響公司可以接受運來的煤氣管瓦斯量。假如波士頓煤氣公司無法在冬天送出所有原先計畫的供給量，則會因為缺乏儲存的空間，造成春夏季節因缺乏煤氣管與儲存槽的空間，而無法履行和供應商間的契約約定。現在，因為供不應求的嚴重後果，公司必須要規劃一個前所未有的大型輸送量。為了消減在供應與輸出之間不可避免的差額，公司賣給那些

可中斷供應的用戶燃料時，他們都知道隨時可能要轉成使用燃油。他們付比當時燃油稍低的價格，並提供波士頓瓦斯公司在其煤氣過剩時的緩衝——這個緩衝也使得每立方英呎的煤氣產生比該公司其他工商業用戶更高的盈餘。

因此波士頓煤氣公司在設計年的情況下，計畫以滿足它的工商業用戶為先，包括任何新加入的用戶。當使用暖氣的季節即將來臨時，公司會再檢查供給量並預測需求量，然後以賣給可中斷供應的用戶來平衡供需的差額。波士頓煤氣公司用這些方式，盡量讓使用暖氣季節結束時，在其地下倉儲儲存的丙烷、LNG 油槽中有最少的存貨（如此夏天時才有足夠的儲存空間），然後輔以多天供給契約中的量、MDQ、及契約上的 SNG 和丙烷、狄斯提瓦斯公司的限額等。在春天和夏天，狄斯提瓦斯公司的供應和煤氣管瓦斯用來提供燃料給一般消費者（包括可中斷的用戶），並用以儲滿 LNG 油槽及地下倉儲，以應付要到來的冬天之需。

♌ 節約

為了轉換正常天氣或設計天氣的日測度為輸出預測量，波士頓煤氣公司必須知道目前消費者使用燃料的速度如何。為了瞭解現在的燃料的使用速率，波士頓煤氣從統計每個月的輸出量資料開始著手。公司的分析師從每月輸出量與正常月份輸出量的差異（即前面定義的正常年中的一個月），建構每個月日測度的天數。然後他們定出該月的「取暖」因子：在去掉基本負載（用在熱水器、烹調等而非取暖）量之後，每個日測度的輸出量。用這些取暖因子，波士頓煤氣公司調整輸出的數量，使該數字能代表一個正常月份的輸出。藉由觀察正常月份的輸出量，公司可以比較各年的用量，即使是每年的天氣不同，或用戶背景的改變。

公司用這個資訊追蹤消費趨勢。自1978年以來,在節約的成果益發明顯,波士頓煤氣估計1979~1980年住宅用戶使用的燃料大約比前一年少了7%(標準化後計算而得)。有關節約成果的資料來源還有二項。第一個是波士頓煤氣分析一個相對穩定的客戶樣本的訂單記錄。在1977年所定義出的樣本消費者群是11萬5千人,在1980年的數量約9萬人,大概占所有以煤氣取暖的客戶數量的一半(遷移或是退出樣本群者不予補充)。波士頓煤氣每兩個月量錶一次,但有時無法完全按時間表來檢查,每個月的樣本數目大約在25,000左右。分析師檢查樣本客戶在相同時間中的使用量,也將天氣的變化因素考慮進來,然後比較標準化的銷售量,記錄改變的比率。這項持續的調查顯示出1978~1978年、1979~1980年時,節約成效較明顯。

除了自己的研究之外,波士頓煤氣公司在1975年也委託一家在麻州勒星頓的決策研究公司來調查目前煤氣消費者的節約活動和意願。在1979年初,決策研究公司將調查內容改版,問了許多與前一版問卷相同的問題。結果可以看出不論是在財務上或是在公共利益觀點上,大家對節約的必須性有了更多的了解。而且,有一些可以用量化衡量的意願調查中可以看到,顧客似乎知道一些可以節約的方法,也願意執行。公司中市場分析和評估的經理,華納‧佛拉荷提,彙整了這些節約的效果:

儘管新顧客大量增加,但我們的銷售量從1977年以來都沒有增加。

1980年7月,麻州能源委員會誇獎波士頓煤氣公司為了預測輸出量而追蹤顧客節約量的策略:

該公司在過去二年衡量節約量對輸出量的影響,在這方面的長足進步是值得讚賞的。

該委員會接著呼籲其他地方瓦斯公司,促其注意節約量的持續擴大。如果使用者更節省,新英格蘭地區就可以提供更多消費者以煤氣取暖,因此可以減少對國外石油的依賴,委員會認為這是符合公共利益的。

當波士頓煤氣公司在 1980 年 7 月準備要預測輸出量時,公司估計未來一年中,煤氣的價格會提高約 16%。研究顯示煤氣的價格彈性大約在 0.25 到 0.30。地方的油價已大幅提高(1979~1980 年中約為 60%),節約方法和使用其他替代能源(如以燒木材的火爐或石英加熱器)廣受大眾注意。以上的這些因素都支持波士頓煤氣公司的預測,即相對於 1979~1980 年而言,1980~1981 年將有 6%的節約用量。

☞ 輸出

波士頓煤氣知道用戶們降低煤氣用量的可能速率,公司考慮其供給情形可以決定系統中尚可容納的新顧客。在 1980~1981 年,波士頓煤氣公司覺得大致上可以在 220,000 用戶的基礎上,再增加16,000 個新的使用暖氣的住宅型用戶。在平均負載為 13 萬立方英呎的情況下,這些增加量大約等於商業或工業用戶負載量增加二十億立方英呎。同時經過計算,這個冬天輸出的預計負載量將會增加。

在冬天來臨前,波士頓煤氣公司做了幾個預測。首先,公司要預測天氣,將正常年以及極端或設計年,換算成正常月份以及設計月份。除此之外,預測消費者節約行為(標準化的計算結果)會比去年高出 6%[10]。最後,對於使用煤氣取暖的消費者用量的增加量,

---

[10]雖然波士頓煤氣公司沒有長期性的商業及工業用戶節約資料,但依公司的經驗可以比較非住宅型用戶和住宅型用戶。

也會包括在 1980~1981 年的季節計畫增加量中。

在這些補助的預測之下,波士頓煤氣公司準備好其標準月及設計月中的輸出。對每個月的預測不只是基於天氣的概況(見示圖 8、示圖 9),還要考慮到日測度及該月輸出特性之間的關係。同樣的日測度下,11 月與 1 月不會有相同的需求,因為冬季末期的月份每日測度需要的輸出率是較高的(也就是說,在冬天末期的月份,用煤氣取暖與否影響較大)。但對於這個因子為何會有影響仍未有一致的意見。以上說明可以這樣解釋,在一二月較常下雪,雪對人們會有心理上的影響,不管實際上真正的溫度為何,雪會使他們覺得更冷。類似的情況在新英格蘭發生,冬末時,人們已經「冷煩了」,就有可能把自動調溫器的溫度調高。

無論是何種理由,情境使得預測冬天各月份的使用量時必須考慮使用率的變化,以及顧客基本用量的預計大小和期望的節約程度。公司對 1980 年十二月和 1981 年一月的預測偏低,有二個原因:第一,天氣比原先估算的設計天氣要冷;第二,預期的節約行為並沒有落實——和前一年比起來,每日測度的用量實際上是下降的。

1980~1981 年冬天的反常情況似乎可用特殊事件來說明。用戶用煤氣爐使他們的公寓暖和,使得輸出量有某種程度的增加。即使如此,前二年的冷天氣也未造成如此大的用量,為了要解釋這段期間所發生的現象,產生許多猜測。一派認為是因為連續的寒冷使人們感到更冷;其他人則指出溫度變化並不大:不只是平均溫度很低,每日最高溫也都很低。也有可能是節約量的測量結果呈現出消費者的潛在節約量比例比公司原先想像得要高。最後,節約量的降低可能反映了一個新現象:煤氣和燃油價格的差距持續增加。無論如何,過去兩年中用戶節約量已有減少的趨勢。

示圖 10 的縱軸是每天煤氣輸出量[11]除以住宅型用戶中以煤氣取暖者數量的值。其比例以 1976 年 1 月 1 日到 1981 年 7 月 31 日每日平均溫度爲函數繪出而得。

附錄：平均值變動的天氣分配

我們有以三十天的變動平均爲中心的六十個觀察值，因此，原則上，在時間表上每一天的變動平均分配都是從過去的次數中得出。這種取得數據的過程是冗長而無聊的，且極端的（0.01 和 0.99）百分位數值會嚴重地被判斷標準所影響，而非資料本身。因此，將常態分配的平均數和標準差與時間表上每一天的頻率分配相配合，從這個近似常態的分配中，就可以算出各個分位數了。下面的圖中，實線代表的是六個不同多季中，單日的 30 天變動平均溫度的累積次數圖，虛線是常態累積次數，可以看出這兩種線的軌跡相當類似。

---

[11]每天的煤氣輸出量無法將住宅型用戶與商業用戶分別開來。

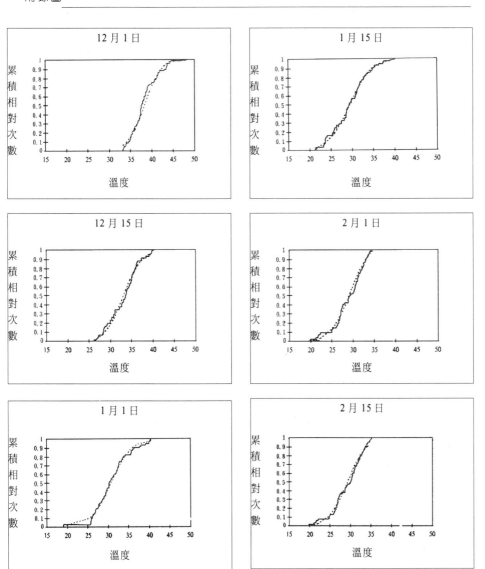

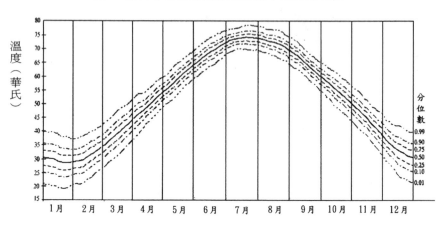

每年溫度模式

以 30 天為中心的每天溫度變動平均之分位數

寒冬

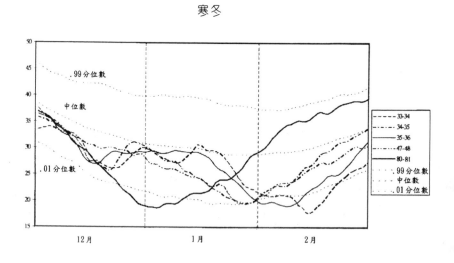

日測度期間曲線：1980~1981 年使用暖氣的季節

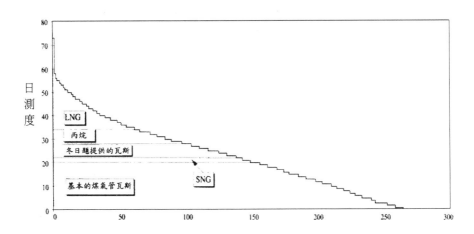

1980 年 7 月的計畫供給來源

	MMCF
亞爾岡京煤氣運輸公司（天然瓦斯）	39,377
田納西煤氣管瓦斯公司（天然瓦斯）	21,956
亞爾岡京的代用天然氣（SNG）	1,844
艾松丙烷（由波士頓煤氣丙烷－空氣混合氣/SNG 生產）	2,844
波士頓煤氣公司的液化天然氣（LNG）	2,958
狄斯提瓦斯公司的天然瓦斯（已儲存）	568
預計的穩定供應及可中斷供應的銷售量	69,547
均衡（將之儲存）	5,000

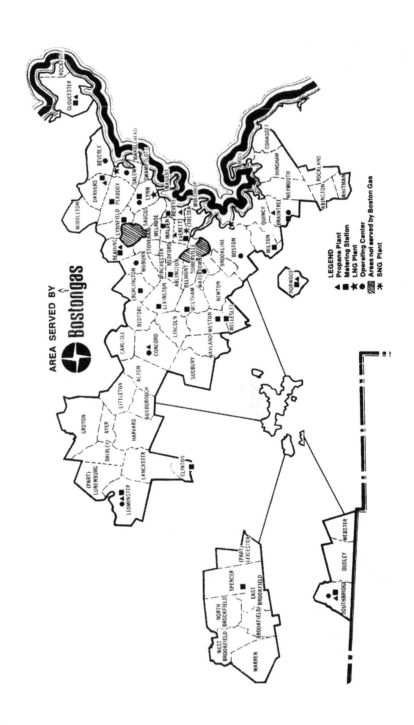

示圖 5

月份	住宅型用戶 用暖氣	不用暖氣	銷售量以百萬立方英呎計 用暖氣的住宅	不用暖氣的住宅	商業及工業
78 年 1 月	201,433	270,816	4,802	5544	3,094
78 年 2 月	201,7655	271,159	5,012	575	3,063
78 年 3 月	201,987	271,002	4,681	563	3,175
78 年 4 月	201,911	270,886	3,158	529	2,407
78 年 5 月	201,202	270,459	2,203	483	1,716
78 年 6 月	200,552	269,636	980	438	1,086
78 年 7 月	200,173	268,333	726	389	788
78 年 8 月	199,797	267,728	644	356	756
78 年 9 月	200,060	266,979	786	350	857
78 年 10 月	200,973	267,601	1,492	400	1,167
78 年 11 月	202,075	267,977	2,171	441	1,639
78 年 12 月	203,205	268,481	3,553	476	2,602
79 年 1 月	203,995	268,741	4,529	535	3,106
79 年 2 月	204,747	269,048	5,320	571	3,487
79 年 3 月	205,324	268,896	4,326	562	3,007
79 年 4 月	205,654	268,433	2,990	509	2,159
79 年 5 月	205,221	267,414	1,665	456	1,440
79 年 6 月	205,074	266,171	959	422	1,008
79 年 7 月	205,115	265,112	681	378	767
79 年 8 月	205,691	263,970	675	349	749
79 年 9 月	206,863	262,345	705	351	808
79 年 10 月	208,622	262,051	1,358	386	1,121
79 年 11 月	211,006	262,038	2,274	441	1,701
79 年 12 月	214,252	261,226	3,175	479	2,200
80 年 1 月	216,517	260,754	4,562	536	2,955
80 年 2 月	218,184	260,215	5,236	555	3,538
80 年 3 月	219,999	259,100	4,607	560	3,107
80 年 4 月	220,480	258,738	3,105	495	2,251
80 年 5 月	220,621	257,616	1,957	466	1,635
80 年 6 月	220,899	256,113	977	415	989
80 年 7 月	221,270	254,905	720	372	835
80 年 8 月	221,500	253,864	640	323	763
80 年 9 月	222,429	252,691	673	315	836
80 年 10 月	224,379	252,253	1,338	354	1,148
80 年 11 月	227,295	252,005	2,779	424	2,041
80 年 12 月	229,632	251,763	4,226	487	2,939
81 年 1 月	231,921	250,958	6,553	576	4,143
81 年 2 月	234,996	248,760	5,443	544	3,396
81 年 3 月	236,481	247,524	4,230	501	2,974
81 年 4 月	236,954	246,901	2,922	452	2,245
81 年 5 月	236,819	246,592	1,975	427	1,553
81 年 6 月	235,996	245,394	855	371	999
81 年 7 月	235,007	243,979	653	317	763

注意：波士頓煤氣公司必須維持每立方英呎 1000BTU 的穩定量。實際上，變動

範圍約是 1005~1045BTU。此示圖中的銷售量已經調整爲以每立方英呎

1000BTU 為基礎的值了。

示圖 7

每一個須用暖氣年份的日測度（7月1日至6月30日）

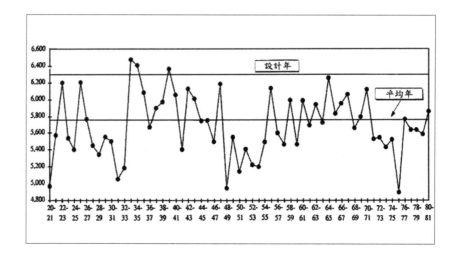

在正常年每天以華氏計算的溫度型態(來自於 1923~1973 年 51 年資料)

（5,758 個日測度）

日	1 月	2 月	3 月	4 月	5 月	6 月	7 月	8 月	9 月	10 月	11 月	12 月
1	28	28	39	37	54	61	77	76	75	62	52	29
2	39	32	36	38	44	58	75	73	80	72	54	34
3	46	40	38	45	46	53	72	71	68	60	64	40
4	43	20	32	50	50	60	69	77	71	59	50	39
5	30	15	26	43	58	56	71	80	65	55	59	47
6	23	10	19	36	61	68	66	84	70	54	51	52
7	28	21	24	40	63	66	64	86	69	57	49	42
8	31	31	25	44	50	69	62	78	73	61	55	40
9	24	41	30	47	54	70	68	74	74	65	56	49
10	19	38	41	46	48	67	72	72	72	53	54	48
11	32	29	44	41	57	61	70	69	67	66	46	38
12	30	24	34	43	58	64	74	68	64	63	44	34
13	38	18	28	48	51	68	79	66	68	68	36	32
14	32	30	29	56	62	73	84	69	66	57	40	35
15	40	33	34	52	56	70	81	73	62	54	42	29
16	35	42	40	44	55	74	78	75	66	59	43	23
17	26	38	48	62	52	76	74	72	64	64	48	17
18	18	46	50	58	53	68	76	68	60	51	53	22
19	22	36	58	49	67	63	73	65	65	49	46	30
20	24	34	40	45	56	58	70	64	58	47	41	36
21	33	22	35	40	60	62	68	62	55	48	37	45
22	34	26	36	42	68	65	66	61	61	52	34	41
23	36	35	37	49	64	71	67	67	59	46	38	37
24	44	26	39	42	70	78	70	63	62	50	31	31
25	42	27	41	50	60	74	78	70	56	56	33	27
26	36	25	37	54	56	72	82	76	53	48	42	16
27	20	36	45	60	54	80	77	82	60	43	45	12
28	16	30	47	51	66	78	78	79	63	50	39	21
29	0		52	65	71	73	76	70	54	52	34	28
30	14		45	53	69	81	72	74	50	44	26	27
31	36		42		76		75	66		40		32

日測度的總和

	1,096	987	844	520	238	54	4	10	94	321	608	982

設計年每天以華氏計的溫度型態（6,300 個日測度）

日	1月	2月	3月	4月	5月	6月	7月	8月	9月	10月	11月	12月
1	25	24	37	34	53	63	77	76	75	62	50	26
2	37	29	34	36	42	58	75	73	80	72	53	32
3	44	37	36	45	46	53	72	71	68	60	46	33
4	41	15	29	49	50	60	69	77	71	58	49	37
5	27	12	25	41	57	56	71	80	65	54	44	45
6	19	10	15	45	59	68	66	84	70	52	50	42
7	24	17	20	37	63	66	64	86	69	57	47	40
8	28	30	21	42	49	69	62	78	73	61	54	37
9	20	39	27	45	53	70	68	74	74	65	55	47
10	15	36	39	44	48	67	72	72	72	57	53	46
11	30	26	42	38	56	61	70	69	67	66	44	35
12	27	13	31	41	57	62	74	68	64	63	42	31
13	35	14	25	47	50	64	79	66	68	68	33	29
14	29	27	26	55	62	73	84	69	66	56	38	32
15	38	30	32	51	54	70	81	73	62	54	40	26
16	32	40	35	42	48	74	78	75	66	59	41	19
17	22	35	46	62	51	76	74	72	65	65	46	12
18	14	40	49	59	60	68	76	68	60	50	52	18
19	18	36	47	48	67	63	73	65	56	47	44	30
20	20	31	38	43	56	58	70	64	57	45	39	33
21	30	18	32	38	60	62	68	62	54	46	34	43
22	31	22	36	41	68	63	66	61	59	51	32	39
23	40	32	34	47	64	71	67	67	58	44	35	34
24	39	22	37	40	70	78	70	64	62	50	28	28
25	40	23	39	47	60	74	78	70	55	52	45	23
26	33	21	34	52	55	72	82	76	51	48	42	11
27	16	33	43	59	54	80	77	82	60	41	43	7
28	10	27	45	50	66	78	78	79	63	52	36	17
29	-8		51	52	71	73	76	70	54	51	32	25
30	9		43	52	69	81	72	74	48	36	39	23
31	36		40		76		75	66		38		30

日測度的總和

| | 1,194 | 1,081 | 927 | 658 | 253 | 57 | 4 | 9 | 112 | 346 | 664 | 1,085 |

1976 年 1 月 1 日至 1981 年 7 月 31 日
每個住宅型用戶的每日輸出量與溫度的函數

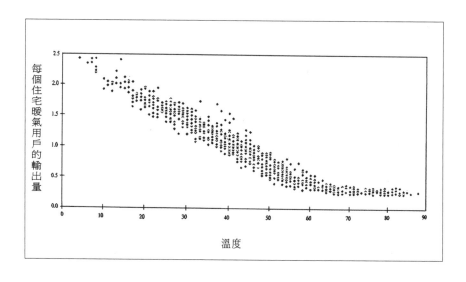

第 4 章

迴歸分析與預測

當我們想要利用過去的資料預測未來事件時，迴歸分析是[1]一個十分有力的工具；它指出我們所感興趣的變項（依變項）以及其他一或多個變項（自變項）間的關係，之後可以根據這種關係，在知道自變項的值時，去預測依變項的值。在這一章中，我們將討論利用觀察某個已知變項的值（或是其他可以用來加以「解釋」的變項），來預測某個未知變項值的各種方法。

可區辨及不可區辨的資料

利用「不可區辨」的資料為基礎進行預測

下面的例子在於說明，如何利用過去的觀察值來預測某些未來的預測值。比如說，現在你想賣掉你的房子，為了助於預測個好價錢，你手邊有一些抽樣（見表 4.1），這些樣本是你所居住的城市過去幾年來房子的賣價。

---

[1] 迴歸分析的其他用法將在第 5 章討論。

表 4.1 _____

10 棟房子樣本的房價

$109,360

$137,980

$131,230

$130,230

$125,410

$124,370

$139,030

$140,160

$144,220

$154,190

　　我們先假設房價在過去這幾年來一直維持穩定的狀態,而這 10 個樣本中任何一個樣本的房價都有可能對你房子的價錢有代表性——你的房子與這 10 個樣本中的任何一個樣本都是**不可區辨**的(indistinguishable),所以這些房子的房價和你房子的房價之間就有關聯存在。實際上,如果你想對你房子的售價做一個**機率性**(probabilistic)的預測,你只需做出這 10 個樣本房價的**次數分配**(frequency distribution)。

　　通常我們事先並沒有一個明確的決策問題,只是想要得到一個數字———一個「點預測」或是「最佳猜測值」。在原先的樣本資料中,你可能會取一個在中央的值,如平均數、中位數或是眾數。我們用在迴歸計算時用的中央值是平均數[2]。

　　上面 10 個樣本房子售價的平均數是 133,618 元,這個估計有多好?如果所有的房子售價均接近 133,618 元,那你就可以很有信

---

[2] 如果我們定義「殘差」(residuals)為點預測值與實際值之差,則平均數會使殘差平方之總和達到最小。平均數是最小平方估計數時,我們將會看到,迴歸估計也是最小平方估計數。

心地說，這棟房子的售價應該是 133,618 元左右。但是如果樣本的房價離散程度很高，那麼就比較不能確定說房價約 133,618 元了。我們可以由樣本房價的標準差看出售價的分佈情形，而且標準差也提供了一個比較的標準，在運用其他方法預測時可用來比較。在這個例子中，標準差為 12,406 元。

用可區辨資料做的預測

現在我們假設你所擁有的樣本資料並不是只有 10 棟房子的售價，還包括了 10 棟房子的面積，如表 4.2。這時這些房子已不是不可區辨的了：較大的房子可以和較小的房子**有區辨**。假設你的房子有 1,682 平方英尺，注意看那些和這棟房屋「一樣」的房子是很合理的。但是在這些樣本中沒有完全相同的；有 4 個房子面積介於 1,600 與 1,800 平方英尺，你可以推測，這些房子的售價，會比那些比你的房子大很多或小很多的房價要接近你的房子的價錢。這 4 個房價的平均數為 132,243 元，略小於 10 棟房子的平均數，且這 4 個房價的標準差為 8,513 元，比 10 棟房子售價的標準差要來得小。當我們專注於那些無法區辨的相似樣本的資料時，可以使點預測更精確，並在某種程度上增加了其準確度。

表 4.2

房屋售價	房屋面積（平方英尺）
$109,360	1,404
$137,980	1,477
$131,230	1,503
$130,230	1,552
$125,410	1,608
$124,370	1,633
$139,030	1,717
$140,160	1,775
$144,220	1,832
$154,190	1,934

　　表 4.3 列出所有 10 棟房屋的樣本平均數與標準差，以及 10 棟房屋按大小分成三群後的相同統計量。可以從表中看出，房屋面積越大，價格越高。分組後的標準差也小於總體的標準差。

表 4.3

	所有 10 棟房子	房子面積		
		1,400~1,599	1,600~1,799	1,800~1,999
樣本平均數	$133,618	$127,200	$132,243	$149,205
樣本標準差	$12,406	$12,381	$8,513	$7,050
觀察值的數目	10	4	4	2

樣本殘差及其標準差

在面積 1,600 至 1,799 平方英尺的那一細格（cell）中的樣本——也用來估計你的房價最好的那些房子——它們的標準差為 8,513 元，但是只有 4 個觀察值（自由度是 3），這樣可以恰當地做出預測嗎？即使每個細格的標準差都很小，但是它們都是由少數的觀察值所得出，這種差異性可說是抽樣殘差嗎？最後我們要問的是，把所有的樣本資料分組，是為了增進預測的準確度，但是這樣的分組真的會使預測值更精確嗎？

要解答這些問題，我們先對**樣本殘差**（sample residual）下一個定義，它指的是依變項的實際值與其估計或預測值間的差異，例如：我們樣本中的第一間房子是 1,400~1,599 平方英尺大小那一組的，售價為 109,360 元，而該組 4 棟房子的平均售價為 127,200 元，這個值是 4 個房價的估計值，所以殘差為$109,360-$127,200＝$-$17,840，我們可以用相同的方式來計算其他房子的殘差值：對每個觀察值，先看它屬於那一組，利用該組平均數作為估計值，再用實際值減掉估計值就可以算出殘差值，在表 4.4 中我們就利用這樣的方式來算出 10 棟房子的殘差值（如果算出來的值是負的，就用括號括起來），同時要注意所有殘差值的平均數為 0。[3]

---

[3] 各組殘差之平均數必定為 0，這是因為殘差為組內各值與組平均之差之故。所以所有各組殘差的平均數之和也是 0。

表 4.4

	房子售價	殘差值	房子面積	
	$109,360	($17,840)	1,,404	
	$137,980	$10,780	1,477	組別
	$131,230	$4,030	1,503	1,400~1,599
	$130,230	$3,030	1,552	
平均數	$127,200			
	$125,410	($6,833)	1,608	
	$124,370	($7,873)	1,633	組別
	$139,030	$6,788	1,717	1,600~1,799
	$140,160	$7,918	1,775	
平均數	$132,243			
	$144,220	($4,985)	1,832	組別
	$154,190	$4,985	1,934	1,800~1,999
平均數	$149,205			

平均數:	$0	
平方和:	727,012,525	
自由度:	7	
殘差值標準差（RSD）:	$10,191	

假如你相信房子面積是唯一可區辨的因子，也就是說沒有其他的自變項可用來說明殘差的變異，而且一般說來這個殘差值不太可能因為屬於不同的組別而變大，我們說這個殘差值是不具區辨性的。第一組房子的第一個觀察值，其殘差值是－17,840 元，可以視為預測誤差（forecast error），就像其他兩組算出來的殘差值一樣，即使三組的平均數不盡相同，我們用這 10 個殘差值推算出預測誤差的總體估計。如果這些殘差值都接近 0，就可以對此估計值有相當的信心，但是如果殘差值的離散程度很大，可信度自然就降低了。

有兩種技巧可以用來計算樣本殘差值的標準差。其一是簡單化（simplification），要計算任一個標準差，首先先把所有的值列出來，減去平均值，然後將兩者的差值平方，因爲所有如此算出的殘差值平均數爲 0，你只需將求出每個差值的平方，再將所有平方之後的數值相加，得到一個「平方和」（sum of squares），除以自由度，最後開根號，即可求得標準差的值。第二種方法是先計算自由度，每一個樣本平均數會「用光」一個自由度，在分組的房子售價資料中，有三個樣本平均數，其自由度是 10－3＝7，在表 4.4 的下方，已詳列出計算殘差值標準差（residual standard deviation，簡稱 RSD）的步驟，其 RSD 值爲 10,191 元，比樣本標準差 12,406 元要少一些。

更有效地運用資料

　　如果有其他的變項，例如屋齡、土地面積、居住品質等等，這些可能影響房價的變項，我們可以用相同的方法，將手邊的資料加以細分成更小的類別，但是由於我們的樣本只有 10 棟房子，這樣的分類幾乎是不可行的，但若樣本數夠大，就可以同時將所有的樣本，依不同變項的要求，區分成各種類別。但即使樣本數很大，若是分的類別越來越多，則每個類別的觀察值都會減少，自由度也會降低。一個能幹的售屋員有辦法去區別他要賣的房子是屬於那一個類別的，大概要賣多少錢，但是事實上條件相似的房子十分少，因此他做出的點預測可能會有很大的抽樣誤差。而當自由度減小，以其爲分母計算出來的 RSD 值也會跟著變小，分子也同樣會變小，但是 RSD 的淨效果可能會增加——當你考慮越多可區辨的變項，

預測值就越不準確。

在建立由變項區分出來的類別時，我們在兩個方面會使得使用變項時沒有效率。一是我們通常會忽視那些和你的房子「幾乎一樣」（而非「完全一樣」）的房子。難道只比你的房子大一點和小一點的房子售價和這棟房子的售價沒有一點關係嗎？另一個方面是因為我們武斷的去分類。你的房子大小為 1,682 平方英尺，被視作 1,600~1,799 平方英尺大小的房子是一樣的，而 1,599 或 1,800 平方英尺大小的房子卻和你的預測沒有關係。

要解決這兩個問題，可以先建立一個**模型**（model）以說明售價和有助於預測的變項（如房子面積、建物、土地、屋齡等）間的關係。房子的售價為**依變項**；有助於預測屋價的變項稱為**解釋變項**或自變項。

迴歸模型

我們先從售價與房子面積來看迴歸模型。某些大的房子比小一點的房子要來得不好賣，可以合理的推論那是因為房子越大，平均而言售價也會跟著上升。當每增加 1 平方英尺時，售價就增加一固定量，我們稱房子面積與售價之間的關係是**線性**的。若是當房子面積增加時價格會上升，但是增加的幅度是隨面積增加的量越多而漸小，此時它們之間的關係就是曲線的（curvilinear），呈現的曲線會越來越平滑；但相反的，若價格增加的幅度隨面積增加其變化越大，價格與房子大小之間的關係仍是曲線關係，但呈現的曲線會越

來越陡。我們可以看看散佈圖可以得到這些變項關係的線索[4]。

現在,我們先假設房子售價與房子面積之間的關係是線性的,可以用下列的迴歸模型來解釋這個關係:

$$Y_{est} = b_0 + b_1 X_1$$

Y_{est} 是房屋實際售價的估計值或點預測值,X_1 表示房子面積,b_0、b_1 是常數(稱之為迴歸係數[regression coefficients]),這兩個值是從資料中求出來的。因為我們之前已經假設房子售價與房子面積之間的線性關係是從樣本中得到的,所以我們可以利用這些資料來求迴歸係數。

迴歸係數是依**最小平方法**(least squares)求出來的,我們可以用下面的方法估計最小平方值:(1)先設定 b_0、b_1 值為某個定值;(2)利用上述的式子,將 b_0 加上房子的面積乘以 b_1,算出每個樣本中的 Y_{est} 值;(3)計算每個房屋樣本的真實售價 Y 與估計售價 Y_{est} 之間的殘差;(4)算出每個樣本差值的平方,再將所有差值的平方相加起來,得到一個總和;接著我們再重新設定 b_0、b_1 值,重複(1)至(4)的步驟,再得到一個總和,一再的重複相同的步驟,直到我們找到最小平方和為止。這種方法可以推展到有一個以上自變項時的情況。

所幸我們不用一再地重複如此煩冗的計算過程才能得到迴歸係數,就像用平均數來計算單一變項的最平方值一樣,有一些公式可以求出最小平方的迴歸係數,但這些公式還是需要很複雜的計算,所以解迴歸問題最好的方式是用電腦來算。

各種迴歸程式在資料的輸入型式與輸出的表達方式上或許有

---

[4] 本章稍後會討論如何發現與說明曲線關係的方法。

些不同，但它們有一些如下節將述及的共同點。

迴歸分析的資料輸入

要利用電腦進行迴歸分析，就必須準備下列資料：

1. *定義依變項*：依變項就是你要預測的變項，如上例中的售價。
2. *列出所有自變項*：自變項就是在你的判斷下可用來解釋依變項值的變異的有區辨性的因子。
3. *列出相關的資料*：一般來說，分析的時候，需要所有和自變項以及依變項之間有關係的資料，但在某些時候，我們很難在完全不同的資料組中去尋找到單一的關係。假設我們想估計售價的房子是在波士頓，那麼採樣的十個房價觀察值也是在波士頓。但如果把紐約的資料和波士頓的資料混在一起分析，我們就很找出一個房價與房子面積的關係同時適用於紐約以及波士頓。也許必須先省略掉紐約的資料，只用波士頓的資料來預測波士頓的情況。
4. *界定自變項與依變項間的關係型態*：這個步驟需要更小心，就像前面所提的，利用房子的面積來預測房價，首先要先清楚房子大小與房價之間的關係（直線關係？遞減關係？或是遞增關係？）這個部份在本章後面會再詳盡的說明。
5. *提供自變項以及依變項相關的觀察值*：你必須提供電腦相關資料的數值。在前例中，必須要有關於房子售價及面積的數值，還有一些你認為和這十個樣本房屋有關的其他變項。

迴歸分析的結果

電腦依據輸入的資料，加以計算得到結果，在接下來的章節中，我們將要介紹呈現結果的三種方式：迴歸係數、預測值及配適度。

迴歸係數

前面我們已經提到了，迴歸模型就是一個利用自變項來預測依變項的公式，這個公式包括由資料估計得來的常數，也就是迴歸係數。當只有一個自變項且自變項與依變項的關係是線性時，會有兩個迴歸係數，b_0 跟 b_1。

現在回頭看表 4.2，我們有 10 棟樣本房子，也有它們的房價以及房子面積的資料。現在設定房價是依變項，房子的面積是自變項（在下面的討論中，我們稱這個迴歸式為模型一），然後分別得到 $b_0 = 35,524$，$b_1 = 59.69$。要如何解釋這些迴歸係數？b_1 告訴我們，如果這個迴歸模型的假設是對的，房子每增加 1 平方英尺時，房價平均約增加 60 元，而「常數」項 b_0 告訴我們的是，即使房子的面積只有 0 平方英尺，還是有約 35,500 元的售價，對 b_0 的解釋看似不太合邏輯，但在此先跳開不談。

當只有一個自變項的時候，我們很容易就看出來到底是怎麼一回事，圖 4.1 就是房價以及房子面積關係的散佈圖。圖中的直線代表的是能符合所有資料的最佳線條，在縱軸上的截距約 35,000（即 b_0 的值），而這條斜線的斜率大約是 60（即 b_1 的值）：這條線在

X 軸 1,000 的範圍內，相對 Y 軸從 35,000 延展到 95,000，大約自變項每增加 1，依變項就增加 60。

圖 4.1

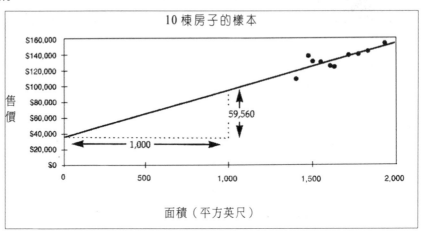

在任何迴歸分析中若只有一個自變項（X_1），假設這個自變項和依變項（Y_i）之間的關係是線性的，且最小平方估計值或預測值 Y_{est} 做為 X_1 的函數時，我們可以用下面這個方程式畫出一條直線（迴歸線）：

$$Y_{est} = b_0 + b_1 X_1$$

在這個方程式中，b_0 是截距，是與 Y 軸相交的高度；b_1 是斜，當 X_1 增加一單位時，Y_{est} 會增加的量。

現在引進第二個自變項，也就是屋齡（以年為單位），以 X_2 符號表示，其值列在表 4.5 的第三欄。下面是加入屋齡後，得出的迴歸方程式（模型二）：

$$Y_{est} = b_0 + b_1 X_1 + b_2 X_2 。$$

在此，b_0、b_1 的值會和前面模型一中算出來的不同，當我們利用模型二計算時，會得到 b 值為：$b_0 = 4,045$、$b_1 = 86.84$、$b_2 = -695.8$，模型一以及模型二的結果列在表 4.6 中。

表 4.5 _____

房子售價	房子面積（平方英呎）	屋齡
$109,360	1,404	20
$137,980	1,477	2
$131,230	1,503	5
$130,230	1,552	4
$125,410	1,608	23
$124,,370	1,633	34
$139,030	1,,717	25
$140,160	1,775	23
$144,220	1,832	28
$154,190	1,934	25

表 4.6 _____

	模型一	模型二
常數項	35,524	4,045
迴歸係數：		
房子面積	59.69	86.84
屋齡		（695.8）

如果很難看出 Y_{est} 和 X 之間的關係[5]，我們很難解釋 b 的值。

_____

[5] 有二個自變項的模型要以三維圖形表示，這種圖形不易看懂。如有是三個或三個以上自變項的模型，就完全無法圖示了。

b_0 代表的是一間全新的，而且是 0 平方英尺的房子，其售價的估計值為 4,045 元，雖然這樣的解釋不合常理，但是已經比模型一中的 35,000 元要來得小，稍後，我們會再多談談這個部份。

b_1 = 86.84 代表的是，當 X_2 固定的時候，每增加 1 平方英尺，售價會增加 86.84 元，也就是說，當屋齡不變，房子面積每增加 1 平方英尺其售價就會增加 86,084 元。你可以看到這個值和模型一中的 59.69 元不同，因此這裡有一個關於迴歸分析的重要事實，那就是：*與某個自變項有關的迴歸係數值會受其他包含在此模型中的變項影響。*

現在來看與屋齡有關的迴歸係數，我們看到當 X_1 不變時，X_2 每增加一單位，估計值 Y_{est} 就會減少 695.8，也就是說，當有兩間屋子面積是一樣的時候，屋齡不同，會造成售價也不同，每增加一年的屋齡，平均售價就會少約 700 元，越老的房子，會顯得越便宜。

當迴歸模型有兩個或以上的自變項時：

➢ 常數項是自變項值均為 0 時，依變項的估計值。
➢ 和某個自變項有關的迴歸係數是當其他自變項不變時，該自變項每增加一單位，依變項會改變的量。

迴歸係數的不確定性

　　迴歸分析中用到的觀察值,幾乎都可視為來自於較大母群的抽樣,或經由這種方式所得;如此由迴歸分析得出的估計值勢必會有抽樣誤差。就像用樣本的平均值作為母群平均的估計值,所以基於樣本資料做的迴歸是用我們手邊所有的資料所得出的估計,而非只用樣本。特別要提到的是,每個樣本迴歸係數是一個「實際」迴歸係數的點估計值。由迴歸係數的**標準誤**可以得出這個估計的誤差程度。標準誤的公式十分複雜,但所有的電腦統計程式都可以計算並列印出這些值。

　　在第 2 章「抽樣及統計推論」中,我們看到樣本平均數是母群平均數的估計值,根據這個估計標準誤,你可以推論一個母群平均值的常態信賴度分配、信賴區間、及 t 值;相同的,迴歸係數的估計值以及標準誤也可以用作推論真正迴歸係數的(常態)信賴度分配、信賴區間及 t 值。

　　在模型一中,迴歸係數 b_1 的估計值是 59.69,標準誤是 15.10,我們可以依此求得「真正的」母群係數有 68%的機率介於 44.59至 74.79 之間,而 95%以及 99.7%的信賴區間也可如法炮製計算出來。t 值是 59.69/15.10＝3.95。這個值大於 3,所以我們可以非常確定的說:「真正的」迴歸係數值是正的。

　　在相同的模型中,常數項 b_0 的估計值為 35,524,標準誤是24,933,可以得到 t 值為 1.42,常數項「真正的」值極可能相當接近 0,或是負值。而之前算出那個不合常理的估計值 35,524,可能只是抽樣誤差所導致[6]。

---

[6] 例子中常數項可能會誤導人的原因之一,可能源於我們假設房屋面積與售價成線性關係。在樣本面積範圍內時,這直線關係可能是對的;但是超出這範圍

代理效應

　　在前面已經計算出房屋面積的迴歸係數 b_1 在模型一中的值爲 59.69，在模型二中爲 86.84，爲何這兩個值會不同呢？回想一下前面所提到的，在模型一中，房子面積是唯一的一個自變項，但在模型二中，除了房子面積外，還引入了另一個屋齡的變項；在模型一中，可以用 b_1 來估計當房子的面積增加 1 平方英尺時，房價會增加多少；而在模型二中，要先假設*屋齡維持不變*，再用 b_1 來估計每增加 1 平方英尺的房子面積會增加的價錢，爲什麼在模型二中，b_1 的值會比較大呢？這個問題有點複雜，但是我們還是一步一步的來解釋吧！

　　在模型二中，當房子面積固定，屋齡和售價呈負相關（$b_2 = -695.8$），也就是說，當房子面積一樣時，舊房子的售價比新房子的售價來得低；也可以計算出屋齡與房屋面積之間爲正相關，相關係數是 0.81。如在模型一中，當屋齡這個因素不列入迴歸變項來考慮時，房價不只反映出自身與售價的關係，它也*代理*（proxy）了屋齡和售價的關係。因爲屋齡－售價這種關係是負向的，但屋齡和房屋面積卻是正相關，房子面積這個因素也把屋齡所可能造成的影響包含在裡面。這也就是說房子面積這項因素「代理」了屋齡的因素。因爲屋齡和房價之間的關係是負向的，屋齡和房屋面積之間是正相關，屋齡效應對於面積的代理效應是負向的。因此模型一中的 b_1 值會比模型二中當屋齡固定時的 b_1 值要來得小[7]。

後，它們之間的關係可能變成曲線性。

[7] 模型一與模型二的關係亦可如此推論：以 X_2 爲依變項，X_1 爲自變項，做一次迴歸。令 X_2（估計值）爲該迴歸之估計值，我們得到：

$$X_2（估計值）= -45.24 + 0.03903\ X_1$$

將該值代入模型二，則 $y_{es} = 4{,}045 + 86.84\ X_1 - 695.8\ X_2$

代理效應會在有兩個自變項時出現——如：X_1 與 X_2——（1）這兩個自變項間有相關；（2）它們都和依變項（Y）有相關；也就是說，當這兩個自變項都放進迴歸模型中的時候，迴歸係數不是0；（3）其中只有一個自變項，如 X_1，被放入迴歸模型，另一個自變項則沒有放入。如果符合上面三個條件，我們就說 X_1 因素會代理 X_2 因素對迴歸方程式的影響，並且會把這個影響反映在 X_1 的迴歸係數上；當 X_1 與 X_2 的相關越強，且 X_2 與 Y 的相關也越強時，這個代理效應會越大；但若把 X_1 和 X_2 都放進迴歸模型中，它們和 Y 之間的關係會分別地表現在它們的迴歸係數上，但是此時可能還會有其他我們沒注意到的自變項未放進這個模型，可能使得考慮進模型的變項也產生代理效應。

此外，*代理效應和抽樣誤差完全無關*。當你將一個變項加進迴歸模型中，這些外加變項在特定迴歸係數上的影響可能是正向或負向的[8]，且其影響*可能*超過那些被歸因為抽樣誤差的因素。有時候你會發現在一個單一自變項的模型中是正的，但當加入另一個自變項卻變成負的，或發生相反的情形。

兩個常見的錯誤觀念

注意到模型二中，依變項的單位是元，而另外兩個自變項的單

$$= 4{,}045 + 86.84\ X_1 - 695.8\ (\,-45.24 + 0.3903\ X_1\,)$$
$$= 4{,}045 + 86.84\ X_1 + 31{,}478 - 27.16\ X_1$$
$$= 35{,}523 + 59.68\ X_1$$

恰與模型一相同。

[8] 代理效應對迴歸係數的影響是正是負，決定於（a）新加入的變項其係數為正為負；與（b）二變項之間的相關為正或負。

位分別是平方英尺以及年。*我們通常會誤以為在迴歸模型中，每個變項的單位都必須是相同的。*

我們也看到模型二中，兩個自變項，房子面積以及屋齡是相關的。另外一個常犯的錯是，*我們常誤以為迴歸中的變項應該是無關的。*

預測

點預測

在一個迴歸模型中，依變項的點預測值，是將每個已知的自變項值，乘上它們各自的迴歸係數，再加上模型中的常數項。舉例而言，在模型二中，房子面積為 1,682 平方英尺，屋齡為 10 年的售價點估計值為：$Y_{est} = 4,045 + 86.84 \times 1,682 - 695.8 \times 10 = 143,152$。

機率預測值

在建立一個迴歸模型時，我們會企圖將所有可以解釋依變項值變化的可區辨因素列入考慮，但是我們只能解釋這些變異的一小部份。當迴歸做完之後那些無法解釋的部份其實是一群不可區辨的殘

差——依變項 Y 的實際值與其對應的點預測值 Y_{est} 間的差值。這些殘差是回溯性的，也就是說它們是由手邊的資料得來。我們希望去預測一個自變項具前瞻性的值——一個未知的值。這個點預測值幾乎可以說一定有誤差存在，因此我們現在想要把這些未知的誤差加以量化，並計算它們出現的機率。

我們可以利用下面的邏輯來連接回溯性已知殘差的變異和前瞻性預測誤差間的關係。因爲這些殘差是不可區辨的，每一個都有可能某個預測上作爲誤差的代表值。在許多方面那以足以推論每個過去的已知殘差對應到一個未知的預測誤差，這些誤差的發生率與問題中相關的殘差次數是相等的。

如果我們將機率預測值視爲一個不確定的決策問題時，用這種方法就夠了。如在表 4.7 中，呈現了表 4.5 的 10 個樣本房子資料，並加上模型二中算出的點估計值及殘差值，如果要計算一個 1,682 平方英尺面積，10 年屋齡房子的機率預測值，我們可以先算出其點估計值：Y_{est} = 143,152，每個殘差值加上它們的點估計值（Y_{est}）就可以得到一個可能的估計值 Y，因爲有 10 個殘差值，每個殘差值有十分之一的發生率。圖 4.2 是一個 1,682 平方英尺面積，10 年屋齡的房子，依據模型二算出的迴歸結果。

表 4.7

房價	房子面積	屋齡	Y_{est} = 4,045+86.84× 房子面積 − 695.8× 屋齡		殘差值
109,360	1,404	20		112,054	(2694)
137,980	1,477	2		130,917	7063
131,230	1,503	5		131,088	142
130,230	1,552	4		136,039	(5809)
125,410	1,608	23		127,682	(2272)
124,370	1,633	34		122,200	2170
139,030	1,717	25		135,757	3273
140,160	1,775	23		142,185	(2025)
144,220	1,832	28		143,656	564
154,190	1,934	25		154,601	(411)

　　有時候我們並不是面對一個定義十分清楚的決策問題,而是一個視預測情況而定的問題。在這種狀況下,我們也許想要以信賴區間反映出預測的不確定性。標準的運用方式是先*假設*樣本的殘差是來自母群常態分配的殘差,因此可以假設預測值殘差也是呈常態分配,且平均值爲 0,標準差等於估計殘差值的標準差(RSD)[9]。這意味著預測本身的機率分配平均值爲 Y_{est},標準差等於 RSD。例如:這 10 個樣本房子的 RSD 值爲 4,072,因此,一個 1,682 平方英尺大,10 年屋齡房價的 68%信賴區間介於 143,152 − 4,072 = 139,080 和 143,152+ 4,072 ＝147,224 之間。

---

[9] 下節將説明如何計算迴歸的 RSD。

圖 4.2

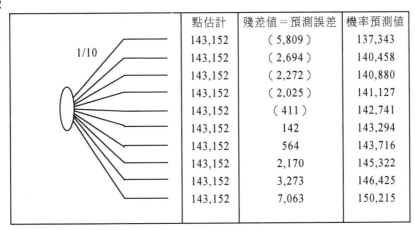

	點估計	殘差值＝預測誤差	機率預測值
	143,152	（5,809）	137,343
	143,152	（2,694）	140,458
	143,152	（2,272）	140,880
	143,152	（2,025）	141,127
	143,152	（411）	142,741
	143,152	142	143,294
	143,152	564	143,716
	143,152	2,170	145,322
	143,152	3,273	146,425
	143,152	7,063	150,215

圖 4.3 是由迴歸式計算機率預測值的流程。

圖 4.3

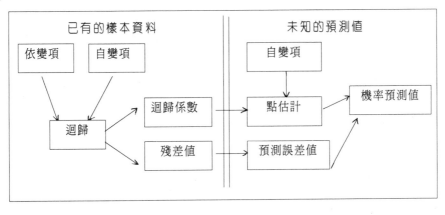

不確定性的其他來源

　　由迴歸求出機率預測的兩種方法都假設不確定性的唯一來源是來自殘差值的變異。但是我們必須要注意的是，除了這些已經找出來對迴歸預測有影響的變項之外，還有許多可能會影響的變項是我們沒有找到的。這些造成不確定性的已知或未知變項使得實際上的預測分配的離散程度比上面計算出來的結果還要大。在上面算出68%的信賴區間為 139,080 與 147,224 之間，但是事實上可能還有其他的估計值落在這個範圍以外。

　　雖然可以用數學的方法來修正這些變項造成的不確定性，並透過繁複的計算得出這些預測值的分配，但有些不確定性是靠單純的判斷所得出。我們情願把所有可能的變項都計算進去，而不願意多花力氣作修正的工作。

　　先從抽樣誤差造成的不確定說起。我們知道迴歸係數只是「真正的」母群迴歸係數的估計值。而殘差則是把樣本估計值當成迴歸係數的實際值計算所得。類似的，樣本的 RSD 也是母群「真正」的殘差項「真正的」變異的估計值，但使用它的時候就好像我們確實知道它的值。

　　我們可能須先處理不確定性的來源而非抽樣誤差。例如，假定用於預測的自變項值已知，但在某些情況下要做預測時，它們的值是不確定的，而須用估計值或預測值來代替。最重要的不確定性來源通常是用來計算的自變項是否真的相關，以及自變項和依變項間呈現出的關係是否正確：機率預測是從一個特定迴歸模型得出的，但套用到其他的模型時，可能會得出不同的預測。

　　因此，除了那些前面談到由殘差變異產生的不確定性——在上一段說明預測分配時唯一不確定性來源——還有至少五種不同的

不確定性來源：

➢ 當迴歸係數值不確定時，但我們又假設這個迴歸係數的估計值就是其真值。
➢ 不確定的 RSD 值，但我們又假設這個 RSD 值的估計值就是其真值。
➢ 拿來做為預測用的自變項值可能是不確定的。
➢ 不確定性存在於許多模型中，我們並不確定到底那一個模型才是真正要求的迴歸模型。
➢ 我們假設殘差是由一個殘差呈常態分配的母群中取得，但此假設不一定成立。

　　前面所提到造成迴歸預測不確定的狀況，我們很難去量化它們的程度，但當有下列 7 種情形時，問題就比較小：

➢ 有很多觀察值。
➢ 自變項不多。
➢ 用來預測的自變項值，恰在用來建立迴歸模型所採的樣本資料的自變項值範圍內[10]。
➢ 用來預測的自變項值，是十分確定的[11]。
➢ 使用的迴歸模型，沒有其他類似的競爭者讓我們猶豫該用那個好

---

[10] 從資料值範圍向外推測很危險，因為（1）迴歸係數的不確定性更大；（2）自變項與依變項間可能是曲線關係而非直線關係，這樣的推論並不保險。
[11] 具有「主導性指標」性質的自變項此時特別有用。例如，下一期的股價，是依本期的通貨膨脹率而定時，前一期的預測值即可用來作為自變項之已知值。但是，這種「主導性指標」很少存在。

> ➤ 迴歸模型和資料的配合度良好。
> ➤ 樣本殘差的分配幾近於常態分配[12]。

計算配適度（Goodness-of-fit）

　　計算迴歸的程式提供了許多計算配適度的方式,其中兩個最重要的是殘差值標準差（RSD）和判定係數,或稱之為 R^2。

殘差值標準差（RSD）

　　「殘差值標準差」聽起來就像它的計算一樣——估計殘差值的標準差,殘差值的平方和[13]除以自由度,再開根號。當我們把所有的資料加以分類,分別把相似的當成是一類,則它們的自由度為觀察值的總數（n）減去所區分的類別數,但在這裡,我們的自由度為 n 減去迴歸係數的個數,包括常數項在內。因此,在模型二中,我們的觀察值 n 是 10 個,迴歸係數及常數項總共有 3 個,所以自由度為 $10-3=7$,其殘差值的平方和為 116,080,000,所以 RSD 值為:$RSD = \sqrt{116,080,000/7} = 4,072$。

　　在比較有同樣觀察值與相同依變項的迴歸模型時,RSD 值較

---

[12] 繪出樣本殘差的分佈看其是否為常態分配,可作為檢查方法。
[13] 當我們把資料加以分組之後,預測值減去真實值之殘差值的平均數為 0,因此,在計算標準差時,可以先把殘差值的平方加總,不必先扣除平均數。

低的那一個其配適度會比較好。通常當模型中的自變項增加時，殘差值的平方和往往會減少（最差的狀況是其值不變），但是自由度也會減少。因為當自變項增加時，用來計算的分子和分母都減少了，RSD 有可能增加或減少。如果增加一個自變項，反而使 RSD 增加，這時你可以確定迴歸模型中的自變項太多了。

判定係數（R^2）

RSD 在判定許多迴歸模型中那一個較適合時是很好的方法，但他在計算時是用依變項的單位，因此很難判斷只有一個 RSD 值時到底是不是一個適合的迴歸模型，例如說 RSD 值為 4,072 時。我們現在想要找一個具良好配適度，且是和迴歸模型中依變項單位無關的指標，判定係數（R^2）即是一個合於這樣需求的指標。但正如我們所見，它在測量配適度時難免會有一些錯誤。

R^2 所計算的是，當依變項具不可區辨性時，迴歸中配適度增加的百分比。我們先計算依變項平均值（基本樣本）的殘差值平方和，稱為「基本平方和」，如果迴歸模型中的殘差值平方和——也就是「迴歸平方和」——比較小，則這個模型可以解釋依變項的可能性就比較高，配適度比較好。如果迴歸平方和和我們先前算出的基本平方和的值相差不多，則這個模型可以解釋依變項的可能性就比較低，配適度比較差。而 R^2 值可以計算出模型中的迴歸平方和（regression sum of squares）與基本平方和（base-case sum of squares）之間，減少了多少百分比，它的公式是：

R^2 ＝（基本平方和－迴歸平方和）/基本平方和。

在賣房屋的例子中，售價的基本平方和為 1,385,300,000，前

面計算過迴歸平方和為 116,080,000，所以 R^2 為 0.916。

另一個定義 R^2 的方式是依變項估計值 Y_{est} 值和依變項實際值（Y）相關的平方。在房子的例子中，模型二中的真實售價與估計售價之間的相關是 0.9572，所以 $R^2 = 0.9162$。

因為迴歸平方和在自變項增加時往往會減少，因此在你增加變項時，R^2 總是會變大（或至少維持不變）。R^2 的計算並不會在加入變項時把自由度用光來「處罰」你。

「調整」的 R^2

有些迴歸的電腦程式中，會列出一個調整過的 R^2 取代原來的 R^2，或是兩個同時呈現於報表。調整的 R^2 在做迴歸時會用到自由度。特別的是，在基本平方和與迴歸平方和彼此相減之前，就先除以各別的自由度，因此，前面的例子就變成：

調整的 R^2 = $(1,385,300,000/9 - 116,080,000/7) \div (1,385,300,000/9)$ = 0.8923

（第一個部份（1,385,300,000/9）是依變項樣本標準差的平方；第二個部份是 RSD 的平方。）

調整的 R^2 一定比原本的 R^2 小，而當 RSD 減少的時候，調整的 R^2 就會增加，反之亦然。當自變項增加時，調整的 R^2 不一定會增加；如果它減少的話，就表示這個迴歸模型中的自變項太多了。若你的自由度很低，配適度也很差的時候，調整的 R^2 可能會是負的。

R^2 的解釋

　　不管你使用的是原本的或是調整過後的 R^2，都必須記得它的解釋是依據基本樣本而來的，而這個基本樣本可能在預測未來觀察值時就很敏感，或是預測時完全沒有影響。在後面的例子裡，幾乎*任何*一種迴歸模型都可以得到一個高的 R^2 值。

　　這裡有一些比較基準，假設你有 1968 年 1 月到 1993 年 3 月 S&P 500 股價指數每個月收盤價格的資料；如果時間是一個變項（1938 年 1 月爲 1，2 月爲 2，以此類推），則 R^2 爲 0.7586；如果你用上個月收盤價作爲變項，則 R^2 值爲 0.9927；後者你可以得到較高的 R^2，是因爲估計特定月份的 S&P 500 值時，是用較不精確的方式。因其假設過去 25 年來，S&P 500 值是一個緩慢上升的趨勢，這個月和下個月差別並不大，但隨機抽取的兩個月差距會比較大，在這樣的情況下，即使是最簡單的迴歸模型，它的基本平方和還是會很小。但事實上，S&P 500 指數的範圍大約在 63.54 到 451.67 之間，這 25 年來一直起起落落，所以這樣的假設無法精確的作迴歸預測。

　　不幸的是，很少有投資者能正確預測 S&P 500 指數的水準，投資者以利用股價水準或某個指數的變化來修正他們的預測，並因此賺錢。如果你有一個迴歸模型可以預測每個月的 S&P 500 指數，即使它的 R^2 只有 0.05，在長期投資之後，你也可以操作得很好。投資者即使只有小小的獲利，仍堅信未來的改變會和過去不同時，就有可能累積大量財富。

　　以上所述應該能夠證明一件事，那就是即使 R^2 的值爲 0.99，也不一定代表說這個迴歸模型的配適度就非常高，而 R^2 的值爲 0.05 也不代表說這個迴歸模型是無用的，模型的配適度好或不好是看它

的變項是否容易預測而定。

轉換後的變項

　　轉換的工作有助於確定依變項以及其他的自變項之間的關係。在這個部份，我們將提到如何轉換變項：

➢ 使自變項可以不和依變項在同一時間序列裡一起使用。
➢ 可以用順序變項或是類別變項做為自變項。
➢ 使自變項和依變項之間是曲線關係時也可被呈現出來。

時序中的遞延變項與不同時效應

　　假設我們相信廣告可以使銷售增加,如果有一時間序列的資料,是有關公司廣告花費與單位銷售量的清單,我們可以建立一個迴歸模型,其中銷售量為依變項,廣告為自變項,然後再看是否有明顯的關係存在。當然,也可以加進其他的變項,如產品售價,這樣廣告才不會取代其他的影響因素,造成代理效應。
　　同樣的,我們也會想到,本月銷售量會被本月的廣告影響,但也可能是因為前幾個月的廣告與本月廣告的效果相加,影響這個月的銷售量。所以本月廣告所造成的銷售量事實上可能沒這麼多。我們或許會相信過去廣告的效果會持續一段時間。

假設銷售量為 Y_t，t 代表月份，X_t 代表同一月份的廣告消費，P_t 代表 t 月份時的平均售價。我們可以蒐集許多月份，包括 Y_t，X_t，以及 P_t 的資料；既然我們假設這個月的銷售量受到前幾個月的廣告以及這個月的廣告、這個月的售價所影響，所以可以先建立做**遞延的轉換**（lagged transformations）X_{t-1}、X_{t-2} 等等，接著作迴歸計算，讓 Y_i 為依變項，X_t、X_{t-1}、X_{t-2}、P_t 為自變項，如果還有其他的遞延變項可以再加上去。

表 4.8 是用來計算遞延變項值的假設性資料。注意到每當增加一個遞延變項，就會有一些值遺失（在表中以 #N/A 表示之）。因為迴歸中的觀察值須是完整的，也就是說，在迴歸中的任何變項不會有任何漏失，但把變項做遞延的轉換就會漏掉一些觀察值。一個有 X_t、X_{t-1}、X_{t-2} 三個自變項的迴歸模型，會比只有 1 個自變項 X_t 的情況要少 4 個自由度：因為前者比後者多了 2 個變項，而前者的觀察值又比後者的觀察值要少 2 個，所以總共少 4 個自由度。

表 4.8

月份	t 月的銷售單位	t 月的廣告消費	t-1 月的廣告消費	t-2 月的廣告消費	t 月的平均售價
92 年 1 月	1,137	1,144	#N/A	#N/A	$6.57
92 年 2 月	1,227	972	1,144	#N/A	$6.95
92 年 3 月	949	798	972	1,144	$6.54
92 年 4 月	842	861	798	972	$6.53
92 年 5 月	810	936	861	798	$6.64
92 年 6 月	707	770	936	861	$6.21
92 年 7 月	1,323	1,432	770	936	$6.78
92 年 8 月	1,471	1,330	1,432	770	$6.91
92 年 9 月	1,090	886	1,330	1,432	$7.04
92 年 10 月	890	996	886	1,330	$7.90
92 年 11 月	646	596	996	886	$6.09
92 年 12 月	757	774	596	996	$6.23
93 年 1 月	934	1,142	774	596	$6.62
93 年 2 月	1,071	932	1,142	774	$6.39
93 年 3 月	1,165	972	932	1,142	$6.04

我們不但可以遞延自變項的值，也可以將其用在依變項上。銷

售水準可能是穩定的：若上個月的銷售水準高，則這個月的銷售水準會比上個月銷售水準很低時的情況要來得高。因此，我們可能把 Y_{t-1} 也當作一個自變項，如果我們相信銷售水準受過去幾個月的銷售水準影響，那麼也可以再加上 Y_{t-2}、Y_{t-3} 等為自變項。相同的，每多加一個自變項，就會損失兩個自由度，其中一個是因為多了一個自變項，另一個是因為少了一個觀察值。

加入順序或類別虛擬變項的影響效果

有時候順序或類別變項在迴歸中可能是一個合理的解釋變項。房子的售價可能因個別屋況而有所不同；假設對你樣本中的每間房子而言，可以 5 點量表來顯示其屋況，1 表示「非常差」，5 表示「非常好」。在其他條件都相等的狀況下，我們期望當屋況好轉時，平均而言，賣價會上升。但如何在迴歸中處理一個像這樣的順序變項？如果用 x 來代表這個變項，且 x 的可能值是從 1 到 5，這表示當其他條件都相等時，x＝1 和 x＝2（「非常差」和「差」）間的房賣價的平均差異和 x＝4 和 x＝5（「好」與「非常好」）間的差異是相同的。但因為 x 是順序尺度的變項，實際上，1 到 2 間的差異和 4 到 5 之間的差異並非在同一立足點上比較，二者的差會不太一樣。如果我們相信差異真的存在，使用 x 的評分尺度作為自變項可能會使人誤解屋況和賣價之間的關係。

若用類別資料會有更嚴重的問題。在此假設有一個變項代表建築結構的品質，3 個類別為鋼架、鋼架與磚塊的混合、磚塊。如果我們分別編碼為 1、2 和 3，我們可以在迴歸式中使用此一變項當作一自變項嗎？當然不行！它可能會產生一個情況，就是在其他條

件都相同時，平均而言鋼架和磚塊混合的房子的賣出數量比純鋼架或純磚塊的房子多。若在迴歸式中用 1,2,3 的分別編碼可能就會使我們看不出以上那種關係。

　　在此，虛擬變項可以用來表示次序變項和類別變項的關係。讓我們從只有 2 個類別的變項（如男性和女性、共和黨和民主黨、是和否等）這種最簡單例子開始。假設類別之一編碼為 1，另一個編為 0；實際上的分派是任意的。在我們的建築例子中，假設只有兩種建築結構而非三種：鋼架房屋（編為 0）、磚塊房屋（編為 1）。如果我們把這一個虛擬變項作為自變項納入迴歸模型中，當在此迴歸中的其他自變項都維持不變時，這個迴規模型會告訴我們，平均而言磚屋與鋼架屋在售價上的差異。例如：迴歸係數為 1,234 即暗示平均而言磚屋比鋼架屋的售價要高 1,234 元，這和由模型中其他自變項測量出的所有情況相似。如果迴歸係數是(3,456)，它表示磚塊屋比鋼架屋售價低 3,456 元。[14]

　　現在讓我們回到有 3 個類別建築的例子，將會有 2 個虛擬變項。其一是房子為混合鋼架和磚塊者時編碼 1，否則則為 0（如純鋼架或純磚塊）；另一個虛擬變項是若其房子是純磚造的編為 1，否則則為 0。在這樣的分類中，第三個類別——鋼架屋——呈現如下的「基準點」。假設第 1 和 2 個虛擬變項的迴歸係數分別為 1,234 和(3,456)。記住我們現在談的是平均的關係；在模型中其他的變項維持恆定的情況下，這些迴歸係數表示相對於基準點（鋼架房子），混合鋼架和磚塊的房子多賣了 1,234 元，而純磚造的房子則少賣了 3,456 元。

---

[14] 請注意此陳述推論出，不論價格的平均差異為何，這對大房子與小房子或新房子與舊房子等等都一樣。如果你認為，例如說，大房子的差異會大於小房子，則需要不同的差益模型分析，惟本章不擬論及此等「互動」關係。

假設用其他類別當作基準點，如純磚造的房子。那麼純鋼架的房子的迴歸係數為 3,456 而混合鋼架和磚塊的為 4,690，而我們會獲得和前面同樣的結論：即是混合鋼架和磚塊的房子的售價比純磚造房子高 1,234 元，而純鋼架房子的售價則比純磚造的房屋高 3,456 元（常數項也會改變，減少 3,456）。雖然基準點的選擇會影響迴歸係數的值，但是它不會影響它們的解釋。

一般而言，當一個類別或次序變項有 C 個類別時，你可藉由定義 C－1 個虛擬變項來代表每一個類別的效應，使用其中的一個類別當作基準點，不論其他的自變項到底是什麼，都可以在迴歸中使用這 C－1 個虛擬變項。

發現、描述和解釋曲線關係：探索性分析

假設你認為在某個有一個以上的自變項模型中，一個特定的自變項（x）和依變項（y）之間的關係是曲線而非直線性的。x 和 y 之間的散佈圖可顯現此種曲線關係。但是 x 和 y 之間的關係可能會被其他自變項對 x 的代理效應扭曲。

在此種情況下要發現曲線關係的較好方法是將所有的變項拿來做迴歸，算出殘差值並畫出殘差值（在縱軸）與 x（在橫軸）的關係。如果這個圖形看起來是曲線的，那麼當模型中其他自變項都維持恆定時，x 和 y 之間的關係就是曲線的。

有個找出曲線關係更簡單粗略的方法是將 x 和 x 的平方轉換值（例如 x^2），和所有其他自變項都納入迴歸模型中。因此該模型為：

$$y_{est} = b_0 + a_1 x + a_2 x^2 + b_1 x_1 + b_2 x_2 + \dots .$$

其中 x_1 和 x_2 代表許多的自變項，而 a_1 和 a_2 是 x 和 x^2 的迴歸係數。

在其他自變項值都固定的情況下，y_{est} 作為 x 函數的圖形會是**拋物線**，可能是先升後降的曲線，或是先降後升的曲線。a_2 值明顯不等於 0，對 x 和 y 呈曲線的淨關係提供了證據；另一方面，如果 a_2 值不等於 0 是隨機發生的（抽樣誤差），那麼這些資料就不能作為有曲線關係的強力證據。

將一個自變項作平方轉換再加進迴歸模型雖然提供*發現*曲線關係的簡易方法，但要*了解* y 和 x 曲線關係的樣態是更棘手的事。要正確解釋這種關係的本質，有兩個關於拋物線的重要事實必須先了解：

1. 如果 a_2（先前方程式中 x^2 的迴歸係數）是*負*的，那麼拋物線會先上升到一高峰然後再下降，而當 a_2 是*正*的，拋物線會先下降到凹處然後再上升。
2. 當 $x = -a_1/(2a_2)$ 時，凹處或高峰才會產生。

估計的進行是依據 a_2 值為正或負，以及所有或近乎所有的 x 值是在臨界值 $-a_1/(2a_2)$ 的同一邊，或是橫跨臨界值的兩邊。表 4.9 考慮了 6 種狀況：

表 4.9 _____

狀況 #	x 值	a_2 值	y_{est} 值的變化
1	$x < -a_1/(2a_2)$	$a_2 < 0$	越來越慢地增加 （增加程度漸緩）
2	$x > -a_1/(2a_2)$	$a_2 < 0$	越來越快地減少
3	x 橫跨 $-a_1/(2a_2)$	$a_2 < 0$	增加到最大值然後再減少
4	$x < -a_1/(2a_2)$	$a_2 > 0$	越來越慢地減少
5	$x > -a_1/(2a_2)$	$a_2 > 0$	越來越快地增加 （增加程度漸增）
6	x 橫跨 $-a_1/(2a_2)$	$a_2 > 0$	減少到極小值然後再增加

　　圖 4.4 即是這些可能的狀況。箭頭顯示 x 等於 $-a_1/(2a_2)$ 的位置。

圖 4.4

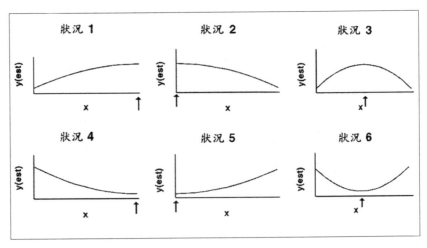

　　例如，如果 $a_1 = 17.43$ 且 $a_2 = -2.367$，那麼 $-a_1/(2a_2) = 3.682$ ，如果大部份 x 值都大於 3.682，情況 2 表示：當 x 增加時，y_{est} 的減少幅度會越來越多。

　　這種分析方法是*探索性*的，應該要不斷重複做：它通常可以顯

示出曲線關係，並讓我們更適切地將它們分類。此外，有以下三點值得一提：

1. 當引入一個平方轉換值（x^2）時，要記得將原來的 x 也納入模型

2. 這裡所討論的方法不包括更複雜的曲線樣態，例如，x 和 y 之間的關係為：當 x 增加時，y 先是越來越快然後才是越來越慢地增加

3. 即使發現 x 和 y 間有一般的曲線關係並加以適當的解釋，使用 x 和 x^2 來找出曲線性模型的形式也可能不妥切。尤其曲線性通常是 x 和 y 相乘關係的結果，在這種情況下，用對數轉換來表示關係會較好。更詳細的資料請看第 6 章加成性迴歸模型（Multiplicative Regression Models）

進行迴歸分析

我們現在要利用迴歸方法來分析三組資料。你將會學習如何去執行迴歸、了解迴歸的結果，判斷是否違反迴歸假設，轉換變項，以及做預測。

對任何的迴歸分析而言，一個好的預測包括了做第 1 章所討論的各種圖形分析（散佈圖和時間序列圖）。這些圖形分析中有許多在迴歸中都會用到。

範例一：布林敦出版社

布林敦出版社的出版品，主要是初級中學的參考書（7和8年級）。在該公司為了瞭解參考書市場所做的一個分析中，針對某城市7年級學生使用參考書的全年總數得到如圖4.6的資料（這些數字是全部參考書使用量，而不只是針對布林敦的產品）。每一個7年級生從學校那裡收到一組參考書，在使用一年後還給學校。當新版本出版或學校改變課程時，某個科目的參考書可能會一次全部換新。以下是將資料輸入於一個 Excel 試算表的結果：

圖 4.6

	A	B	C	D	E
1					
2					
3					
4			購買情形		
5					
6			年份	參考書	學生
7			1967	2,111	2,000
8			1968	2,083	2,027
9			1969	2,264	2,050
10			1970	2,025	2,052
11			1971	2,303	2,061
12			1972	2,149	2,075
13			1973	2,177	2,079
14			1974	2,023	2,089
15			1975	2,178	2,091
16			1976	2,057	2,093
17			1977	2,371	2,131
18			1978	2,368	2,162
19			1979	2,439	2,194
20			1980	2,457	2,250
21			1981	2,764	2,292
22			1982	2,783	2,363

23		1983	2,596	2,412
24		1984	2,500	2,447
25		1985	2,598	2,470
26		1986	2,756	2,488
27		1987	2,457	2,502
28		1988	2,713	2,525
29		1989	2,748	2,567
30		1990	2,773	2,585

如果 7 年級生有 2,600 人（這是在六月學期開始前得知的數字），你如何利用此一訊息來預測 1991 學年度的參考書總數？

初步分析

資料：**布林敦**出版社資料裡面包括了年份，參考書購買數量，和學生總數。這些資料是從 1967 年橫跨到 1990 年。預測參考書使用總數的模型可能是：

參考書總數＝B_0＋B_1× 年代＋B_2× 學生人數＋誤差(模型 R1)

既然我們想要預測 1991 年的購買量，在分析前，可在你的資料 Excel 檔案中增加一列有關 1991 年的資料：年代和學生人數。在「1990」之下的細格中（細格 C31）鍵入 1991，以及在細格 E31 中鍵入 2,600。

將細格 D31 空下來，它代表未知的 1991 年參考書使用總數。在第 31 列的觀察值並不完整；當我們做迴歸運算時要記得先排除它。

依變項和自變項：顯然我們有興趣的是預測參考書的購買總數；在這種情況下，它就是依變項。一開始我們可能認為參考書使用總數會隨時間、學生人數或兩者的共變增加或減少。在初步分析中，主要使迴歸能用座標圖示的可能性增加，我們先用學年度和學生人數作為自變項。

　　接下來執行迴歸程式。可以利用 Excel、SPSS、SAS 等軟體將資料做統計運算，得出迴歸結果及變項間的相關圖表，本書在此不多加介紹。

迴歸結果

　　在此以 Excel 運算所得的迴歸結果做為說明。請看下面表 4.10。

表 4.10

	迴歸 1		
	依變項：參考書總數		
	去年	常數	新學生
迴歸係數	8.128	（15,664）	0.8824
標準誤	16.454	31,289	0.5803
t 值	0.5	（0.5）	1.5
	觀察值的數目＝24	自由度＝21	
	R^2＝0.7638	殘差值標準差＝135.6	

　　迴歸係數：在 C 欄和 E 欄中的數值（學年度和學生）和自變項是有關的。在 D 欄中的數值則和迴歸方程式中的「常數項」有關；這些常數項的值通常都會出現在依變項欄，這只是依一般習慣

的方式呈現它們的位置。爲了解釋結果的前三行，我們必須要從了解所執行的迴歸開始，它假設資料檔中的 24 個觀察值是由下述模型所產生：

參考書總數＝B_0＋B_1x 年代＋B_2x 學生數＋誤差(模型 R1)

模型中，B 是固定但無法觀察的迴歸係數。從樣本中 24 個觀察值估計出 B 的數值（用小 b 表示）爲：b_0＝（15,664），b_1＝8.128，b_2＝0.8824。有了這些估計的迴歸係數之後，便可以用下述公式計算（參考書總數 $_{est}$，估計的參考書總數）：

參考書總數＝－15,664＋8.128x 年代＋0.8824x 學生數

例如，1967 的參考書總數[15]爲：

參考書總數＝－15,664＋8.128x 1967＋0.8824x 2,000＝2,089

而 1991 的預測值爲：

參考書總數＝－15,664＋8.128x 1991＋0.8824x 2,600＝2,813

類似地，殘差值也可以由下述公式來計算：

殘差 ＝參考書總數－（參考書總數 $_{est}$）

例如，1967 的殘差值爲：

殘差 ＝2,111－2,089＝22

你可以在 G 欄加入這 24 個殘差值，然後確認它們的和爲 0[16]。在 H 欄，如果將殘差值平方後再總加，你會發現它們的和是 386,276.3。若估計的迴歸係數除了已呈現的之外還有其他的值，總和會更高；在此，這些係數是用**最小平方法**估計出來的。

---

[15] 這些數值和 Y_{est} 的數值以及迴歸程式的殘差值全都不同，是因為循環誤差所致。如果你在 Excel 中計算這些數值，只包含估計的迴歸係數數值的細格，你會獲得和 Y_{est} 的數值以及迴歸程式的殘差相同的數值。

[16] 實際上的值是 0.0000000000086402，像這樣的數值代表殘差幾乎等於 0。

由於估計的迴歸係數是由單一樣本來的,因此會反映抽樣誤差。結果後面的那兩行——標準誤和 t 值——提供了一些抽樣誤差的訊息,這和第 2 章提到估計母群平均數時的抽樣誤差類似。因此在學生人數維持固定的前提下,對年份的迴歸係數估計值 8.128,可說是我們對某一年到下一年購買參考書增加數的最佳估計值。但這個數值的不確定性很高。當使用標準誤來建構信賴區間的界限時,例如,可以說,在 68%的信賴區間,迴歸係數的真值落在 -8.326 和 24.582 之間。在某種程度上,這不確定性反映在低的 t 值=.5。因此,我們不能很肯定的說實際上的迴歸係數是正的:單從資料來看,很難說參考書使用量的數值會隨時間而增加,除非學生人數增加。

觀察值和自由度:在最後四個運算結果中,我們用 24 個觀察值來估計兩個迴歸係數和常數項;因為這三個估計值是由資料所產生的,所以自由度只剩下 24-3=21。

殘差值的標準差:殘差值標準差(通常縮寫為 RSD)135.6 是誤差標準差的估計值。它是對 G 欄中的殘差值計算標準差而來的(依修正後之自由度計算)。我們可以看到殘差值的平方和是 386276.3,同時因為殘差值的平均值是 0,這總和也就是離均差平方和。如果我們將此總和除以其自由度 21,然後再開根號,可以得到 135.6,如在迴歸結果中所呈現。

R 平方(R^2):最後,R 平方是由計算兩個標準差的比例的平方而來。這比值的分子是 Y_{est} 的標準差;分母是 Y 的標準差。

計算在細格 F7 到 F30 Y_{est} 的標準差;你應該會得到 228.16。再算出細格 D7 到 D30 的 Y 值;它的標準差是 261.06。最後,計算 $(228.16/261.06)^2 = 0.7638$,這就是在迴歸結果中所列的 R^2 值(如表 4.10)。若 Y_{est} 能很準確地預測所有觀察值的 Y,那麼 Y_{est}

和 Y 應會有相同的標準差，以及 $R^2=1$。如果迴歸沒有任何預測力，那麼每個觀察值的 Y_{est} 值都會相同：它們的值會等於 Y 的平均值，且它們的標準差會等於 0。如此一來，$R^2=0^{[17]}$。

另外，R^2 也可以是 Y_{est} 和 Y 相關係數的平方值。如果 Y_{est} 能有效預測 Y，那麼它們的相關會很高，且 R^2 也會接近 1。如果自變項對依變項沒有預測力，那麼 Y_{est} 就不會是 Y 的一個好的預測值，且它們的相關會接近 0，R^2 也有同樣的情況。我們可以畫出 Y_{est} 和 Y 的散佈圖。由圖形的觀點了解迴歸的配適度，且可以數量化簡示為 R^2。

若有兩個以上的迴歸模型可供利用，那個 R^2 值較高與 RSD 值較低的，同時也是較好的模型，雖然「撈」過整個資料，也極可能找到一個與依變項完全沒有明顯相關的的自變項，但在隨機的情況下卻在資料中和依變項呈現相關性。無論和依變項如何不相關，增加一個自變項永遠不會使 R^2 減少，但因 RSD 是「由自由度修正而來」，增加一個變項就會用掉一個自由度，因此 RSD 可能增加。當你增加一個新變項，RSD 就會增加，你通常會看到過度適合（overfitting）的狀況。

除了過度適合的問題之外，R^2 是用來比較多個可用迴歸模型的合理衡量方法，但到底怎樣才是「好」的 R^2，則必須依據判斷。你應該記得基準點對應配適度的測量只是將依變項的平均值做為所有觀察值的估計值罷了。在具有向上趨勢的資料中，如很多經濟統計上的時間序列，基準點的測量可能不盡合理；但在假設此趨勢之外，可能別無其他簡單的模型會比在此趨勢下所做的預測來得

---

[17] 統計學中稱標準差的平方為變異數。因此 R^2 是兩個變異數的比值，其分子為 Y_{est} 的變異數而分母為 Y 的變異數。由此可知，R^2 有時定義為 Y 變異數的分數，表示 Y 可被迴歸所「解釋」的部份。

更好。因為有一個顯著的趨勢時，是很容易做出比基準點要來得好的預測，所以若看到較高的 R^2 不必太訝異，也不應該看到高的 R^2 值就認為你的模型是好的。另一方面，如果你有一個模型可以預測股票價格每天的改變，儘管其 R^2 只有 0.05，但在沒有過度適合的情況下，你可能很快就變成富翁了。

轉換

我們現在來討論轉換，這是你可以增加設定模型彈性的方法之一，同時也能有效的將違反某些迴歸假設的模型轉換為合乎假設的模型。

回到布林敦出版社的例子，不論是看 G 欄資料或做出顯示殘差值的時間序列的圖，你也許會注意到從 1977 年到 1983 年的殘差值都是正的，同時學生數目增加得相當快。反映在購買參考書的趨勢上，你也許會認為，學年度結束時，該學校系統所擁有的書組數目會和當年度的學生數目相等[18]；在一年結束時，一組書中的一本或多本可能會被取代，因為單本書可能破損或遺失，或者因為參考書的改版，在新一年中要用新版的參考書；以及在一學年結束和下一學年開始前，若學生人數增加時，就必須買進一整組的書。我們並不知道單本書的代換情形或買入一整組新書的情形，但是我們有理由相信，參考書使用量的兩個主要影響因素是：

➢ 去年的學生數

---

[18] 當入學人數減少時，也許書的組數會比學生人數要少，但我們手邊的資料中並沒有入學人數減少的情況發生。

➢ 今年增加的學生數

　　這些變項並不在原來的資料當中，但是它們可以從原資料中的變項衍生出來。在迴歸的用語中，這種衍生的變項為**轉換變項**（transformation）。在時間序列中，轉換一個變項，其值是先前階段中其他變項的值，我們稱之為**遞延**（lag）轉換。如產生一新變項，其值是其餘變項經過一段時間的改變之後所產生的，我們稱之為**差異**（difference）轉換。如此，「去年的學生數」此一變項是由「今年的學生數」**遞延**一年所產生；「增加學生數」此一變項則表示今年和去年學生數量的差異。

　　我們可以在統計軟體中產生這些變項，可以在原資料的 F 欄做出遞延變項，在 G 欄做差異變項。並寫出估計模型式子如下：

　　參考書總數＝B_0＋B_1×去年學生數＋B_2×新的學生人數＋誤差（模型 R2）

　　此迴歸結果顯示在表 4.11。它暗示些什麼？首先，將它和迴歸 1（表 4.10）相比較：

➢ R^2 的值較高（0.8479 與 0.7638 相比）
➢ RSD 值較低（108.4 與 135.6 相比）
➢ 和自變項有關的 t 值較高

表 4.11

迴歸 2
依變項：參考書總數

	常數	去年學生	新學生
迴歸係數	51.80	0.9905	5.910
標準誤	274.75	0.1259	1.311
t 值	0.2	7.9	4.5

觀察值的數目＝23　　　　　　　自由度＝20
R^2＝0.8479　　　　殘差值標準差＝108.4

另一方面，由於 1967 年的資料是不完整的，少了一個觀察值，因此也少了一個自由度。此外，常數項的 t 值顯示常數的真值很容易變成 0 或負數，即使樣本值是正的。然而迴歸 2 比迴歸 1 更適合這個資料，同時它也說明了一個簡易的道理：平均而言，約有一本書要加入去年舊生留下的書組裡，以及新生需要再加約六本新書；這兩個因素解釋了參考書購買量大部份的變異。

我們能做得更好嗎？ 在做預測前，我們可能會問，是否我們應該要將年份列入迴歸 2 中當自變項。在統計軟體中可以很輕易增加變項。我們目前估計的模型是：

參考書總數＝$B_0 + B_1 \times$ 年份＋$B_2 \times$ 去年學生人數＋$B_3 \times$ 新的學生人數＋誤差（模型 R3）

迴歸 3 的結果呈現在表 4.12。和表 4.11 相比較（迴歸 2），有如下的結果：

➤ R^2 增加了一點點（從 0.8479 到 0.8496）
➤ RSD 有增加（從 108.4 到 110.6）

> 因為多了一個自變項，自由度減少（從 20 減為 19）
> 和自變項有關的 t 值都較低

　　因此我們可以做個結論：若將年份加入作為自變項會導致過度適合。

表 4.12

| | | 迴歸 3 | | |
	年份	常數	去年學生	新學生
迴歸係數	6.760	（12,818）	0.7664	5.564
標準誤	14.513	27,633	0.4980	1.446
t 值	0.5	（0.5）	1.5	3.9

觀察值的數目＝23　　　　　　　　自由度＝19
R^2＝0.8496　　　殘差值標準差＝110.16

　　預測：回到迴歸 2，計算 Y_{est} 和殘差值，可得到 1991 年的點估計值為 2,701；如此預測的信賴度分配的平均值為 2,701，而其標準差和 RSD 相當，即 108.4。假設殘差值是以 Y_{est} 為平均值，RSD 為標準差的常態分配，我們有 95% 的信心說 1991 年教科書的使用量大約介於 $2,701 - 2 \times 108.4$ 和 $2,701 + 2 \times 108.4$ 之間（在 2,484 和 2,918 之間）。然而，實際上該區間應該要寬一點，以解釋可能未納入計算的不確定性[19]。

---

[19] 其餘不確定的來源主要來自（1）使用估計（和真值相對而言）的 B；（2）從一樣本的殘差值來推論殘差值標準差，而不是實際地產生殘差值；（3）在預測中使用的 x 值可能有不確定性；（4）模型不正確的可能性。

虛擬變項

　　虛擬變項只有兩種可能的值，0 和 1（請看第 1 章）。它們可對任何只有 2 個值的變項進行編碼：如男人和女人、共和黨和民主黨，購買和不買等。虛擬變項在迴歸中常作為自變項。

✍ 範例 2：哈佛商學院學生身高、體重和性別

　　以哈佛商學院最近一個 MBA 班級的 597 名男性和 171 名女性（他們自行報告）的身高（英吋）和體重（英磅）為例。除了身高和體重的變項之外，還有性別的變項，如果是女性編碼為 1，男性編碼為 0。

　　若我們想用下述模型，從身高（HT）來預測體重（WT）：

$$WT = B_0 + B_1 \times HT + 誤差（模型 \ R4）$$

　　表 4.13 是以體重當依變項，而將身高當自變項的迴歸結果。由這個迴歸結果可以預測一個身高 70 英吋的人體重應為：

$$WT_{est} = -228.9 + 5.510 \times 70 = 156.8$$

表 4.13

<table>
<tr><td></td><td colspan="2" align="center">迴歸 1
依變項：體重</td></tr>
<tr><td></td><td align="center">身高</td><td align="center">常數</td></tr>
<tr><td>迴歸係數</td><td align="center">5.510</td><td align="center">（228.9）</td></tr>
<tr><td>標準誤</td><td align="center">0.178</td><td align="center">12.4</td></tr>
<tr><td>t 值</td><td align="center">30.9</td><td align="center">（18.5）</td></tr>
<tr><td>觀察值的數目＝768</td><td colspan="2" align="center">自由度＝766</td></tr>
<tr><td align="right">$R^2＝0.5554$</td><td colspan="2" align="center">殘差值標準差＝16.99</td></tr>
</table>

表 4.14 是類似的迴歸結果，當身高和性別都納入成為自變項時，用如下的模型：

WT＝B_0＋B_1× HT＋B_2× 性別＋誤差（模型 R5）

表 4.14

<table>
<tr><td></td><td colspan="3" align="center">迴歸 2
依變項：體重</td></tr>
<tr><td></td><td align="center">身高</td><td align="center">常數</td><td align="center">性別</td></tr>
<tr><td>迴歸係數</td><td align="center">4.918</td><td align="center">（133.7）</td><td align="center">（17.86）</td></tr>
<tr><td>標準誤</td><td align="center">0.210</td><td align="center">14.9</td><td align="center">1.74</td></tr>
<tr><td>t 值</td><td align="center">20.0</td><td align="center">（9.0）</td><td align="center">（10.3）</td></tr>
<tr><td>觀察值的數目＝768</td><td colspan="3" align="center">自由度＝765</td></tr>
<tr><td align="right">$R^2＝0.6092$</td><td colspan="3" align="center">殘差值標準差＝15.94</td></tr>
</table>

依據表 4.14 的結果，從模型 R5 中，我們可以預測一個身高 70 英吋的男性，其體重為：

$$WT_{est} ＝ -133.7 + 4.198× 70 - 17.86× 0 ＝ 160.2 磅$$

如果是女性，則爲

$WT_{est} = -133.7 + 4.198 \times 70 - 17.86 \times 1 = 142.3$ 磅

因此，我們預測同樣身高的人，女性比男性輕 17.9 磅，−17.9 是和性別虛擬變項有關的迴歸係數。比較表 4.13 和 4.14 可以很清楚看到，含有虛擬變項的迴歸模型和資料的配合度較佳，並提供更合理的模型[20]。

我們在第 1 章中已經注意到，觀察值之一可能爲極端值。如果計算和迴歸 2 有關的 Y_{est} 和殘差值，然後畫出 WT_{est} 和殘差值的圖形（看圖 4.7），你會注意到一個負的殘差值極端值，如果我們手邊有完整的資料，可以看到在第 577 筆資料有一殘差值−109，這和 72 英吋，體重 60 磅的男學生觀察值有關。這顯然是報錯或記錯了，很明顯應該要將之刪除。然後，再執行一次迴歸，我們得到的結果記錄在表 4.15 中（依據迴歸模型 R5），顯然比較適合。

圖 4.7

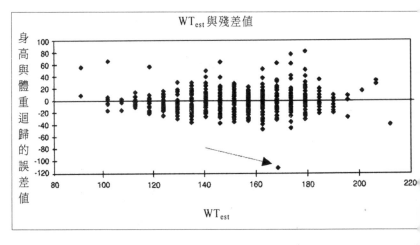

WT$_{est}$ 與殘差值

身高與體重迴歸的誤差值

WT$_{est}$

---

[20] 當然，兩個模型都有負的常數項，隱喻一位相當矮的人將會有負的身高！這只是一個例子表示估計遠離資料範圍的危險性。如果我們有嬰兒、年輕人、成人的資料，我們幾乎很確定地可以發現身高與體重之間的關係是曲線的，以及身高的變異性在極值附近高了很多，此時便需要做變項的轉換。

表 4.15

	迴歸 3 依變項：體重		
	身高	常數	性別
迴歸係數	4.224	（135.3）	（17.92）
標準誤	0.204	14.4	1.69
t 值	20.7	（9.4）	（10.6）

觀察值的數目 ＝ 767　　　　　　自由度 ＝ 764
R^2 ＝ 0.6263　　　　殘差值標準差 ＝ 15.46

類別自變項

我們常常也會見到一些**類別**的自變項（見第 1 章）。

個人的政黨偏好可能爲共和黨、民主黨或中立，分別編碼爲 1、2 和 3，表示此三類別；公司可能以 SIC 碼分類；零售商所售的貨品可以用顏色區分，可以用有系統但任意的方式來編碼。在迴歸中直接使用這些變項顯然是沒有意義的。

標準方式是將每個類別變項的可能值轉爲虛擬變項。如此一來，在政黨偏好的例子中，我們可以產生一虛擬變項，將共和黨員編碼爲 1，否則爲 0；另一個虛擬變項表示支持民主黨，如果是編碼爲 1，否則爲 0；第三個虛擬變項用類似的方法呈現中立者。在迴歸中，表示政黨偏好只用到三變項中的二個來解釋，省去第三個。任取兩個都可以。使用比類別變項的可能值少一個的情況來解釋結果的理由，從下面例子中可明顯地看出來。

⑤ 範例 3：布來頓外燴公司

布來頓外燴公司(Brighton Caterinng Company)的總裁想要分析該公司在準備提供餐點時的勞動人力的成本資料。布來頓的標準餐點包括開胃菜、主食和一個點心。消費者可以選擇三種開胃菜（水果雞尾酒、蝦肉開胃菜或者甜瓜加煙燻火腿）中的任一種。該公司也提供其他的選擇：消費者可能會加點一道沙拉，以及他們可能會加點餐後飲料。該總裁想要調整公司餐點的價格，因此先要了在不同組合選擇上的人力成本花費情形（食物的成本是單獨考量的）。據此，他想透過謹慎的消費研究決定每個客人在 35 種不同餐點上的人力成本（每種餐約有 100 到 150 個客人）。

迴歸分析如何幫助預測有關不同餐點（蝦肉開胃菜、沙拉以及烈酒）的人力成本？我們先將手邊的資料輸入統計軟體，如果某道全餐有「沙拉」或「烈酒」，就分別編碼為 1，沒有則為 0。「開胃菜」的選項中，蝦肉編碼為 1，水果沙拉編為 2，甜瓜加煙燻火腿編為 3。我們需要有一組新變項來顯示某一特定開胃菜被選用的情形；這時將三個類別變項轉換為虛擬變項，一個類別轉成一個虛擬變項。在資料編碼中，如果點水果沙拉編碼為 1，沒有則為 0（也就是當開胃菜是蝦肉或甜瓜時），類似地，可以在隔壁兩欄輸入分別代表蝦肉和瓜類的虛擬變項。

在資料的底下鍵入三種餐飲自變項的值，我們要預測這三者的人力成本。在上面的三個例子中，有沙拉而無烈酒，且這三個例子和開胃菜的點用情況而有所不同。

在表 4.16 中顯示三個迴歸的結果。在此三例中，「花費/每人」是自變項，但先前所鍵入代表要做預測的三個觀察值要被排除。在第一個迴歸中，沙拉、烈酒和開胃菜虛擬變項的前二個——水果和蝦肉——都設為自變項。在第二個迴歸中，除了最後二個，即開

胃菜虛擬變項的蝦肉和瓜類之外，其餘都相同。而在第三個迴歸中，三個開胃菜虛擬變項都使用了。形式上，這些模型呈現如下：[21]

迴歸 1：

人工成本＝B_0＋B_1× 沙拉＋B_2× 烈酒＋B_3× 水果＋B_4× 蝦肉＋誤差　（模型 R7）

迴歸 2：

人工成本＝B_0＋B_1× 沙拉＋B_2× 烈酒＋B_4× 蝦肉＋B_5× 瓜類＋誤差　（模型 R8）

迴歸 3：

人工成本＝B_0＋B_1× 沙拉＋B_2× 烈酒＋B_3× 水果＋B_4× 蝦肉＋B_5× 瓜類＋誤差（模型 R9）

表 4.16

	常數	沙拉	烈酒	水果	蝦肉	瓜類	Y$_{(est)}$
			迴歸 3				
		依變項：花費／每人					
迴歸係數	471.6	18.15	11.10	（374.7）	（354.6）	（368.0）	115
標準誤	0.0	2.01	2.00	0.0	0.0	0.0	135
t 值	#DIV/0!	9.0	5.6	#DIV/0!	#DIV/0!	#DIV/0!	122

觀察值的數目＝35　　　　　　　　　　自由度＝29

R^2＝0.8728　　　　　　　　殘差值標準差＝5.796

	常數	沙拉	烈酒	蝦肉	瓜類	Y$_{(est)}$
			迴歸 2			
		依變項：花費／每人				
迴歸係數	96.94	18.15	11.10	20.08	6.665	115
標準誤	2.08	1.98	1.97	2.38	2.336	135
t 值	46.7	9.2	5.7	8.4	2.9	122

觀察值的數目＝35　　　　　　　　　　自由度＝30

R^2＝0.8728　　　　　　　　殘差值標準差＝5.699

[21] 雖然在 3 個模型中的迴歸係數由同樣的符號所表示，但在 R7、R8 和 R9 中 B_0 實際的值是不一樣的，B_1 等也是。

迴歸 1
依變項：花費／每人

	常數	沙拉	烈酒	水果	蝦肉	$Y_{(est)}$
迴歸係數	103.6	18.15	11.10	(6.665)	13.42	115
標準誤	2.1	1.98	1.97	2.336	2.51	135
t 值	49.1	9.2	5.7	(2.9)	5.4	122

觀察值的數目＝35　　　　　　　　　　　　　自由度＝30

$R^2 = 0.8728$　　　　　　　殘差值標準差＝5.699

　　想想看，在表 4.16 的所有三個迴歸當中，預測值是相同的，為什麼？

　　迴歸係數對代表某一類別變項的虛擬變項的解釋是,其所省略的變項代表的是「基準點」相對於其他變項效果的測量。因此,在迴歸 1 中（依據模型 R7）,基準點是甜瓜；水果沙拉的迴歸係數表示當開味菜是水果沙拉而非甜瓜時,估計每個顧客所需的人力成本會少 6.665（份）,可類推到相對於蝦肉而言,估計的人力成本增加了 13.42。因此客人點用蝦肉的人力成本會比點水果沙拉多 13.42－（6.66）＝20.08。

　　再看表 4.16 的迴歸 2（依據模型 R8）,在此水果是基準點,我們發現蝦肉的估計人力成本比水果沙拉多了 20.08,而甜瓜則多了 6.665；這些結果和迴歸 1 中的完全一致。注意迴歸 1 和迴歸 2 中的常數為分別 103.6 和 96.94,差了 6.66。你如何解釋這種差異？你現在可以解釋為什麼這兩種迴歸都給你同樣的預測結果嗎？

　　在迴歸 3 中（模型 R9）所有代表開胃菜的三個虛擬變項都用到了。如你所見,代表開胃菜虛擬變項的迴歸係數其負值很大,常數項則是大的正值,但是蝦肉仍比水果多了 20.1,而甜瓜則少了 6.7。相對於迴歸 2 中以水果為基準點的情況,其常數項多了 374.7。再一次,預測值和先前迴歸所做的是相同的。

　　注意在迴歸 3 中迴歸係數的標準誤是 0.0,表示 t 值將以 0 為除數。這是表示有某種錯誤產生,實際上也真的有。電腦遇到一組

和迴歸 1 和 2 有相同預測的迴歸係數,這組迴歸係數並不是唯一的。例如,如果我們對每一個開胃菜虛擬變項的迴歸係數增加 10,再將常數項減掉 10,我們會得到同樣的估計和預測。(試試看!)實際上,如果對每個迴歸係數增加*任何*一個常數,然後在常數項減掉該數值,預測和估計的結果就會一樣的。在這個算式中,我們並不知道什麼才是估計的迴歸係數的「正確」值。因為它們完全不穩定,所以其標準誤*應*報告為「無限大」(infinite)的[22]。

迴歸 3 顯示了一個描述錯誤的迴歸模型。它的問題是迴歸式中的自變項之一可以被解釋為在迴歸式中一或多個(在本例為 2 個)其他自變項的*線性函數*。例如,

水果＝1－蝦肉－甜瓜:

如果開胃菜客人點了蝦肉,那麼蝦肉＝1,甜瓜＝0,且水果一定會是 0。

這是一個比較極端的問題,或許在其他迴歸分析中遇到的情況不會那麼嚴重。它稱之為**共線性**(collinearity)或**多重共線性**(multicollinearity)。當一個自變項是迴歸式中其他一或多個自變項的線性函數時就會產生如此極端的情況。其中,迴歸係數是不穩定的,修正的方法是將一個具共線性的變項從迴歸中刪除。因此,當我們產生一組代表不同水準的類別變項的虛擬變項時,我們總是使用比類別數*減*一的虛擬變項數目。

---

[22] 很多迴歸程式在此種情況下會拒絕給予任何迴歸結果或只是提供顯然沒有意義的結果。在我們的例子中,迴歸程式報告標準誤為 0 而非「無限大」(infinity)。

順序自變項

假設我們有一群人對某敘述的同意程度不同,如將迴歸中的自變項分為 5 個水準等級:非常不同意、不同意、沒有意見、同意以及非常同意,並分別被編碼為 1 到 5。依這樣的編碼方式,我們可以直接將這些編碼用在迴歸中或者該先轉換過再使用?如果你直接使用它,那麼你就是默認了 Y_{est} 和從「非常不同意」到「不同意」以及從「不同意」到「沒有意見」的效果差異一樣。此種假設是否公正合理?

決定的方法之一是產生一組 5 個虛擬變項的系統,每個虛擬變項代表一種可能的反應,並使用其中 4 個當自變項。假設「非常不同意」是基準點,以及對其他不同反應所估計的迴歸係數分別為 3.5、6.4、9.3 和 13.2。它說明每一次當你從同意度量尺上移動一點時,Y_{est} 就會增加(大約)3.3 單位。如此一來,用原有順序變項從 1 到 5 的編碼做為自變項就很合理,還省下了三個自由度並簡化變項在模型中相關樣態的描述。另一方面,如果估計的迴歸係數沒有呈現大致上穩定地增加樣態,無疑地,若用四個虛擬變項會較好,不過前提是自由度要足夠。

千普朗(Chemplan)公司：萊特顏料分廠

　　丹尼爾‧威廉斯是萊特顏料廠的行銷主管，正在看幕僚過去幾天蒐集的資料。他接獲指示，下週要對公司的管理階層展示他所屬部門的顏料銷售預測，他想確定所有事務都已就序。丹尼爾依循從 1965 年的顏料需求預測發展出的方法而開始有異於前一任主管戴夫的作法。因為他的預測概念和該部門先前採用的方法有些不同，因此丹尼爾特別關注於清楚表現他如何做出預測並能回答任何對他的質疑。

公司

　　萊特顏料廠是千普朗公司的一個部門，一個特殊化學製品的製造廠。萊特顏料廠生產室內和室外的房屋粉刷用漆，以 1964 年 8 億 2 千 8 百萬元的營業額而言，它是千普朗三個部門中最大的部門。該部門有自己的銷售職員，並由批發商賣給零售商；他們依序將顏料賣給主要建築公司和五金行連鎖店以及獨立的零售商。因此萊特顏料廠的產品在新建房屋的裝潢和老房子的重新粉刷時都會被用到。

　　戴夫在退休前幾年擔任萊特顏料廠數年的行銷主管，以幕僚提供的當時市場環境評估，他會做出年度的顏料需求預測。每個分部門主管要定期與銷售員晤談，以設想不同地區可能的相同需求。分

部門主管在公司討論一般市場問題的非正式會議中再將這些消息告訴戴夫。

　　雖然戴夫的預測記錄一直很令人滿意,但丹尼爾想試試某些新方法。他希望能更具分析性,所以仔細閱讀萊特顏料廠銷售歷史資料,和其他潛在相關的系列資料。千普朗剛開始採用美國經濟協會(USEI)的服務,它是一個最近才成立的單位,其業務係在於處理美國的總體經濟模型、提供資料,並對重要經濟變項做預測。丹尼爾認為或許可以用 USEI 的服務來幫助預測。

　　要發展出 1965 年產品需求預測,丹尼爾首先細看了該部門過去 17 年的銷售歷史,所有的銷售資料都已經備齊。接下來他想透過萊特顏料廠產品終端使用者所提供的訊息,探求新建房屋、重新粉刷、以及房屋整建的趨勢。他和 USEI 的一位代表討論,該代表認為美國境內建築開發的訊息最能代表新建房屋的趨勢(萊特顏料廠的外銷量無足輕重)。為了反應老舊房屋的顏料銷售市場,USEI 的顧問建議採用過去 17 年整建房屋的貸款資料。

　　USEI 能提供的時序資料,除了萊特顏料廠的銷售額資料之外(如下表 A),也提供 1965 年對結構指標的預測為 50.0,以及預期將有 85 億元的家庭貸款。雖然了 1965 年才過了幾個月,USEI 的顧問對此預測相當有信心。丹尼爾也畫了以時間為函數的萊特顏料廠銷售額和每一個資料系列的走勢圖(見示圖 1~3)。根據這些訊息,他已經做出了他覺得滿意的預測結果。現在他必須對千普朗的上層管理者說明這個結果。

表 A

年代	顏料部門的售額（百萬元）	通過的房屋整建貸款（十億元）	美國建築結構標準指標
1948	$280.0	$3.909	9.43
1949	281.5	5.119	10.36
1950	337.1	6.666	14.50
1951	404.1	5.338	15.75
1952	402.1	4.321	16.78
1953	452.0	6.117	17.44
1954	431.0	5.559	19.77
1955	582.0	7.920	23.76
1956	596.6	5.816	31.61
1957	620.7	6.113	32.17
1958	513.6	4.258	35.09
1959	606.9	5.591	36.42
1960	628.0	6.675	36.58
1961	602.7	5.543	37.14
1962	656.7	6.933	41.30
1963	778.5	7.638	45.62
1964	827.6	7.752	47.38

示圖 1

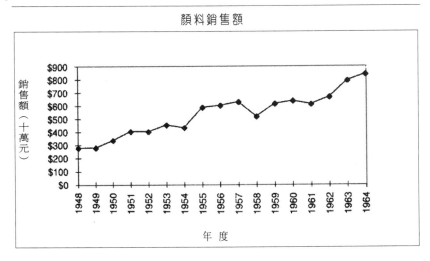

顏料銷售額

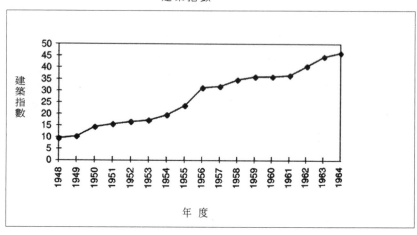

建築指數

房貸

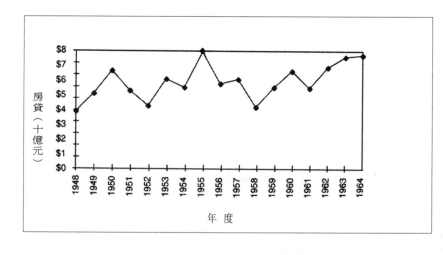

哈蒙食品公司

哈蒙(Harmon)食品公司早餐部行銷總經理約翰‧麥提爾正為如何預測力可食(Treat)的銷售量而煩惱。力可食是一種即可食用的早餐穀片,它有很大的市場佔有率,也是該公司的幾個工廠的主要產品。約翰負責預測銷售量以規劃生產時間表。過去幾個月以來,力可食的銷售量有時僅達預測結果之半,有時卻達預測的兩倍之多。這項預測工作的主要難處在於過去銷售記錄的變異很大(參考示圖4。由於銷售量記錄於產品出貨當天,所以示圖4中除了銷售量外也列出出貨單位,另外,將在稍後討論的消費者購買折扣量以及經銷商促銷折扣金額,也列舉於示圖4中)。

製造的問題

準確的產量預測是企業健全運作之本,工廠主管會根據這些預測來規劃生產時間表,並確定能否達到要求。工廠主管一旦接受最後的生產時間表,即代表對發出時間表的那一方許下承諾:調派人力與機件、訂購材料,以及足夠的倉儲空間以達到該生產時間表的要求。

更改時間表是相當昂貴的。就某方面而言,從訂貨到交貨需要好幾個星期,所以預定生產量過少不僅會因耗費製作時間而提高成本,更會使客戶不滿。另一方面,會使原料過剩,倉儲空間不足將使原料留置在運載的貨車、火車或貨船上,如想要留下這些交通工

具，便必須付出高額的延期停泊費用[23]。

　　除了儲存的問題外，還涉及如何有效運用生產人力的問題。緊湊的生產計畫可以減少不必要的成本。要盡量避免有加班的情況，因爲除了成本昂貴，還有如何在週末調集人手的問題。勞動力都是具有高技術性的，而且很難在短期增加，因此必須避免解雇勞工以保有技術提供。這些保障是公司勞工政策的重要部份，同時也得以創造出高昂的工作士氣。所以，製程經理們試圖運用固定數量的勞工，訂定出高效率且儘量避免加班的生產時間表。

廣告費用

　　不準確的銷售量預測，會降低力可食的廣告費用可以發揮的效果。力可食的廣告費用主要用在週六早晨的兒童節目網。這次公司以每分鐘 8 萬元的價格，買下一年以上的廣告播放。不過，早餐部的品牌經理相信，這些電視廣告能每一分錢都發揮最大效用。這種想法來自分析訊息傳遞成本、觀眾反應以及觀眾組成份子所得出的結果。

　　如同許多其他的公司，哈蒙食品依照每個銷售單位的固定比例訂出廣告費用。根據預測的銷售量，分配每個月的廣告費用預算。品牌經理必須按照這些預算，與電視節目訂定契約，買下廣告時段。但當出貨量增加時，品牌經理會根據實際的銷售量提高廣告費用

---

[23]延期停泊費用乃由運方依照該種運輸工具的延遲卸貨期間（或延遲開始卸貨期間），向收貨方求償之金額。就貨車而言，通常在正常的卸貨期限之後仍允許 1 小時的彈性空間。火車和貨船則通常分別允許 1 天及 3 天期限，其中包括卸貨的時間。若超過這些允許期限，則索賠費用從貨車的每小時 20 元，到火車每天 32 元及貨船每天 4 千元不等。

。在這種情況下，他們會和其他品牌經理協調，挪用出貨量在預測量以下的產品原來編訂的廣告費用。如果不行，他們會透過電視節目代理商買下電視節目的時段。再不行，則會選擇運動節目打廣告，而且越接近熱門時段越好。因此，在主要時段以外打廣告可能減低廣告的效能，而造成計畫外的廣告成本。

預算的控制

　　早餐部的財務主管同樣也因預測錯誤而怨聲載道。品牌經理們會根據預定的出貨量來規劃預算，預算表必須上呈分部門主管且要能夠呈現獲利。公司長期的分紅策略以及未來的擴編計畫，有部份是根據這些預算而來的。每季盈餘穩定的增加，意味著將替公司帶來較高的價益比(P/E Ratio)。因為公司財務主管最關切的是普通股在市場上的價值。所以利潤的規劃在管理控制系統中佔有重要的地位。

　　一如前面提到的，這種任意分配且過度花費廣告支出的做法將加劇利潤規劃的問題。這些費用並不在原本的預算範圍內，而且除非等到下一個會計年度所有階層都通過了這項預算，否則只能從當年的預算中預支。財務主管只會按照每季的銷售量發出預算內的廣告經費，至於超出的部份不在授權範圍內，所以只好延緩。整個過程導致實際銷售量超出預測量時，便浮報利潤，以平衡下幾季可能的利潤虧損。

　　拖延廣告支出的時間而影響獲利的情況已在前一個會計年度中顯現。由於力可食和其他品牌在前幾季裡花掉過多成本，導致第4季時分部門的盈餘比公司的期望少了4百萬元以上。該分部門主

管，連同行銷經理、品牌經理與財務經理十分不滿，因為他們必須參加因盈餘短缺而召開的聯合檢討會議。該部門前幾季的超額盈餘可以抵銷其他部門的虧損，但到了最後一季，卻沒有任何一個部門能夠抵銷早餐部的虧損。

品牌經理

力可食的品牌經理堂納‧卡斯威爾已擬出預算腹案——一份能夠掌控每月廣告及促銷預算的每月、每季及每年之預測結果。這些預測結果連同其他品牌經理所擬定的預測結果，一併上呈約翰，待其批示。之所以必須經過約翰同意，是因為所有推銷員每個月僅能促銷某些品牌。一旦獲得批准，該品牌經理的預測結果便成了約翰擬定正式預測報告的基礎。

接著，生產時間表便以約翰的正式報告作為基礎來編製。這必須做到彼此信賴，而且徹底了解。約翰不只要報告哈蒙食品的促銷活動，同時必須蒐集對手的動向以及其商品的售價。品牌經理會提供其所負責之品牌，以及其他對手品牌的市場趨勢。他們同時也會蒐集所有針對該品牌與類似品牌的市場研究報告，並且密切注意產品的包裝設計與新產品的發展動態等問題。

身為力可食的品牌經理，卡斯威爾知道他必須負責報告力可食銷售量預測結果的可信度。在和市場研究、系統分析以及作業研究等部門長談之後，他的結論是：預測的結果可以更準確。作業研究部的羅勃‧赫斯和他一同投入這項工作，約翰和財務經理則全力支持卡斯威爾。儘管這不在品牌經理負責的工作範圍內，但卡斯威爾認為它可以解決預測問題，而且用可以於整個公司。

影響銷售量的因素

卡斯威爾和羅勃首先著手探究影響銷售量的各項因素。示圖 4 列出 12 個月來銷售量逐漸成長的趨勢,這個趨勢驗證了 A. C. Nielsen 的商店稽核報告,報告中指出力可食的市場佔有率呈現小幅但穩定的成長,且與力可食有關的產品種類也在穩定增加中。

除了趨勢以外,卡斯威爾覺得還有一些隨著季節變化的重要因素。在 11 月和 12 月,由於經銷商和批發商為了進行年終盤點而減少庫存,銷售量因而降低。夏天銷售量減少的原因,通常是因為廠方暫時停工以及推銷員們都去度假了。2 月份的銷售日數較少,通常要等到新的會計年度開始,推銷員們才會發揮最充沛的活力,積極地在往後的各月中擴展業績爭取銷售冠軍的寶座。卡斯威爾並取得國家穀類食品製造商協會(National Association of Cereal Manufacturers)所提供的資料,其中指出在美國地區影響穀類食品出貨量的季節因素,這些指標條列在示圖 5 中。

佔力可食全部廣告經費 25%的兩類非媒體類促銷活動對其銷售量的影響很大。這兩類促銷活動分別是消費者整包購買折扣和經銷商促銷折扣。直接針對消費者所進行的促銷活動稱為整包購買折扣,如此稱之是因如果消費者一次購買一整包力可食便能享受某種優惠。而旨在激勵經銷商使之促銷該品牌進而提昇銷售量的活動,稱為經銷商促銷折扣。如此稱呼是因為這些折扣可以讓經銷商補償若干促銷的費用。消費者購買折扣和經銷商促銷折扣乃為配合不同的推銷期,每年分別推出 2 至 3 次(所謂推銷期意指所有推銷員傾巢而出,與指定地區之客戶全面接觸,哈蒙食品將每一年規劃成 10 個為期 5 週的推銷期。其餘 2 週,一個在夏季中期,一個在年中,這是為了在假期時提高銷售量)。

消費者整包購買折扣（consumer packs）

　　消費者整包購買折扣，通常每包減價 20 分。促銷活動可以透過優待券、內附贈品，或郵寄服務等方式進行。但根據消費者研究小組對所有這類促銷活動進行測試的結果，卡斯威爾認為這些方式大抵都很接近減價 20 分的效果。因此，他決定採用一致的折價方式（示圖 4 列出消費者購買折扣過去的出貨量）。

　　在為期 5 週的推銷期間開始前，消費者折扣包裝連同廣告以及特製的紙箱已經完成製造與包裝工作。其餘沒有出貨的折扣包裝則分別發給每個推銷員，使他們在沒有正式的購買折扣可用作促銷時，可以靈活運用。從以往的購買折扣出貨資料當中，羅勃發現有 35% 的折扣包裝是在第一週出貨的，而第二週是 25%，第三週 15%，第四和第五週分別為 10%，約有 5% 是在推銷期之後才出貨。因為他們看不出任何更改這種出貨比例的理由，所以羅勃和卡斯威爾相信可以針對未來每個月在消費者購買折扣這方面的出貨量，做出準確而合理的預測。

　　當然，在推出消費者購買折扣的同時，總銷售量也一定會受到影響。由於購買力可食的消費者長期都以某種固定的速度消費，因此卡斯威爾相信總銷售量的增加有一部份是因為批發商、經銷商和消費者過度宣傳的關係。因此，他認為對消費者的購買折扣會對接下來幾個月的總銷售量產生負面影響，因為這些宣傳效果將在出貨的第一個月或者第二個月之後消失殆盡。

經銷商促銷折扣（dealer allowances）

　　推銷員對於提供給經銷商的促銷折扣似乎更敏感。實施促銷折扣期間時，參與的經銷商可有每箱 4 元到 8 元不等的優惠。

　　在特定的推銷期間，因為提供經銷商促銷優惠所帶來的成本事先已經過計算，如同消費者購買折扣一樣，尚未花完的促銷折扣則分配給每個推銷員，以便使他們能在推銷期過後運用。經銷商促銷折扣的每週花費情形，大抵類似於實施消費者購買折扣的結果。因此，卡斯威爾相信將來在經銷商促銷折扣這方面的銷售量，一樣可以得到準確而合理的預測結果。

　　經銷商利用大型玩偶、大幅海報、電視廣告、優待券，以及傳單等方式來促銷力可食。這些動作可能會對銷售量產生莫大影響。舉個例子，櫃檯附近的大幅海報可以在一週內，發揮相當於促銷 5 週的效果。然而，如同消費者購買折扣的情形，卡斯威爾相信銷售量的增加絕大部份是因為過度宣傳的結果，也因此他預期將在實施促銷活動的兩個月之後看到反效果。從 1983 年到 1987 年經銷商促銷折扣實際費用，列舉於示圖 4 中。

結論

　　卡斯威爾和羅勃自覺已盡力找出影響銷售量的各種因素。他們知道對手的廣告與價格變動也十分重要，卻很難預測。因此他們想將建構出來的模型，限制在可以事先測量及預測的變項上。

　　羅勃同意進行模型建構、建立資料庫，以及撰寫報告解釋此一模型如何用來評估促銷策略以及預測銷售量與出貨量等各項工作

。卡斯威爾和羅勃已準備向分部門主管報告研究結果。

示圖 4

月份	出貨量（箱）[*]	消費者購買折扣（箱）	經銷商促銷折扣	月份	出貨量（箱）[*]	消費者購買折扣（箱）	經銷商促銷折扣
83 年 1 月	無記錄	0	$396,776	86 年 1 月	655,748	544,807	$664,712
83 年 2 月	無記錄	0	$152,296	86 年 2 月	270,483	43,704	$536,824
83 年 3 月	無記錄	0	$157,640	86 年 3 月	365,058	5,740	$551,560
83 年 4 月	無記錄	0	$246,064	86 年 4 月	313,135	9,614	$150,080
83 年 5 月	無記錄	15,012	$335,716	86 年 5 月	528,210	1,507	$580,800
83 年 6 月	無記錄	62,337	$326,312	86 年 6 月	379,856	13,620	$435,080
83 年 7 月	無記錄	4,022	$263,284	86 年 7 月	472,058	101,179	$361,144
83 年 8 月	無記錄	3,130	$488,676	86 年 8 月	254,516	80,309	$97,844
83 年 9 月	無記錄	422	$33,928	86 年 9 月	551,354	335,768	$30,372
83 年 10 月	無記錄	0	$224,028	86 年 10 月	335,826	91,710	$150,324
83 年 11 月	無記錄	0	$304,004	86 年 11 月	320,408	9,856	$293,044
83 年 12 月	無記錄	0	$352,872	86 年 12 月	276,901	107,172	$162,788
84 年 1 月	425,075	75,253	$457,732	87 年 1 月	455,136	299,781	$32,532
84 年 2 月	315,305	15,036	$254,396	87 年 2 月	247,570	21,218	$23,468
84 年 3 月	367,286	134,440	$259,952	87 年 3 月	622,204	157	$4,503,456
84 年 4 月	429,432	119,740	$267,368	87 年 4 月	429,331	12,961	$500,904
84 年 5 月	347,874	135,590	$158,504	87 年 5 月	453,156	333,529	$0
84 年 6 月	435,529,	189,636	$430,012	87 年 6 月	320,103	178,105	$104
84 年 7 月	299,403	9,308	$388,516	87 年 7 月	451,779	315,564	$46,104
84 年 8 月	296,505	41,099	$225,616	87 年 8 月	249,482	80,206	$92,252
84 年 9 月	426,701	9,391	$1,042,304	87 年 9 月	744,583	5,940	$4,869,952
84 年 10 月	329,722	942	$974,092	87 年 10 月	421,186	36,819	$376,556
84 年 11 月	281,783	1,818	$301,892	87 年 11 月	397,367	234,562	$376,556
84 年 12 月	166,391	672	$76,148	87 年 12 月	269,096	71,881	$552,536
85 年 1 月	629,404	548,704	$0				
85 年 2 月	263,467	52,819	$315,196				
85 年 3 月	398,320	2,793	$703,624				
85 年 4 月	376,569	27,749	$198,464				
85 年 5 月	444,404	21,887	$478,880				
85 年 6 月	386,986	1,110	$457,172				
85 年 7 月	414,314	436	$709,480				
85 年 8 月	253,493	1,407	$45,380				
85 年 9 月	484,365	376,650	$28,080				
85 年 10 月	305,989	122,906	$111,520				
85 年 11 月	315,407	15,138	$267,200				
85 年 12 月	182,784	5,532	$354.304				

[*]一箱有 24 包

穀類早餐食品出貨量之四季指標

月份	指標
1 月	113
2 月	98
3 月	102
4 月	107
5 月	119
6 月	104
7 月	107
8 月	81
9 月	113
10 月	97
11 月	95
12 月	65

個案	高第木材公司

1987 年 9 月初，高第(Highland Park)木材公司的行銷經理喬治接到一份來自巴特勒的信函，巴特勒是簡居（Plainview Home）這家達拉斯地區主要建商的採購主管。簡居想要以目前的固定價格訂購一百萬才呎的骨架板材，但要 6 個月之後 (也就是 3 月時)送貨。巴特勒解釋，簡居要在 3 月初於達拉斯北部興建 100 座民宅。如果喬治能夠立刻提供一個可被接受而且穩定的價錢，簡居願意向高第購買全數板材。由於目前建材價格暴漲，簡居十分在意成本的問題而且希望能事先規劃好大部份的建材成本。

如果訂購時就訂出固定的價格，則高第向來都是將客戶購買板材當時的成本反映上去，以便減少雙方可能面臨的困難。然而，巴特勒似乎想要藉由 9 月訂貨 3 月送貨的方式，要求高第承擔這種價格上的風險，儘管她也提到簡居願意付出比高第以前一般直接買賣還高出 5%的價格。同時，她也暗示因為簡居的採購量很大，所以希望能得到較有競爭力的價格。

正常交易的成本

高第是一家木材零售商，它向鋸木場購買整批木材運回以滿足客戶的需求。如果訂單數量夠大，則高第可以安排將木材直接運往客戶指定的工作地點。

簡居所要求的木材（南方松 2 號，2x 4）在鋸木場的價錢是每一千才呎 279 元。高第是這家鋸木場的常客，所以可以取得低於一般批發價 4%的價錢，但必須付出每千才呎 24 元的運送費用。不管

木材是運往高第或直接送到客戶的工作地點,運送的費用都相同。因此,高第目前的運送成本(未加進利潤前)是每千才呎 0.96x 279 ＋24＝291.84 元。就一般的零售訂單而言,高第將加價 20%,如果直接出貨則僅加價 5%。如果簡居要求立刻送貨,則高第會提出 291.83x 1.05 也就是 306.43 元的價格。但是由於簡居沒有自己的儲存場地,所以無法接受立即送貨,而這也正是爲何簡居會向高第提出如此要求的原因。

採買與存放

　　就高第而言,有個可行的辦法是先買下木材然後存放到春天。撇開棘手的運送問題不談,他們還必須考慮到存放的成本以及 3 月間從高第將木材送至簡居的額外運輸費用。根據喬治的估計,這筆額外的運送費大約是每千才呎 6 元,不過其他的成本可就不這麼清楚了。高第通常以按照基本利率再加 6%的比例,作爲每年的儲存成本。這個比例以短期資金(最優惠利率再加 2%)分攤,用以抵銷稅金(1%)、保險費(1%)以及貶值(2%)等。若現行基本利率爲 11%,那麼利用這種方法計算出來的半年儲存成本是 8.5%,或每千才呎 26 元。

　　喬治並不想履行這項提案,其中部份原因是這麼大量的貨品將損及高第的儲貨能力,此外他也相信簡居將因爲這種作法所訂定的價格而裹足不前。

等待採買時機

如果高第能夠等到 3 月再從鋸木場採購木材，儲貨的問題便可迎刃而解。但如果從 9 月到 3 月間價格大幅波動的話，必然使高第負擔價格上的風險。回顧過去價格變動的結果，更證實了喬治所擔心的問題（示圖 6 中第 2 欄及第 3 欄）。舉個例子，如果高第在 1975 年間承擔這個可能風險，則他們必須在 1976 年 3 月付出高於 1975 年 9 月 35% 的價錢。但另一方面，在這幾年裡春天的木材價格比秋天時的價格要便宜，這表示可能替高第帶來可觀的利潤。

避險交易

在這項交易中，喬治先除去將價格風險轉嫁給第三者（如銀行或鋸木場）的可能性。尤其他排除了將期貨市場上進行避險交易的可能性。事實上，如果可以利用買賣期貨的方式來排除風險，那麼簡居一定會直接用這種方法。

預測

樅木這種木材具有相當活絡的期貨市場，這種木材幾乎全部生長在北美洲，而且無法用來取代南方松。樅木和南方松的價格迥異，通常不會出現同漲共跌的情形。然而，喬治卻很關心樅木的期貨價格，原因是他相信它們可以提供一般木材市場的價格趨勢。有一個值得觀察的重點在於：目前樅木的期貨價格明顯比現貨價格要便

價格要便宜（示圖 6 中第 4 欄及第 5 欄）。

　　喬治徵詢助理的意見，看是否能從現有資料中找出某些方法以更有效預測南方松 3 月的價格。他的助手將資料整理成示圖 6，但卻無法解釋這些資料的用途。

決策

　　喬治正在苦惱助手蒐集來的資料中的價格細節。簡居所提的建議激起了他的好奇心，他認為事先以固定價格訂購的作法是一種行銷上的實驗，或許可以變成將來和對手競爭的優勢。同時，他也很清楚公司的競爭地位還無法承受巨大風險。

南方松以及樅木的現貨價格與期貨價格（單位：每千才呎／元）

年份	南方松 現貨價格 9月	3月	樅木 3月份 期貨價格	現貨價格 9月	3月
1971	135	147	101	108	118
1972	153	175	131	147	183
1973	201	158	121	163	168
1974	112	119	128	126	125
1975	127	171	146	140	165
1976	187	183	173	180	195
1977	264	226	193	218	235
1978	225	237	196	246	238
1979	303	210	235	293	210
1980	197	214	191	194	195
1981	170	203	176	178	173
1982	191	280	159	163	222
1983	222	258	195	189	227
1984	202	212	146	177	178
1985	212	244	145	188	220
1986	215	242	172	232	238
1987	277		182	240	

解釋：

現貨（spot）：南方松在 1971 年 9 月初的價格為每千才呎 135 元，而南方松在隔年 3 月初的價格為每千才呎 147 元。同樣地，樅木在 1971 年 9 月初的價格為每千才呎 108 元，到了*明年* 3 月則攀升至 118 元。

期貨（forward）：如果運送日期訂在 1972 年 3 月，則樅木在 1971 年 9 月初的價格為每千才呎 101 元（就這個實例而言，我們可以把這個數據當成某種市場預測，用以在某年 9 月預測*明年* 3 月的樅木價格）。

中央交易公司（Cenex）

1983 年 4 月，美國政府宣佈聯邦汽油稅從每加侖 4 分調漲爲每加侖 9 分。這 5 分的漲幅是爲了因應當時全面檢修全國高速公路所需的費用。

這項消息提醒了中央交易公司（Cenex）——全稱爲農民聯合中央交易有限公司(Farmers Union Central Exchange Incorporated）——的主管仔細查驗他們的產品。中央交易公司在農民合作社當中扮演著很特別的角色，因爲它擁有自己的煉油場，可以將原油提煉成柴油、汽油和柏油等諸如此類的產品。柏油是原油提煉過程中的副產品，但其產量則隨著油品來源不同而有所變化。某些加拿大原油（譬如 Cold Lake Blend）富含柏油的成分。儘管中央交易公司沒有買這類原油，但是如果改用富含柏油成分的原油勢必會增加柏油的產量，而減少汽油的產量。

這項稅賦調漲方案暗示未來幾年將因爲修路計畫而使柏油的需求量大幅增加，也使得汽油的需求量因價格上漲而減少。若各州爲配合當地修路計畫而提高汽油稅，則價格上揚的問題勢必更爲嚴重。

中央交易公司的背景

座落於明尼蘇達州聖保羅市的中央交易公司，是一個有 60 年歷史的整合性油品公司，爲分佈在北美 15 州的 1,000 家有限公司共同所有，而這些有限公司的擁有者是總數 25 萬以上的農民。中央交易公司在蒙大拿州的比林斯（Billings）附近有一座煉油場，

每天可以提煉 42,000 桶原油。這家公司從懷俄明、蒙大拿和加拿大等地製造商買進原油。每年有超過 7 億 5 千萬加侖石油產品的銷售量，大部份都透過農民合作社來銷售。

生產規劃

示圖 7 中列示出煉油的大略過程。整個生產規劃的核心在於一系列的線性流程，包括提供各種原油價格、提供最終產品的價格與需求量、提供最能獲利的煉油過程之生產模型、指出應買進原油的種類，以及確定最後應該生產的成品等。他們利用一部電腦主機來發展線性規劃（Linear Programming，簡稱 LP）模型，這種模型通常一天執行數次，並且用在解決煉油與市場發展的問題上，因為這兩個問題都很容易產生變化。這個模型有時也會被用來解決策略規劃的問題。這種策略性的問題起源於 1985 年底，當時中央交易公司重新檢驗他們在 1983 年所做的拓展柏油產量的決定。

柏油的問題

儘管中央交易公司的生產內容經常隨著價格與需求的變動而逐月變化，但是在 1983 年該公司獲得授權改變作業方式，透過修正少數廠房作業及原油的採買策略以增加柏油產量。

在 1985 年的重新檢驗過程中，中央交易公司的石油市場分析師凱文・林德曼整理了許多相關資料（示圖 8），並且建立好幾組迴歸模型以預測柏油的價格與消耗量。凱文想知道哪個模型最能達

成預測的目的，以及如何運用這些模型來作決策。他所擔心的是那些根據全國性統計數據得到的資料，可能無法確切反映出中央交易公司在當地貿易市場中所處的情況。

預測油料與煤氣的價格

線性規劃模型需要用到原價價格與汽油零售價格的預測值。中央交易公司聘雇了一群顧問，以便提供長短期的原油、柴油與汽油之價格預測結果。在 1986 年，他們預測出的「基準」版本為原油每桶 25 元，而汽油則是每加侖 90 分元（稅前）。為了提昇分析結果的敏感度，他們同時預測出「最佳狀況」版本：原油每桶 30 元，汽油每加侖 95 分元。在分析過以往的價格型態之後，凱文增加了一個「最壞狀況」版本：原油 20 元，汽油 85 分元。中央交易公司判斷在基準版本中，政府的修路費在 1985 年之後成長幅度將超過 3%，最佳狀況版本為 4% 到 5%，而最壞的狀況則是沒有任何漲幅。

示圖 7

煉油過程簡示

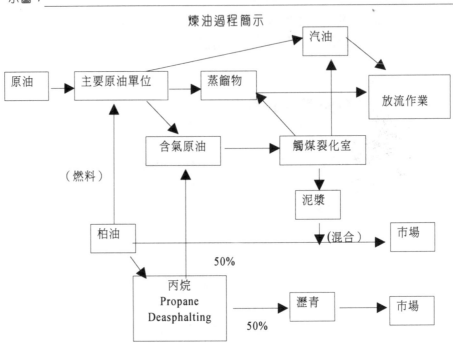

附註：1.柏油可以直接賣出，但須要和泥漿混合後出售，以維持某些客戶所需要的
穩定性。或者也可以被用來當作廠房中的燃料，或再精煉為汽油和瀝青。2.蒸餾物
包括柴油、噴射機油、煤油，以及其他燃料。

·柏油價格與消耗量迴歸模型之輸入資料

年份	製造商之價格指標	柏油價格（每噸）	柏油消耗量（百萬桶）	砂石價格指標	住宅興建（百萬）	公路修補費用（百萬）	零售汽油價格（分/加崙）	提煉原油成本（每桶）
1963	94.5	$22.21	124	97.3	$28.70	$2.9	20.11	$2.89
1964	94.7	$21.94	127	97.1	$30.53	$3.1	19.98	$2.88
1965	96.6	$22.91	135	97.5	$30.24	$3.3	20.70	$2.86
1966	99.8	$22.61	141	98.1	$28.61	$3.5	21.57	$2.88
1967	100.0	$22.67	138	100.0	$28.74	$3.8	22.55	$2.92
1968	102.5	$22.58	148	103.2	$34.17	$4.0	22.93	$3.17
1969	106.5	$22.57	152	106.7	$37.21	$4.2	23.85	$3.29
1970	110.4	$22.40	163	112.6	$35.86	$4.7	24.55	$3.40
1971	114.0	$28.56	167	121.9	$48.51	$5.1	25.20	$3.60
1972	119.1	$29.61	172	126.9	$60.69	$5.4	24.46	$3.58
1973	134.7	$29.98	191	131.2	$65.09	$5.9	26.88	$4.15
1974	160.7	$58.27	176	148.7	$56.60	$6.6	40.41	$9.07
1975	174.9	$69.33	152	172.3	$51.89	$7.3	45.44	$10.38
1976	183.0	$67.41	151	186.7	$68.59	$7.7	47.44	$10.89
1977	194.2	$70.84	159	199.0	$92.47	$8.6	50.70	$11.96
1978	209.3	$77.22	174	217.7	$110.43	$9.8	53.09	$12.46
1979	235.6	$93.15	174	244.0	$117.23	$10.6	74.33	$17.72
1980	268.8	$134.35	145	274.0	$101.15	$11.4	107.35	$28.07
1981	293.4	$163.74	125	296.3	$100.05	$12.2	116.32	$35.24
1982	299.3	$160.65	125	310.9	$85.39	$13.3	107.01	$31.87
1983	303.1	$158.00	136	313.3	$126.55	$14.2	95.36	$28.99
1984	310.3	$168.15	149	325.7	$155.15	$15.0	92.06	$28.63
1985	308.8	$179.60	155	336.2	$158.82	$16.0	90.14	$26.76

加拿大殼牌公司的速食店據點

加拿大殼牌公司（Shell Canada LTD.）速食店經理艾恩‧傑考柏重新看了一下他將呈報主管的店面據點選擇模型。這個模型對既有的幾家店面都有很好的預測效果，也指出了那些地點不適合蓋分店。然而，他所關切的卻是這個預測模型是否有助於將來分店地點的選擇。因為在 1985 年，加油站附設的速食店變成了加拿大殼牌公司唯一的大型投資預算。理論上來說，投資速食店的回收率比投資油品市場的各類產品要來得快。不過據殼牌公司在加拿大西部開設 40 家分店的經驗看來，並不是所有分店都能獲得很好的利潤。事實上，只有零星幾家分店的高獲益並不能解決整體經營所遇到的困難。更麻煩的是，有七家規模與店面設計皆相同的分店，營收都受到某個因素的影響。

殼牌公司的最高主管決定速食店的投資計畫必須暫緩，直到可以發展出某種方法解決選擇據點的問題為止。在過去兩年來，策略規劃顧問公司（Strategic Planning Associates）這家國際化的管理顧問公司曾經為加拿大殼牌公司做過油品市場的行銷策略檢討。在其較為廣泛的研究範圍中，殼牌最高主管也一併要求策略規劃顧問公司協助傑考柏發展一套速食店據點的最佳選擇模型。

1980 年代的加拿大油品市場

1980 年代早期，全球煉油業及油品經銷公司都損失慘重。在加拿大，五大油品公司的煉油及行銷部門平均僅賺到總投資的 2.5%。有許多因素造成了這種獲利上的問題。

主要原因是因為 1973 年到 1974 年間，以及 1979 年到 1980 年間的油品價格遽變。當油品價格扶搖直上時，市場油品的需求量便銳減。此外，產量減少且油類製品日漸商品化，業界的競爭基礎便從服務品質轉為價格。因此，隨著油品產量減少，總收益也跟著降低。

加油站據點的不動產價位巨幅上揚的問題和這種獲利壓力並存。還有，如果拆掉加油站移作其他用途，那麼 10 年前的據點會比現在的容易賺到錢。以往業界僅以單純設立加油站的角度來評估每個據點的可能表現，現在他們也開始考慮如何對這些據點做最佳規劃，因而設想加入某些附加的服務，譬如速食店、洗車以及為車輛潤滑上油等。

在這個充滿競爭的環境裡，有許多理由使得速食店變成相當吸引人的一種投資。第一，速食店可以蓋在現有加油站裡而不必額外購買土地，這使附屬於加油站的速食店比獨立的速食店多了一個顯著的優勢。其次，這種混合式據點有一種重要的協力效果存在速食業務和油品業務間：有附屬速食店的加油站，其銷售量平均提高 10%。最後，只要僱請同一批人即可兼顧販賣速食與加油站的工作，因此加入速食業務並不需要增加太多員工。

美國某些地區普遍流行加油站附設速食店的作法，證明了速食與油品的整合業務確實很吸引人。由於加拿大的速食店較不普遍，所以像殼牌公司這樣的油品經銷商有著大好時機可以率先攻進加拿大的速食連鎖市場。

加拿大殼牌公司的速食店

　　儘管看見了這個競爭的機會，殼牌公司後來投入這個市場卻產生了一些問題。殼牌公司在加拿大西部的 40 家速食店，實在比不上其他有千百家連鎖店的速食業者。而這些連鎖店中有 4 家甚至分別擁有 400 家分店。規模上的劣勢似乎是殼牌公司在採買、店面經營經驗以及消費者的品牌意識上的一大弱點。

　　傑考柏和策略規劃顧問公司專案小組進一步分析競爭環境發現，區域性的規模而非全國性的規模是主導商業經濟發展的主因。儘管殼牌在區域性的層次上也有許多劣勢，但這些弱點卻可以藉由該公司在西部迅速擴展的速食網路而加以解決。

殼牌公司現行的據點選擇方法

　　擴展計畫成功於否，選擇適當的據點會是一個關鍵性的因素。過去，殼牌公司傾向於選擇油品消耗量較高的加油站。但預測的銷售量幾乎和成熟期（運作 3 到 5 年之久）的實際銷售量完全無關。此外，令人驚訝的是油品銷售量和速食銷售量幾乎也沒關係（見示圖 9），所以這種選擇據點策略是無效的。當務之急是先找出影響殼牌公司多家速食分店（這些分店的店面大小相仿）銷售量的主因，以便有系統地選擇高銷售潛能的據點。

發展選擇據點的模型

傑考柏和策略規劃顧問公司的專案小組決定雙管齊下研究如何選擇速食店據點。他們將對殼牌公司現有的速食顧客進行研究，然後分析殼牌公司現有據點過去帳冊資料。如果能發展出某種可以解釋以往銷售量的模型，那麼這種模型便可以用來預測那些候選據點未來可能的銷售量。

專案小組假設可以用來解釋銷售量大幅變動的因素包括：競爭對手的數量與遠近距離；有關的貿易區域其人口、收入與年齡的分佈情形；營業時間長短；鄰近區域之種類以及和學校及公寓的遠近距離。但麻煩的是，很少有現成的資料。此外，專案小組不清楚與速食店相關的商業區域為何，也不知道速食業的競爭對手有那些。

為了求得答案，他們在殼牌公司 40 個據點中取了 34 個以進行一項顧客研究與競爭對手調查。第一個令人訝異的發現是購買殼牌公司速食食品的顧客中，只有 14% 是因為到加油站加油才買的，這表示速食的銷售量和油品銷售量無關。在詢問顧客工作或居住的地點之後，專案小組劃定了與速食店有關的顧客區域。接近 2/3 的殼牌速食顧客都在距離速食店方圓一英里範圍內居住或工作，而且有一半左右的顧客住在方圓半英里範圍內。

在同一張顧客研究地圖中，專案小組劃定了學校、公寓建築、競爭對手據點以及主要的「物理障礙」等的相關位置，並且判斷有哪些因素影響銷售量。儘管幾乎可以針對每家分店找出一些有趣的解釋，但卻未發現共同的影響型態。所以分析的重點應該在其他因素，而不是地理區域的分佈。

因此，他們蒐集了相關顧客區域的人口統計、交通、鄰近區域類別以及競爭對手的資料，編碼後輸入電腦進行迴歸分析（見示圖

10，其中列舉出各種變項及資料內容）。經過一個月的發展迴歸模型工作後，策略規劃顧問公司的專案小組交給傑考柏一份報告，報告中的迴歸模型可以利用 5 個變項解釋 69%的銷售量變異，這 5 個變項分別是：以距離據點遠近加權後的人口數、鄰近區域種類以及 3 個和競爭對手有關的虛擬變項。這 3 個虛擬變項分別為：1/4 英里半徑範圍內沒有任何競爭對手、街道對面有競爭對手，以及 1/4 英里半徑範圍內有競爭對手（見示圖 11，其中詳細列出這 5 個變項的內容及由該模型得出的結果）。

傑考柏關切的重點

傑考柏所關心的是，這個模型雖可用來解釋殼牌公司賺取一千三百萬元稅後利潤的現有分店表現，但在預測未來各個據點的表現時是否同樣有效。在他心中還有許多疑問：那些係數的大小和符號是否有什麼直觀上的意義？因為這個模型純粹用在預測，符號有沒有意義重要嗎？這個從現有據點的表現發展出來的模型，能否用來預測新據點的表現？更迫切的是，傑考柏是否該將這個模型用在雅伯塔（Alberta）的 3 個新據點上，並且中止興建所有預測銷售量會低於需求標準的分店？當傑考柏準備向最高主管呈報專案小組的研究報告時，這些問題最令他感到困擾。

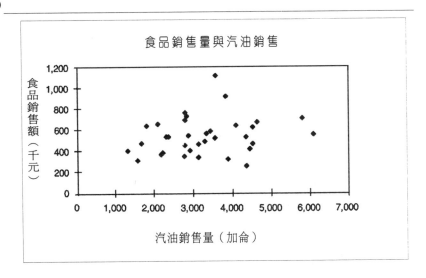

食品銷售量與汽油銷售

由汽油銷售量解釋食品銷售額的變異數的百分比為 4%。
資料來源：加拿大殼牌公司。

變項描述

分店編號：識別碼，從 1 到 34

城市：城市碼：CAL＝卡加力，EDM＝艾獨蒙頓，SKN＝薩斯卡頓，REG＝利宅那，VAN＝溫哥華，WIN＝溫尼伯[譯註八]

銷售量：1985 年銷售量（千元加幣）

人口數：人口總數，分成三種

<1/4：以該據點爲圓心四分之一哩半徑範圍內

<1/2：大於四分之一哩小於二分之一哩環狀範圍內

<1：大於二分之一哩小於一哩環狀範圍內

速食業競爭對手：速食業競爭對手的數目，分成 4 種

對街：街道對面

<1/4：小於四分之一哩半徑範圍內但剔除對街的情況

<1/2，<1：如上所述之環狀範圍

超市類競爭對手：同速食業競爭對手，但以超市爲目標

1/4 哩內有無競爭者：編碼 1 表示 1/4 哩半徑範圍內沒有任何速食業或超市競爭對手，編碼 0 則否

汽油銷售量：1985 年該加油站之汽油銷售量（千公升）

24 小時營業：編碼 1 表示該站並非 24 小時營業，編碼 0 則是

郊區：編碼 1 表示分店鄰近郊區，編碼 0 則否

都會區：座落於都會區，分成下面 3 種

住宅區：編碼 1 表示位於都市住宅區，編碼 0 則否

市中心：編碼 1 表示位於市中心商業區

貿易通路：編碼 1 表示位於都是貿易通路

每人平均收入：每人平均收入（每年千元加幣），分成 2 種

<1/4：1/4 哩半徑範圍內

<1/2：大於 1/4 哩但小於 1/2 哩之環狀範圍內

20~34 歲男性：1/4 哩半徑範圍內 20~34 歲男性比例

65 歲以上人口：1/4 哩半徑範圍內 65 歲以上人口比例

交通：每天經過該分店之汽車數目

營業年數：編碼 1 表示該分店營業年數小於 3 年，編碼 0 則否

人口差異：分別就 3 種人口數的類別，將其相對應之每人平均消費額乘以該區之人口總數再將三者相加而得。調查資料顯示，有 26% 的顧客（假定爲 26% 的銷售量）來自 1/4 哩的半徑範圍內。因此在據點 1 中，總銷售量 1,122,000 元中有 26% 來自 1/4 哩半徑範圍，亦即總共有 291,720 元營收來自這個區域，或此區域每人消費 291,720/2,310＝126 元。將這 34 家分店的每人消費額平均可得，1/4 哩區域爲每人 70 元，1/4 至 1/2 哩區域爲每人 22.8 元，而 1/2 至一哩區域則爲每人 6 元。人口差異這個變項則是將這些每人消費額乘上相對應的區域人口數，然後將這三個區域的乘積相加再除以 1000。

[譯註八] 卡加力（Calgary）加拿大西南亞伯達省第二大都；艾德蒙頓（Edmonton）是亞伯達省首府；（Saskaton）；利宅那（Regina）是薩克其萬省之首府。

下圖描繪出前面所提到的各個地理區域，並且標明每個區域中預測的每人每年平均消費額。

分店位置附近環狀區域之每人每年平均消費額估計

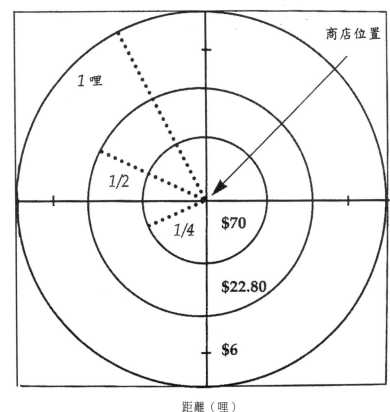

現有速食店分店資料

分店編號	城市	銷售量	人口數			速食業競爭對手				超市類競爭對手				1/4哩內有無競爭者
			<1/4	<1/2	<1	對街	<1/4	<1/2	<1	對街	<1/4	<1/2	<1	
1	CAL	1,122	2,310	6,470	9,355	0	0	1	3	0	0	0	0	1
2	SKN	681	1,140	5,515	12,150	2	0	1	2	1	1	0	0	0
3	WIN	571	3,300	8,495	25,944	0	1	1	2	0	0	1	5	0
4	REG	357	2,240	5,725	16,255	2	0	2	1	0	0	3	0	0
5	SKN	428	1,640	3,400	12,850	1	0	0	1	1	1	1	1	0
6	WIN	592	3,735	10,013	29,281	1	0	0	1	1	0	0	1	0
7	VAN	133	7,235	16,000	14,515	2	1	2	0	1	1	2	1	0
8	EDM	644	3,079	3,718	22,952	0	3	0	2	0	0	0	0	0
9	VAN	567	1,400	9,075	27,350	0	0	0	6	0	0	0	8	1
10	WIN	528	2,772	5,280	7,571	0	0	1	3	1	0	0	0	0
11	WIN	471	2,576	3,776	20,609	0	1	0	5	0	0	1	1	0
12	EDM	411	1,749	4,440	15,326	1	0	0	5	0	0	0	5	0
13	WIN	478	1,596	5,580	21,528	0	1	1	3	0	1	1	3	0
14	EDM	498	1,904	4,120	9,356	1	1	1	0	1	0	0	3	0
15	EDM	662	3,040	6,045	19,560	0	0	2	3	0	1	1	0	0
16	EDM	390	1,178	2,308	16,935	0	0	2	1	0	1	1	0	0
17	EDM	543	1,745	5,400	8,908	2	0	0	2	1	1	0	1	0
18	CAL	551	2,225	6,675	12,515	0	0	1	0	1	0	0	4	0
19	EDM	699	1,881	5,394	21,825	0	2	0	1	0	0	2	1	0
20	EDM	372	1,105	3,316	9,777	1	0	0	2	0	0	1	1	0
21	EDM	540	1,965	4,455	17,372	0	0	1	5	0	1	0	3	0
22	VAN	346	3,135	5,720	13,635	0	0	1	1	1	0	0	3	0
23	VAN	719	1,920	4,395	22,215	0	0	1	2	0	0	1	1	1
24	WIN	768	4,240	8,840	46,365	0	1	0	5	0	1	1	2	0
25	EDM	313	2,955	3,760	10,895	1	0	1	2	1	0	1	0	0
26	CAL	474	1,270	2,730	4,260	0	0	0	0	0	0	0	0	1
27	CAL	541	2,008	3,642	15,125	0	0	0	3	0	0	1	1	1
28	VAN	650	1,915	3,375	7,865	0	0	0	2	0	0	1	1	1
29	WIN	630	2,012	4,707	16,711	0	0	0	3	0	1	0	1	0
30	CAL	329	2,025	4,535	5,128	0	0	0	2	1	0	0	0	0
31	WIN	428	1,400	3,855	11,158	0	0	0	2	1	1	0	2	0
32	REG	924	1,825	3,710	15,010	0	0	0	2	0	0	0	1	1
33	WIN	267	2,108	3,955	18,390	2	0	0	4	0	1	1	1	0
34	CAL	403	1,463	1,428	1,559	0	0	0	0	0	0	0	0	1

現有速食店分店資料

分店編號	城市	汽油銷售量	24小時營業	郊區	都會區 住宅區	市中心	貿易通道	平均收入 <1/4	<1/2	20-34歲男性	65歲以上人口	交通	營業年數	人口差異
1	CAL	3,551	0	1	0	0	0	30.4	30.4	23.1%	1.6%	4,000	0	365.3
2	SKN	4,625	0	0	0	0	1	30.6	30.6	13.7%	4.4%	19,425	0	301.2
3	WIN	3,331	0	0	1	0	0	15.3	16.7	8.4%	13.4%	23,226	0	580.4
4	REG	2,765	0	0	0	0	1	35.4	35.4	10.8%	11.6%	12,040	0	384.9
5	SKN	2,770	0	0	0	1	1	28.4	28.4	13.5%	12.6%	14,950	0	269.4
6	WIN	3,429	0	0	0	1	0	20.3	17.6	20.2%	31.3%	19,750	0	665.4
7	VAN	2,827	0	0	0	1	0	17.2	17.2	22.8%	16.5%	22,800	0	958.3
8	EDM	1,798	0	0	0	1	0	18.6	17.0	27.6%	8.7%	25,900	0	438.0
9	VAN	6,094	0	0	0	0	1	26.4	26.4	14.2%	11.0%	41,100	0	469.0
10	WIN	3,548	0	1	0	0	0	26.7	25.6	16.2%	3.0%	5,274	0	359.9
11	WIN	3,130	0	0	0	0	1	24.5	30.1	9.8%	7.6%	16,097	0	390.1
12	EDM	2,900	0	0	1	0	0	29.6	31.3	18.1%	8.7%	30,200	0	315.6
13	WIN	4,507	0	0	1	0	0	21.7	23.6	11.4%	15.5%	17,621	0	368.1
14	EDM	3,289	0	0	1	0	0	24.5	28.0	15.5%	6.1%	24,600	0	283.4
15	EDM	2,080	0	0	0	1	0	17.7	26.0	21.6%	18.7%	25,800	0	468.0
16	EDM	2,215	0	0	0	0	1	21.4	23.4	15.6%	16.1%	30,500	0	236.7
17	EDM	2,301	0	0	0	0	1	22.3	23.5	15.8%	5.6%	10,650	0	368.7
18	CAL	2,865	0	0	0	0	1	29.3	29.3	11.0%	7.4%	29,700	0	383.0
19	EDM	2,771	0	0	0	0	1	20.7	22.4	18.0%	14.1%	28,800	0	385.6
20	EDM	2,175	1	0	0	1	0	26.8	33.5	16.3%	9.3%	11,300	0	211.6
21	EDM	2,352	1	1	0	0	0	38.6	38.9	14.9%	2.2%	4,200	0	343.4
22	VAN	3,119	1	0	0	0	1	30.6	30.6	9.2%	18.2%	17,400	0	431.7
23	VAN	5,795	0	0	1	0	0	26.5	26.5	11.3%	15.3%	26,400	0	367.9
24	WIN	2,781	0	0	0	1	0	12.5	14.3	17.7%	14.3%	40,965	0	776.5
25	EDM	1,556	1	0	0	1	0	22.5	19.8	27.5%	12.9%	26,900	0	357.9
26	CAL	1,665	1	1	0	0	0	33.6	33.6	25.9%	1.0%	4,000	0	176.7
27	CAL	4,346	0	0	0	0	1	39.7	37.9	13.7%	6.5%	47,700	0	314.3
28	VAN	4,078	0	0	0	0	1	35.7	35.7	12.8%	15.9%	19,500	0	258.2
29	WIN	4,516	1	0	1	0	0	30.9	32.1	9.6%	27.6%	16,472	0	348.4
30	CAL	3,870	0	1	0	0	0	40.4	40.4	20.0%	1.1%	4,000	0	275.9
31	WIN	4,447	0	0	0	0	1	25.1	25.1	12.1%	21.4%	27,087	0	253.0
32	REG	3,817	1	1	0	0	0	30.2	30.2	13.7%	1.7%	8,700	0	302.4
33	WIN	4,348	0	0	0	0	1	17.5	23.7	13.8%	20.6%	13,035	1	348.1
34	CAL	1,308	1	1	0	0	0	22.3	22.3	21.8%	4.5%	4,000	1	144.3

模型中的各種變項

自變項: 銷售量
依變項:
人口差異: 參考示圖 10
對街競爭: 對街之速食業及超市類競爭者數目
1/4 哩內競爭: 1/4 哩半徑範圍內速食業及超市類競爭者數目（包括對街的情況）
無競爭 1/4 哩內人口: 在 1/4 哩內無任何競爭對手之情況下，其人口數目
（＝1/4 哩內人口數x 1/4 哩內有無競爭者）
郊區 1/4-1 哩: 在座落於郊區的情況下，大於 1/4 哩小於 1 哩環狀範圍內的人口
乘以每人平均消費額〔＝郊區x （0.0228x 人口數<1/2 + 0.006x
口數<1）〕
模型中所採用到的觀察值: 所有分店資料，除了兩家營業年數在三年以下者

	常數	人口差異	對街競爭	1/4 哩內競爭	無競爭 1/4 哩內人口	郊區 1/4-1 哩
迴歸係數	241.9	0.3713	(83.15)	100.2	0.1702	0.86
標準誤	59.3	0.1323	30.29	19.6	0.0318	0.31
t 值	4.1	2.8	(2.7)	3.4	5.4	

迴歸 1
依變項：銷售量

觀察值總數＝32　　　　　　　自由度＝26
R^2＝0.6905　　　　　殘差值標準差＝106.7

該模型預測結果：

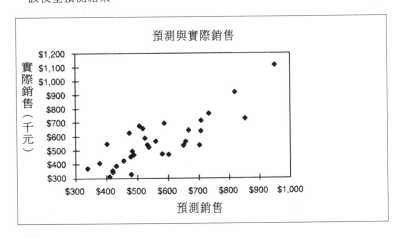

> 如果在速食店網路建造前就用此模型，而且只用在預測銷售量大於 600,000 元的分店，則平均每家分店的營收會多出 125,000 元。
> 如果將此一模型用在未來的 50 家分店，則可能的獲利情形爲：50 家分店× 125,000 超額銷售量× 30%總獲利＝2 百萬元增額利潤。
> 現金流量可換算爲 1 千 3 百萬元稅後淨現值(Net Present Value)。

燧石輪胎暨橡皮製品公司：小客車換胎市場預測

　　1980 年，燧石輪胎暨橡皮製品公司預測 5 年後小客車更換胎市場將達 105,000,000 單位。在同時，固特異（Goodyear）預言 1985年的更換胎市場爲 138,000,000 單位。燧石公司悲觀的預測在當時引來不少批評。根據財富（Fortune）雜誌觀察，燧石公司和固特異的預測差距約等於「5 家淨值兩億元的輻射胎工廠，日夜不停開工的產量」（財富雜誌，1980 年 10 月 20 日）。

　　近幾年來固特異對市場一向抱持著樂觀的態度。1974 年到1981 年間，固特異的生產資本增加了 1 千 7 百萬元。另一方面，1979 年底，燧石公司的新總裁尼爾文上任不久隨即在美國和加拿大關閉了 7 間斜交簾布胎（bias-ply）廠房。橡皮製造業公會之輪胎類統計委員會（Tire Statistic Committee）預測 1985 年大約需要133,000,000 個更換胎，這個結果和固特異的預測相去不遠（每年輪胎類統計委員會都會預測未來 4 年的的產量。示圖 12 中比較了1973 年到 1980 年間，輪胎類統計委員會預估的更換胎產量和實際產量）。

　　在 1980 年底，美國輪胎業才剛從逆境中復甦，而這逆境使得多數的主要製造商大幅修正了他們在長期營運上的政策。在之前幾十年間，海外競爭對手遽增，然而需求量卻成長緩慢。消費者由使用一般胎轉變爲輻射胎的趨勢（輻射胎更省油也更耐久），逐漸從歐洲轉進美國。在 1970 年代早期，美國公司仍無法製造出新式輪胎，而且整個美國市場在當時是由米其林（Michelin）所主導（據紐約時報估計，1970 年間米其林在北美市場的投資額超過 10 億元以上）。同時，日本的普利司通（Bridgestone）開始在國際市場上

嶄露頭角，並逐漸威脅美國市場。示圖 13 列出 1970 年到 1980 年間美國市場的小客車車胎出貨情形：分為國內製造或進口輪胎，以及更換胎或原裝胎[24]。

美國製造商生產出來的第一個輻射胎，品質比米其林製造的要差，而且技術未臻成熟前製造失敗的比率實在太高了。燧石公司被迫回收其「500 系列」，並在 1978 年到 1981 年間更換了 1 千 1 百萬個輪胎。同時，各家製造商繼續生產斜交簾布胎以及纖維或金屬帶胎（belted-bias tire），結果造成價格大戰，激起更多發明，最後因此提昇產能。然而隨著汽油和車輛成本的提高，人們較少開車，所以輪胎的需求量也跟著減低。

到了 1970 年代末，美國的輪胎製造商積極奪回競爭優勢。在 5 家主要的輪胎製造商之中，有 3 家開始分化：聯合皇家（Uniroyal）和古德利其（Goodrich）投入化學及塑膠業領域。通用輪胎（General Tire）透過其子公司 RKO 投入化學、防衛系統以及娛樂界。在 1979 年虧損了 1 億 2 千萬元之後，聯合皇家賣掉了歐洲的公司，並且關閉北美五間工廠中的兩間。古德利其則完全退出原裝配備市場，準備只在獲利較高的更換胎市場從事生產高品質的輪胎。而在整個輪胎業務上極為偏重原裝配備市場的通用輪胎，則在 1980 年的前九個月中虧損了 2 千 3 百萬元。

當時只有燧石和固特異兩家公司把輪胎的生產當成他們的業務基礎。當其他製造商都放棄了以後，固特異加入了原裝配備市場（或許是因為回收「500 系列」的關係，燧石公司在原裝配備市場上的佔有率從 26% 滑落到 21.5%）。在全球市場上佔有 28% 的固特異儼然成為輪胎業的龍頭老大，儘管其輻射胎產量只有穩坐第二把

---

[24]示圖 12 和示圖 13 中更換胎的出貨情形不同，是因為燧石公司和橡皮製造聯盟對非橡皮製造聯盟出貨體系出貨量的估計不同所致。

交椅的米其林的三分之二，但固特異極為強勢的地位，使它不斷地擴展業務並且更新生產技術。

燧石公司的財務結構十分鬆散。尼爾文賣掉了該公司的塑膠業務，裁減了 18,000 名員工，並停止發展新的輪胎。為了滿足許多原裝配備製造商、燧石公司本身的達頓－希柏林（Dayton-Sieberling）分部以及其他私有品牌之需求，燧石公司曾經生產過 7,289 種規格和類型都不一樣的輪胎。現在燧石公司的輪胎類型已減少為 2,900 種。1980 年，燧石公司關閉在英國的兩家工廠，並且賣掉在當地的經銷據點。儘管燧石仍持續由法國和義大利的幾個工廠供給歐洲的需求，但是它的主要興趣還是在美國（1979 年燧石公司扭轉 1978 年虧損 1 億 4 千 8 百萬元的劣勢，轉而賺進 1 億 3 千 3 百萬元。但是到了 1980 年，卻又虧損了 1 億 6 百萬元）。由於工廠生產產能的應用率僅達 90%，所以燧石公司準備做永久轉型將自己重新定位。

燧石公司預測每年行駛的里程數——決定更換胎需求量的主要因素——將持續成長，但卻是以遞減的速率成長。同時，燧石公司也相信將來輪胎的平均壽命將顯著地增長。

小客車更換胎的直接預測結果

傳統上，輪胎公司會預測小客車的原裝輪胎銷售量。這項預測值係取決於轎車和小貨車產量，而可排除更換胎需求量的因素，使業者得以估算銷售量以及在每個市場上的佔有率。但在預測更換胎出貨量方面，最直接的方法是以過去的出貨記錄作為基礎，這些由橡皮製造聯盟所公佈的出貨記錄可信度很高。在 1969 年，燧石公

司發展出一種迴歸模型，即利用前 5 年賣出的新胎總數、預測年度中原裝輪胎的數量以及趨勢等三個變項，來預測每年所需的更換胎數量。表 A 列舉出這個模型。

表 A

更換胎出貨量（t）＝B_0＋B_1× 原裝胎出貨量（t）＋B_2× 總出貨量（t-1）＋B_3× 總出貨量（t-2）＋B_4× 總出貨量（t-3）＋B_5× 總出貨量（t-4）＋B_6× 總出貨量（t-5）＋B_7*t ＋誤差
其中
       t＝ 1954 年為 0，1955 年為 1，其餘類推
  更換胎總出貨量（t）＝ 第 t 年的更換胎出貨量
  原裝胎總出貨量（t）＝ 第 t 年的原裝胎出貨量
   總出貨量（t-1）＝ 第 t-1 年的原裝胎出貨量加更換胎出貨量，其餘類推

  這個模型對於1955年到1968年的更換胎出貨量可以得到很好的預測結果，不過是以這幾年的原裝胎出貨量以及從 1950 年到 1968 年的更換胎出貨量資料為基礎。在正常情況下，燧石公司會預測出未來 5 年的原裝胎出貨量，但是在 1969 年為了做這個預測研究，所以再往前推估 5 年，也就是一直到 1978 年（參考示圖 12，第 3 欄）。

  這份預測模型暗示著更換胎的需求量取決於先前(也許也包括目前這一年)因報廢而必須維修或更換的輪胎數量，以及更換胎在整個輪胎市場上佔有率的變化。由於駕駛人、路況和輪胎的製造技術各有千百種，所以各種輪胎的壽命可能為不到一年、一年至兩年，或兩年以上不等。而且由於轎車的壽命延長，或者是因為每輛車每年行駛里程數的增加等因素，使得更換胎成為整個市場（原裝胎市場加上更換胎市場）擴大的主要因素。只要輪胎和駕駛習慣的複

雜程度維持不變，則一個簡單但考慮到時間趨勢的模型便足以解釋這些關係。所以對於在一兩年內損壞的原裝胎而言，用來替補的更換胎數目應該是每年不變的。維持不變的迴歸係數將可反應出這種穩定性的假設。然而，如果各式各樣的輪胎和駕駛習慣發生重大的改變，或是延長車輛壽命，及每年每車行駛里程數的趨勢有所轉變，那麼這個模型可就無用武之地了。示圖 12 列舉出預測的結果。

分析影響需求量的因素

當 1973 年年底發生第一次石油危機之後，預測需求量的工作便因為燃料成本的提高以及輻射胎的使用逐漸普及而更為棘手。因此，燧石公司放棄了原有的直接預測法，改為發展另一種根據輪胎製造技術與經濟環境的間接方法。因為更換胎的需求量取決於輪胎的行駛里程及其壽命，燧石公司的預測師先計算在近幾年內每年所耗損的輪胎數目，再計算這些數目和當年的行駛里程數及輪胎的預測壽命之間的相關程度。然後他們預測行駛里程數和輪胎的平均壽命，以便計算在未來幾年內會有多少輪胎耗損。並不是每個耗損的輪胎都會馬上更新，某些可能用原本的備胎、二手胎或貨車車胎（如果是小貨車的話）來代替，而且只有刮傷的輪胎根本也不必更換。這幾種情形都必須加以分析與預測，然後再將它們從所有損耗輪胎的總數中剔除。

燧石公司的預測也排除了雪胎，以便區分傳統輪胎和雪胎的行駛里程數（及其耗損程度）。由於雪胎只在幾個季節中才會用到，它們的使用方式會因人而異。如果能降低雪胎的供應量（及其行駛里程數），則預測傳統輪胎的需求量變化趨勢的結果將更準確。

1980 年，在謹慎地分析所有這些因素之後，燧石公司提出一份和業界的期望大相逕庭的預測報告。

備受爭議的預測結果

對於燧石公司所作的小客車更換胎使用量預測報告，業界的反應有些頗為驚訝，有些則感到懷疑。為了解決因為他們所採用的假設與資料所可能令人產生的疑問，預測小組人員（銷售量預測經理費德納，管理資訊經理霍林斯，以及資深銷售量預測師克里茲）在公司內舉辦了一場說明會，解釋他們所用的方法和結果（這場說明會定名為「什麼？1985 年的小客車更換胎只需要 105 百萬個？」）。以下將詳細討論他們用來進行預測的主要分析變項：小客車車胎的行駛里程數，以及每個車胎的行駛里程數。

✍ 小客車車胎的行駛里程數

第一個影響更換胎需求量的主要變項是小客車車胎的行駛里程數，要預測這個變項必須整合許多模型與預測結果。交通工具的行駛里程數據來自交通部（Department of Transportation），這些數據是交通部彙整各州資料所得到的結果。其中 23 州及哥倫比亞特區用來估算里程數的方式，是錄影並計算在各種道路的某些區段中，在一段時間內各種交通工具通過這些區段的情形，如此便能算出小客車、貨車、公車等等的行駛里程數。有 11 州利用汽機車燃料稅的稅單計算燃料的總消耗量，然後再將這個數目乘上事先擬定好的每加侖可行駛里程數，如此便能算出車輛的行駛里程數。另有 16 個州同時採用這兩種方法。交通部即利用這些來自各州所統計

的總數，以及來自各個計程車行和公車公司所提供的資料，推算出各種車輛每年行駛的里程數。

A. **小客車里程數模型**：服務品質受到燧石公司認可的資料資源公司（Data Resource, Incorporated，DRI）建立了交通部的數據與其他三個自變項之間的關係——駕駛車輛的成本、個人的收入，以及正在使用的車輛數目。參考表 B，資料資源公司回溯過去的駕駛車輛成本記錄並作出某些預測，這些預測結果有一部份是根據由資料資源公司能源服務部門監控及預測所得的機油與汽油供應及價格資料。資源資料公司同時也對個人收入做了預測，他們利用商業部（Department of Commerce）所提供的數據，以及資料資源公司自行研發出來的 800 條美國經濟預測模型方程式。上述模型中的最後一個變項是正在使用中的車輛數目，這項資料可取自另外一個由資料資源公司與燧石公司共同發展出來的預測模型。這個模型的自變項包括汽車的銷售量（由資料資源公司預測）、15 歲以上人口（取自人口普查資料），以及以年數為單位的汽車損耗率（由燧石公司負責預測）。燧石公司曾預測，1986 年以前，每年使用中的汽車數量大約會小幅成長至 2 百萬輛左右。

表 B

小客車行駛里程數＝f （駕駛車輛成本、個人收入、使用中的車輛總數）
使用中的車輛總數＝f （汽車銷售量、15 歲以上人口、耗損率）

B. **小客車行駛里程數模型之修正**：交通部所提供的記錄數據和資料資源公司的預測結果都是針對汽車的行駛里程，因此必須稍加修正才能預測傳統（非雪地用途）小客車車胎在更換胎市

場上的出貨量。燧石公司的預測小組修正了實際與預測的數據，以便排除雪胎的里程數並加入小貨車的行駛里程數（交通部和資料資源公司的數據和小客車有極為密切的關係，而燧石公司卻對其他利用小客車更換胎的交通工具也感興趣。事實上，有 68%的輕型貨車是以小客車車胎作為原裝配備，且有 40%的輕型貨車更換胎採用小客車車胎而非貨車車胎）。示圖 16 列舉出經過這些修正後的小客車行駛里程數預測結果。實際的數據從 1961 年到 1980 年，而預測的數據則從 1981 年到 1986 年。

預測小組強調，對小客車行駛里程數的最後一個問題在於：

……接下來 5 年內發生至少一次能源危機的可能性，一如 1974 年的油品禁航及 1979 年初的伊朗內戰。汽車行駛里程數的資料顯示在這些時期中里程數大幅減少，而大多數的觀察家預期伊朗和伊拉克交戰或其他發展情形會導致這種震盪的局面。

由於資料資源公司的汽車行駛里程數模型有一部份是根據駕駛汽車的成本，所以將反映出能源需求的震盪問題，而當然這是無法預測的。

☞ 每個輪胎的行駛里程數

有許多彼此獨立的因素決定每個輪胎在完全耗損前可以行駛多少里程。每個駕駛人轉彎時的速度，以及他們在輪胎定位上所做的保養功夫，對輪胎的壽命都有很大的影響。每個地區的架駛條件不同，如天氣變化，道路彎或直，和道路維護的品質都會有影響。汽車本身也會影響輪胎的壽命：車體較重而且配備強力煞車與動力

方向盤的車輛，對會輪胎施以較大的壓力。此外，輪胎的製造技術也會對輪胎壽命產生顯著影響：譬如在可以互相比較的情況下，輻射胎的壽命是一般斜交簾布胎壽命的兩倍（示圖 17 比較了輻射胎和斜交簾布胎的構造）。燧石公司的預測小組想盡可能獨立地預測每個影響輪胎壽命的因素。所以，第一步他們試著分別就斜交簾布胎(斜紋胎)、纖維或金屬帶胎以及輻射胎等三種不同結構的輪胎，預測其壽命長短。

A. **輪胎壽命指標**（TLI）：造成輪胎磨損的因素有很多。有些輪胎是因為碎石或尖銳物磨刺而需更換；有些是因為胎面側壁或其他部位製造技術的不良而需更換；有些則是因為磨損程度已經嚴重到不應繼續使用以避免危險的程度。燧石公司利用各種不同的研究結果，試圖找出每個輪胎的使用壽命。他們找到一家公司擁有軌跡測試設備可用來估計輪胎胎面的磨損情形。同時他們也作了一項「停車場調查研究」，以便測量最近各種規格的汽車其輪胎胎面磨損情形，並且找出這些數據和其他里程資料之間的關係（1976 年的停車場研究指出，輻射胎的平均壽命是 31,700 哩；見示圖 18）。他們將客戶因購買新胎而送回給燧石公司代理商的舊胎加以分析，以便了解磨損後的剩餘胎面，並且研究造成這些輪胎需要更換的原因。另外，在客戶研究方面，則是詢問使用者其車胎行駛的里程數。此外，燧石公司人員也和其他輪胎業者共同討論這個問題。

利用這些資訊，預測小組將可以估計出每個新的斜交簾布胎、纖維或金屬帶胎以及輻射胎，其每年平均行駛里程數。首先，他們分別就各種輪胎估計每一種輪胎每一級（如第一級、第二級和特級）品質的輪胎壽命以及個別的市場佔有率，然後以 1961 年到 1963

年的新斜紋胎年平均壽命爲基礎，將這些里程數據轉換成某種指標。示圖 19 列舉出在特定的某一年當中，即將參與運作的輪胎各項指標：各類輪胎的輪胎壽命指標，乃是該種輪胎之各類分數加權平均後所的結果。所以斜紋胎的壽命指標（第 6 欄）在 1969 年及 1979 年滑落的原因，是因爲隔年第二級及第三級斜紋胎出貨量大增的關係。

輪胎壽命指標反映出各種輪胎之間的差異，而非說明像是由於輕型車和重型車之不同所造成的影響。然而在某些情況下，某些輪胎種類適用於特定車輛：譬如四輪驅動的車種即大量採用輻射胎。表 C 中顯示，即將上市的前輪驅動車輛之增加使用可以解釋爲什麼輻射胎會大幅增長。

表 C

即將出廠之小客車輻射胎裝載於國產前輪驅動車種之百分比

年份	裝載於新車	更換胎	總數
1979	7.8%		3.4%
1980	10.1%		4.7%
1981	18.4%		8.4%
1982	26.0%	5.2%	14.5%
1983	34.3%	7.4%	19.3%
1984	37.4%	13.2%	23.7%
1985	44.2%	22.6%	31.8%
1986	47.5%	29.7%	37.2%

當燧石公司預測人員得知 X－車體（X-body）的車種將可大幅提高輪胎壽命之後，他們隨即將這項因素加入輻射輪胎壽命指標的預測模型中。由側面消息得知，輪胎壽命的延長可能是因爲採用規格較大的輪胎，而不是前輪驅動車種本身。費德納和他的同事歸納

道：「我們在前輪驅動車種對其輪胎壽命的影響力所做的預測促使我們顯著增加未來該項預測輪胎壽命的準確性」。

為了預測綜合性的輪胎壽命指標，燧石公司必須推估未來的汽車設計趨勢，因為這種趨勢將改變特定輪胎可行駛的里程數。因此，預測人員估計了即將在下一年度投入市場的各種車輛種類。他們預期從 1979 年到 1986 年間，將有 10 倍以上的輻射胎裝載於國產的前輪驅動車種上（參考表 C）。

示圖 19 第 12 欄中的數據代表即將上市的車胎，在特定年份中的平均輪胎壽命指標。隨著輻射胎出貨量佔總出貨量比例的增加，這種「綜合性的預測指標」也隨之上升。此外，為了建立不堪使用車胎之平均壽命指標，燧石公司利用多元遞延分配法（Polynomial Distributed Lag，簡稱 PDL）計算將上市輪胎之綜合性指標。這裡的遞延分數，其作用類似於先前燧石公司在預測更換胎出貨量時所採用的相關係數：它能反映出某特定年中的輪胎出貨量與幾年後更換胎更換率之間的關係。

利用綜合性輪胎壽命指標，燧石公司的預測小組可以透過「標準輪胎」的運算過程，同時考慮到每年有多少將上市以及不堪使用的輪胎數。標準輪胎即綜合性輪胎壽命指標為 100 的新傳統斜紋胎。如果輻射胎的壽命是斜紋胎的兩倍，則一個新輻射胎的磨損，相當於兩個新斜紋胎的磨損，或是兩個標準輪胎的磨損。將不堪使用的輪胎數目乘上其平均輪胎壽命指標，並以標準輪胎數作為分母即可得某一年當中該種輪胎的損耗率。

B. **混合各種輪胎的預測結果**：綜合性的輪胎壽命指標（亦即每個平均輪胎在某一年內的指標），會因為輻射胎、斜紋胎和帶狀胎的市場消長變化情形而隨之大幅變動。隨著輻射胎增加其市場佔有率，綜合性輪胎壽命指標則會因為輻射胎壽命較斜紋

胎多出一倍之故而大幅增加。燧石公司的預測小組預期在美國的推廣情形會像在其他國家一樣。霍林斯說道:「輻射胎的業績在各國的擴展情形都是一樣的,唯一不同的是擴展的時機。」燧石公司根據其他國家的市場狀況,發展出綜合原裝輪胎與更換胎的佔有率成長曲線。示圖 20 標示出輻射胎在幾個更換胎市場上的發展情況,以及一條整合的曲線。舉個例子,由這條整合的曲線可知,目前輻射胎佔有率達 50%的國家,其輻射胎佔有率將在 4 年內成長為 80%。利用這些曲線,燧石公司的預測小組將可確定美國市場目前在整合曲線中的地位,然後準確地預測出未來幾年的原裝輪胎與更換胎的需求量。接著他們可以算出在整合原裝胎與新的更換胎(亦即從更換胎中扣除二手胎的部份)的市場上,輻射胎的佔有率將有什麼樣的變化。這個過程將可呈現在未來某一年中,有關將上市輪胎的綜合性指標中。一旦得到這種綜合性指標,他們便可以利用多元分散式遞延法,計算該預測時段中不堪使用輪胎壽命綜合指標。

另根據貿易雜誌的報導指出,固特異輪胎的工程師曾表示,通用公司(GM)的 X-車體的車種可使平均胎面壽命延長為 60,000 哩;相較之下,其他配備輻射胎的後輪驅動車種只能使輪胎壽命達 40,000 哩。而燧石公司的資料同時也顯示,胎面壽命的延長率幾乎已到了令人無法置信的地步。燧石公司相信這是因為採用稍大車胎的關係,而不是發展前輪驅動車種的影響。通用公司 X-車體車種基於以下幾項原因,採用了比原所需還大上一半尺寸的輪胎:

1. 美觀:原本所需的輪胎看起太小了。
2. 為了符合保險桿高度的需求。
3. 為了保持街道整潔。

C. **每個標準輪胎的行駛里程**：輪胎的壽命不僅取決於構造上的差異，同時也和駕駛習慣、車輛規格以及經濟狀況等各種因素有關。1960 年間，車體越來越重而引擎也越來越有力，同時強力煞車和動力方向盤也變成了標準配備。新式車輛跑得更快、煞車更靈敏，而且過彎時也更平穩。輪胎所承受的摩擦與壓力越來越大，磨損的程度也越來越快。平均的標準胎壽命不斷地降低（參考示圖 21 第 3 欄，其中列舉出標準輪胎的壽命）。1968 年以後，標準輪胎的壽命變得相當穩定，大約維持在 19,000 哩左右。這是因為某些外在因素所致，譬如時速必須低於 55 哩的規定。最明顯的證據是經濟蕭條所帶來的影響。當時人們傾向於把車子開久一點，然後再換車子或輪胎。1970、1974 和 1980 年輪胎平均壽命的增加，正反映出當時蕭條的經濟狀況[25]。

　　燧石公司預期，由於車重減輕與馬力較小的關係，八〇年代中期將一反六〇年代的趨勢，使輪胎的壽命延長。和一般人的預測相反的是，儘管小型車的輪胎體型較小而且每哩的運轉圈數較多，它們磨損的速度並不會比大輪胎快。同時，將上市胎的綜合性壽命指標（示圖 21，第 5 欄）也將隨之增加。平均輪胎壽命的增加，一併反映出輻射胎在整合性輪胎市場上佔有率的增加，以及車輛製造技術的變遷。

D. **不堪使用的輪胎**：燧石公司的預測小組整合了過去的資料，以及各種主要變項、輪胎行駛里程數與輪胎壽命；他們可以預測

---

[25] 為了確定標準輪胎的行駛里程數，燧石公司的預測人員對不堪使用胎的數據作了修正以反映出「經銷商的查核帳目在預期中變化，以及回收 500 系列所造成的淨影響」。他們發現這項修正對結果並沒有顯著的影響，因此他們所用的數據和所呈現的文件都沒有包含這項修正。

出每年將退出市場的標準輪胎數目。示圖 11 中最後一欄是將使用中的標準輪胎數目（第 4 欄），除以其綜合性壽命指標（第 5 欄）然後再乘以 100 所得。根據燧石公司的預測結果，在 1985 年將有 160,100,000 個輪胎不堪使用。但人們會更換這些輪胎嗎？

↻ 更換胎

為了預測新的小客車更換胎之需求量，下一步是找出更換（或不更換）車胎的替代方案（示圖 22 第 3 欄至第 6 欄），然後可以將這些數量從不堪使用的車胎數目（第 2 欄，也正是示圖 21 的第 6 欄）中剔除。

A. **肇事車輛**（第 3 欄）：當輪胎壽命延長時，在一般車輛的使用年限中更換輪胎的次數便會減少。因此肇事車輛將變成使輪胎不堪使用的主因。

B. **利用備胎更換**（第 4 欄）：針對顧客所進行的研究發現，更換備胎後的車輛大約可再行駛 4 到 6 年。因為此時駕駛人會將不堪使用的車胎當成備胎，所以更換備胎並不會促使顧客購買新的更換胎。然而，現在汽車製造商已將暫時性的備胎當成標準配備。所以當輪胎不堪使用時，顧客便必須購買一個新的更換胎，而且燧石公司預測將來利用備胎更換的情形將減少。

C. **利用二手胎更換**（第 5 欄）：燧石公司預測小組指出，二手胎的業務員要開始為以後的業務推展憂心了。因為從 1970 年開始，符合新規格的帶狀外胎缺貨，已經不敷二手胎市場的正常需求。而同樣的情況，也在 1973 年重演於輻射胎上。他們預期隨著外胎數量的增加，二手胎市場的佔有率也會跟著提高。

D. **利用小貨車車胎更換**（第 6 欄）：預測小組估計現正使用輕型貨車車胎的客車，也將以輕型貨車車胎進行更換。隨著輕型貨車的風行，貨車車胎的佔有率也將增加。

E. **總更換數量**（第 9 欄）：將第 3 欄到第 6 欄中的數目從不堪使用的的車胎總數中扣除，即得到第 7 欄的數據。在得到雪胎的預測結果（第 8 欄）之後，即可作最後的修正，並且得到在 1986 年以前的更換胎出貨記錄及其預測量。就拿 1985 年來說，燧石公司預測小客車更換胎的出貨量將達 105,000,000 個；而到了 1986 年則減少為 102,000,000 個。

技術上的問題

燧石公司的預測小組對本身所採用的一些技術感到憂慮,霍林斯說明道：

> 其中某些主要變項之間的關係正不斷地變動,我們尚未找出最適當的方法來解決這個問題。舉個例子,我們用到多元式遞延分配法來建立即將上市的車胎壽命指標與不堪使用的車胎壽命指標間的關係。PDL 模型是從迴歸衍生出來的,但隨著輻射胎佔有率逐漸居於主導地位,我們必須改變即將上市的輪胎和捨棄胎二者的關係。輪胎的壽命會不斷延長,而 PDL 也應反映出這種趨勢——否則我們的預測值會因此偏低！即使我們利用現有的資料重新計算 PDL,我們的公式也未必完全正確。PDL 是從過去一般情況的記錄得到的,所以用它來作預測並不是完全正確的作法。改變變項關係的問題非常嚴重——它在六○年代即已出現,當時噸位更重更有力

的車種直接改變了輪胎的壽命。

霍林斯也提到他們所關切的其他技術性問題。他懷疑利用平均估計值的方法對小客車更換胎的需求量作預測，會不會比其他較非整合性的方法產生更多的隱蔽效果。人們經常難以區分同時造成相似結果的不同因素。因此，我們無法得知 1960 年代輪胎壽命減少的原因，究竟有多少部份是因為優渥的經濟條件所影響，而又有多少部份係受制於車輛設計的變遷，或是取決於興建更新更快的道路這項因素。同樣地，有很多因素共同影響著 1970 年代末期更換胎需求量的銳減，其中包括更輕、更易駕駛的車輛，更高的駕駛成本、蕭條的經濟環境或是壽命更長的輪胎發明。我們極需區分出這些因素的個別影響，但是就現在而言或許還做不到。

有位對該預測問題頗有見解但已退休的輪胎公司經理評論道：

> 你知道，我們近幾年來的預測量都偏低了。車子的動力越來越強，由於油價低廉所以人們開車的意願也越來越強，同一個家庭買第二部或甚至第三部車的情況也越來越常見。道路越來越平直，駕駛人也越開越快。車子多，重量大，里程數多，而人也多——我們越來越沒有辦法跟上實際的情形，所以使我們在六〇年代所做的需求量預測偏低。到後來，幾乎所有的事情都同時改變，反而在七〇年代變成預測偏高的結果，不過其中有一部份是為了彌補預測偏低的狀況。現在是不是又掉入那種輪迴了呢？沒有人知道。

以下是費德納和霍林斯對這份預測結果的討論：
費德納：你知道嗎？這些數據會讓我們得再深入討論一些問題。

霍林斯：或許吧。但數字就是那樣出來的呀。如果人們問起，我們可以說明我們所有做了的事，而且我不認為這個模型有什麼重大缺失。

費德納：我們用到許多外來的預測結果——譬如資料資源公司的車輛里程數預測值。如果他們錯了，我們也會跟著錯。但是契斯車輛服務公司（Chase Automotive Service）最新的數據，比現有的許多車輛里程數預測結果還低——事實上，它甚至比資料資源公司的最小預測值還低。而且由於我們對 1985 年的預測結果比其他公司還低，所以資料資源公司所提供的車輛里程數據更形重要。契斯公司的數據比資料資源公司低的事實，正好可以解釋我們的低預測量。

霍林斯：的確有人問我為什麼我們的預測量比固特異低這麼多。當然，我不知道固特異是怎麼算出來的，但是我知道在我們的資料中確實有某些不確定性。我們無法確定綜合性的輪胎壽命指標是否完全恰當，因為我們並沒有蒐集其他輪胎公司的資料——也就是他們的一級、二級和三級輪胎的實際壽命。而且因為前輪驅動車太過新穎，所以沒辦法對自己的結論抱持太大的信心。我們必須針對前輪驅動的車子，為輻射胎的壽命作大幅的修正。

費德納：實際的情況是不論將整個過程分工得再怎麼細緻，你還是必須依賴其他的預測結果，而且必須再做修正。然而這些東西卻可能帶來南轅北轍的結果。

小客車更換胎出貨量（百萬個）[*]

橡皮製造業聯盟所做出貨預測量

	年份							
	1973	1974	1975	1976	1977	1978	1979	1980
預測值訂定日期								
1969 年 11 月	159							
1970 年 11 月	156	164						
1971 年 11 月	154	161	169					
1972 年 11 月	153	158	163	168				
1973 年 11 月		155	161	164	167			
1974 年 11 月			145	147	150	152		
1975 年 11 月				140	145	149	151	
1976 年 11 月					145	146	149	153
1977 年 11 月						140	142	144
1978 年 11 月							145	143
1979 年 11 月								133

實際出貨量

年份							
1973	1974	1975	1976	1977	1978	1979	1980
148	131	130	133	140	148	135	120

[*] 非橡皮製造業聯盟體系的實際與預測出貨量，按照橡皮製造業聯盟統計委員會的估計結果，一併計入。

美國小客車車胎出貨量（百萬個）

原裝胎

	橡皮製造業聯盟體系	進口與非橡皮製造聯盟體系	總數
1970	37.5	0.3	37.8
1971	48.6	0.5	49.1
1972	51.3	0.9	52.2
1973	56.0	1.0	57.0
1974	43.3	0.6	43.9
1975	39.3	0.5	39.8
1976	49.9	2.0	51.9
1977	55.7	2.1	57.8
1978	55.0	2.0	57.0
1979	48.2	2.0	50.2
1980	34.9	1.8	36.7

更換胎

	橡皮製造業聯盟體系	進口與非橡皮製造聯盟體系	總數
1970	129.6	3.8	133.4
1971	135.0	4.9	139.9
1972	141.3	6.2	147.5
1973	142.0	6.6	148.6
1974	123.9	8.0	131.9
1975	122.4	7.4	129.8
1976	123.0	8.5	131.5
1977	129.2	9.5	138.7
1978	135.2	11.1	146.3
1979	121.9	12.4	134.3
1980	106.9	11.4	118.3

資料來源：燧石輪胎暨橡皮製品公司。

小客車更換胎之直接預測結果：
實際資料與迴歸計算結果（百萬個）

年份	更換胎	原裝胎	總數	更換胎	原裝胎	總1	總2	總3	總4	總5	t	預測殘值差	
1950	47.1	36.7	83.8	47.1	36.7								
1951	34.2	26.7	60.9	34.2	26.7	83.8							
1952	45.5	24.1	69.6	45.5	24.1	60.9	83.8						
1953	45.9	33.1	79.0	49.9	33.1	69.6	60.9	83.8					
1954	47.0	29.7	76.7	47.0	29.7	79.0	69.6	60.9	83.8		0		
1955	50.1	42.6	92.7	50.1	42.6	76.7	79.0	69.6	60.9	83.8	1	50.13	-0.03
1956	53.2	30.9	84.1	53.2	30.9	92.7	76.7	79.0	69.6	60.9	2	51.47	1.73
1957	56.6	32.7	89.3	56.6	32.7	84.1	92.7	76.7	79.0	69.6	3	58.17	-1.57
1958	61.6	23.4	85.0	61.6	23.4	89.3	84.1	92.7	76.7	79.0	4	62.69	-1.09
1959	66.8	29.8	96.6	66.8	29.8	85.0	89.3	84.1	92.7	76.7	5	66.25	0.55
1960	68.5	36.3	104.8	68.5	36.3	96.6	85.0	89.3	84.1	92.7	6	69.26	-0.76
1961	73.3	30.4	103.7	73.3	30.4	104.8	96.6	85.0	89.3	84.1	7	71.23	2.07
1962	78.4	37.5	115.9	78.4	37.5	103.7	104.8	96.6	85.0	89.3	8	76.49	1.91
1963	79.0	41.9	120.9	79.0	41.9	115.9	103.7	104.8	96.6	85.0	9	81.76	-2.76
1964	88.2	42.5	130.7	88.2	42.5	120.9	115.9	103.7	104.8	96.6	10	88.58	-0.38
1965	94.9	51.4	146.3	94.9	51.4	130.7	120.9	115.9	103.7	104.8	11	94.95	-0.05
1966	101.8	47.4	149.2	101.8	47.4	146.3	130.7	120.9	115.9	103.7	12	101.65	0.15
1967	108.5	40.8	149.3	108.5	40.8	149.2	146.3	130.7	120.9	115.9	13	110.55	-2.05
1968	121.3	49.4	170.7	121.3	49.4	149.3	149.2	146.3	130.7	120.9	14	119.04	2.26

迴歸 1
依變項：更換胎數量

	常數	原裝胎	總銷售量1	總銷售量2	總銷售量3	總銷售量4	總銷售量5	t
迴歸係數	（8.164）	0.02626	0.01888	0.1504	0.2199	0.2214	0.1627	14.19
標準誤	10.741	0.12980	0.12075	0.1239	0.1205	0.1467	0.1103	0.803
t 值	（0.8）	0.2	0.2	1.2	1.8	1.5	1.5	1.8

觀察值數目＝14　　　　　　　　　　自由度＝6
$R^2＝0.9947$　　　　　　　　殘差值標準差＝2.329

小客車更換胎之直接預測結果：
預測值之計算（百萬個）

年份	更換胎[*]	原裝胎[*]	總數	用以計算預測值之資料						
				原裝胎	總1	總2	總3	總4	總5	t
實際值										
1968	121.3	49.4	170.7	49.4	149.3	149.2	146.3	130.7	120.9	1.4
預測值										
1969	0.0	45.7	45.7	45.7	170.7	149.3	149.2	146.3	130.7	15
1970	0.0	48.9	48.9	48.9	45.7	170.7	149.3	149.2	146.3	16
1971	0.0	51.0	51.0	51.0	48.9	45.7	170.7	149.3	149.2	17
1972	0.0	52.7	52.7	52.7	51.0	48.9	45.7	170.7	149.3	18
1973	0.0	53.4	53.4	53.4	52.7	51.0	48.9	45.7	170.7	19
1974	0.0	56.8	56.8	56.8	53.4	52.7	51.0	48.9	45.7	20
1975	0.0	58.9	58.9	58.9	56.8	53.4	52.7	51.0	48.9	21
1976	0.0	61.3	61.3	61.3	58.9	56.8	53.4	52.7	51.0	22
1977	0.0	61.9	61.9	61.9	61.3	58.9	56.8	53.4	52.7	23
1978	0.0	63.2	63.2	63.2	61.9	61.3	58.9	56.8	53.4	24

迴歸 1						
依變項：更換胎數量						
	常數	原裝胎	總銷售量1	總銷售量2	總銷售量3	總銷售量4	總銷售量5
迴歸係數	（8.164）	0.02626	0.01888	0.1504	0.2199	0.2214	0.1627
標準誤	10.741	0.12980	0.12075	0.1239	0.1205	0.1467	0.1103
t 值	-0.8	0.2	0.2	1.2	1.8	1.5	1.5

觀察值數目＝14　　　　自由度＝6

$R^2 = 0.9947$　　　　殘差值標準差＝2.329

[*]1968 年的實際出貨量以及 1969 年到 1978 年的預測量，原裝輪胎的預測由燧石公司直接進行，而更換胎的出貨量則由示圖 14 中的迴歸模型計算出來。

1961~1986 年間小客車傳統輪胎之行駛里程數計算（百萬哩）

	（1） 年份	（2） 汽車里程數	（3） 輪胎里程數	（4） 淨修正	（5） 小客車傳統 車胎里程數
實際量					
	1961	603	2,412	29	2,441
	1962	627	2,508	17	2,525
	1963	642	2,568	(1)	2,567
	1964	674	2,696	(19)	2,677
	1965	706	2,824	(45)	2,779
	1966	745	2,980	(54)	2,926
	1967	766	3,064	(61)	3,003
	1968	806	3,224	(75)	3,149
	1969	850	3,400	(85)	3,315
	1970	891	3,564	(85)	3,479
	1971	939	3,756	(81)	3,675
	1972	986	3,944	(68)	3,876
	1973	1,017	4,068	(49)	4,019
	1974	991	3,964	(23)	3,941
	1975	1,028	4,112	4	4,116
	1976	1,076	4,304	4	4,308
	1977	1,119	4,476	54	4,530
	1978	1,171	4,684	102	4,786
	1979	1,142	4,568	159	4,727
	1980	1,130	4,520	189	4,709
預測量					
	1981	1,135	4,540	206	4,746
	1982	1,149	4,596	224	4,820
	1983	1,167	4,668	254	4,922
	1984	1,188	4,752	291	5,043
	1985	1,202	4,808	316	5,124
	1986	1,217	4,868	332	5,200

第 3 欄 ＝ 4 × 第 2 欄
第 5 欄 ＝ 第 3 欄 + 第 4 欄

斜（對角）紋胎與輻射胎之構造

Diagonal Ply

斜胎

Radial Ply

輻射胎

斜紋胎有 2 層或 4 層十字交錯的線股。這種傳統構造富有彈性，且能提供輪胎胎面和壁面兩個方向的張力。這是一種很管用的構造，而且是輪胎市場上行之有年的標準構造。

這種輪胎的主要要線股以 90 度方向呈輻射狀排列。這種構造由於線股非呈十字交錯，因此使壁面富有彈性，同時可以有效地吸收地面上傳的震動，並減少摩擦程度（及摩擦所生之熱）。加上兩條以上的帶狀結構環繞輪胎四周，以便增加對輪胎本體的支撐，進而促使胎面胎紋得以增加抓地力。這種帶狀結構同時也可以使胎面抗拒輪胎和地面接觸時的正常擠壓趨勢，進而延長壽命。

胎面磨損情形之推論結果[*]

磨損程度（十分之一）	行駛、里程
1	18,271
2	21,477
3	24,352
4	28,377
5	31,663
6	35,688
7	41,224
8	49,078
9	61,384

[*] 以針對停車場中 1,825 輛汽車的測量結果，以及曲線推論法作為基礎。利用此種曲線推論法發現，輻射胎（而不是斜紋胎或帶狀胎）一開始的磨損率很高，因此磨損程度達四分之一的輪胎其壽命將達已行駛里程數之四倍以上。

示圖 19

將上市之小客車車胎及輪胎壽命指標[*]（百萬個）

1	2	3	4	5	6	7	8	9	10	11	12	13
				新胎						二手胎	胎壽命綜合指標	
年份	輻射胎	輻射胎佔新胎%	帶狀胎壽命指標	帶狀胎佔新胎%	斜紋胎壽命指標	斜紋胎佔新胎%	新胎壽命指標	新胎佔所有將上市胎%	壽命指標	佔將上市胎總數胎%	將上市者	不堪使用者
實際量												
1961					99	100%	99.0	78.6%	74	21.4%	93.7	92.9
1962	182	0.5%			100	99.5%	100.4	19.9%	74	20.1%	95.1	93.3
1963	182	0.5%			100	99.5%	100.4	80.9%	74	19.1%	95.4	94.0
1964	182	0.9%			107	99.1%	101.7	82.8%	74	17.2%	97.0	94.6
1965	182	1.2%			102	98.8%	103.0	85.2%	74	14.8%	98.7	95.4
1966	182	2.2%			102	97.8%	103.8	85.8%	74	14.2%	99.5	96.6
1967	182	2.7%			102	97.3%	104.2	86.3%	74	13.7%	100.0	97.9
1968	182	3.6%	123	7.2%	102	89.2%	106.4	86.9%	75	13.1%	102.3	99.0
1969	182	4.2%	123	26.3%	101	69.5%	110.2	88.1%	75	11.9%	106.0	100.2
1970	182	5.2%	123	44.5%	97	50.3%	113.0	87.5%	76	12.5%	108.4	102.1
1971	175	6.8%	134	47.4%	95	45.8%	118.9	88.9%	77	11.1%	114.3	104.7
1972	174	10.3%	131	46.9%	97	42.8%	120.9	90.2%	78	9.8%	116.7	108.3
1973	178	17.7%	134	44.8%	99	37.6%	128.8	90.5%	78	9.5%	123.9	112.2
1974	178	30.8%	133	33.8%	93	35.4%	132.7	89.3%	80	10.7%	127.1	116.8
1975	170	41.0%	131	28.3%	91	30.7%	134.7	89.1%	83	10.9%	129.1	121.4
1976	175	43.6%	136	26.8%	87	29.6%	138.5	90.2%	85	9.8%	133.3	125.4
1977	177	47.1%	133	25.4%	88	27.4%	141.3	91.7%	89	8.3%	136.9	128.7
1978	181	51.2%	129	23.5%	88	25.4%	145.3	91.7%	91	8.3%	140.8	132.1
1979	183	59.9%	129	17.1%	88	23.0%	151.9	91.9%	97	8.1%	147.5	135.8
1980	183	65.3%	125	12.8%	88	22.0%	154.9	81.3%	100	18.7%	144.6	140.2
預測量												
1981	183	70.4%	121	11.7%	88	17.9%	158.7	90.1%	101	9.9%	153.0	144.7
1982	185	74.3%	118	9.5%	88	16.2%	162.9	90.1%	104	9.9%	157.1	148.9
1983	188	78.4%	114	7.8%	88	13.8%	168.4	90.1%	106	9.9%	162.2	152.6
1984	191	83.5%	110	6.6%	88	9.9%	175.5	90.1%	109	9.9%	168.9	156.6
1985	198	87.6%	108	5.5%	88	6.9%	185.5	90.1%	114	9.9%	178.4	161.6
1986	203	90.9%	107	4.5%	88	4.6%	193.4	90.1%	120	9.9%	186.1	168.0

[*] 1961 年至 1963 年的輪胎壽命指標偏誤為 100。將上市胎也包括新車的部份，而輪胎壽命指標則是由燧石公司負責估計與預測。

[**] 由燧石公司銷售量預測部利用多元遞延分配法（polynomial distributed lag）加權前四年將運作胎數目而得。

輻射胎佔有率成長曲線：更換胎

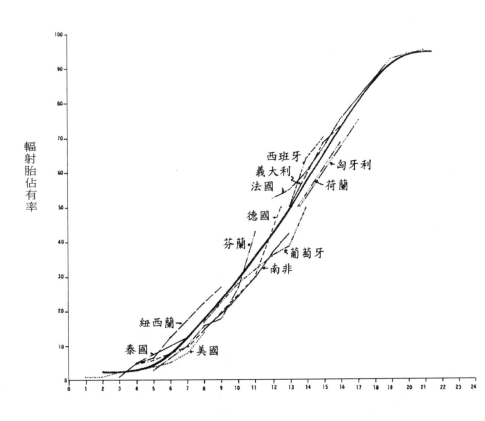

自引入輻射胎後的年份

不堪使用的輪胎

1 年份	2 小客車傳統車 胎行駛里程 （百萬）[*]	3 每個標準輪胎 的行駛哩數 （千哩）	4 標準輪胎 （百萬個）	5 輪胎壽命綜合指標 （不堪使用輪胎）[**]	6 實際使用輪胎數 （百萬個）
實際量					
1961	2,441	22.5	108.5	92.9	116.8
1962	2,525	22.4	112.7	93.3	120.8
1963	2,567	22.3	115.1	94.0	122.5
1964	2,677	21.7	123.4	94.6	130.4
1965	2,779	20.8	133.6	95.4	140.0
1966	2,926	20.4	143.4	96.6	148.5
1967	3,003	20.5	146.5	97.9	149.6
1968	3,149	19.0	165.7	99.0	167.4
1969	3,315	18.7	177.3	100.2	176.9
1970	3,479	19.5	178.4	102.1	174.7
1971	3,675	18.9	194.4	104.7	185.7
1972	3,876	18.3	211.8	108.3	195.6
1973	4,019	18.8	213.8	112.2	190.5
1974	3,914	19.6	201.1	116.8	172.2
1975	4,116	18.8	218.9	121.4	180.3
1976	4,308	18.4	234.1	125.4	186.7
1977	4,530	18.4	246.2	128.7	191.3
1978	4,786	18.3	261.5	132.1	198.0
1979	4,727	18.7	252.8	135.8	186.1
1980	4,709	20.2	233.1	140.2	166.3
預測量					
1981	4,746	19.5	243.4	144.7	168.2
1982	4,820	19.0	253.7	148.9	170.4
1983	4,992	19.0	259.1	152.6	169.8
1984	5,043	19.4	259.9	156.6	166.0
1985	5,124	19.8	258.8	161.6	160.1
1986	5,200	19.9	261.3	168.0	155.5

[*]取自示圖 16，第 5 欄
[**]取自示圖 19，第 13 欄

輪胎磨損至不堪使用所導致的新更換胎銷售量（百萬個）

1	2	3	4	5	6	7	8	9
		不以新的更換胎更替						
年份	不堪使用之輪胎總數* 實際量	肇事車輛之毀損胎	以備胎更替	以二手胎更替	以小貨車胎更替	以新的小客車更換胎更替	雪胎	總數
1961	116.8	18.3	7.6	26.0	0.6	64.3	8.8	73.1
1962	120.8	19.5	6.4	26.4	0.8	67.7	10.8	78.5
1963	122.5	21.2	6.3	25.9	0.9	68.2	10.8	79.0
1964	130.4	23.7	5.1	24.9	0.8	75.9	12.6	88.5
1965	140.0	28.0	6.4	23.1	0.9	81.6	14.0	95.6
1966	148.5	29.1	7.0	22.8	1.1	88.5	14.5	103.0
1967	149.6	26.3	6.4	22.1	1.2	93.6	16.3	109.9
1968	167.4	27.4	7.5	24.1	1.4	107.0	16.5	123.5
1969	176.9	30.6	8.2	22.6	1.3	114.2	18.2	132.4
1970	174.7	26.8	8.7	23.1	1.2	114.9	18.5	133.4
1971	185.7	30.5	10.0	22.4	1.5	121.3	18.2	139.5
1972	195.6	34.9	9.8	20.6	1.5	128.8	19.1	147.9
1973	190.5	29.8	9.0	20.7	1.5	129.5	18.6	148.1
1974	172.2	23.8	10.6	19.9	1.8	116.1	16.2	132.3
1975	180.3	30.2	10.5	19.7	2.2	117.7	12.5	130.2
1976	186.7	36.6	9.3	18.9	2.7	119.2	12.5	131.7
1977	191.3	35.0	11.2	18.3	2.3	124.5	14.1	138.6
1978	198.0	36.7	12.2	17.3	2.2	129.6	16.6	146.2
1979	186.1	35.0	13.0	16.3	2.9	118.9	15.7	134.6
1980	166.3	29.1	10.1	15.5	3.3	108.3	9.0	117.3
預測量								
1981	168.2	32.0	9.6	15.2	3.7	107.7	11.5	119.2
1982	170.4	36.6	11.0	15.6	3.1	104.1	11.0	115.1
1983	169.8	38.6	11.5	15.6	2.3	101.8	10.5	112.3
1984	166.0	40.2	9.3	15.8	2.6	98.1	10.0	108.1
1985	160.1	40.3	5.9	15.8	2.9	95.2	9.5	104.7
1986	155.5	40.0	3.6	16.0	3.1	92.8	9.0	101.8

*取自示圖 21，第 6 欄

資料資源公司：計量經濟模型

諸如資料資源公司等各家公司所提供的計量經濟預測結果,可以用來說明美國經濟的幾個主要部份,譬如全國總生產毛額及其組成成分、各種盤點層級、價格層級和財務性指標等。相較之下,只專注於預測產品的銷售量、成本或特殊設備獲利率的公司,則顯得眼光狹隘得多。然而,由於總體經濟確實會對各家公司的營運產生影響,因此許多公司會試著找出產品需求量與成本的預測結果和總體經濟預測結果之間的關係,不論是藉由資料資源公司或其他預測公司所提供的服務,或是透過他們自行發展出來的各種模型。在上面各種情況中,總體模型都會影響到公司本身的預測結果。示圖 23 簡略地圖示資料資源公司對這種連結關係的概念。

以下的討論綜合整理了計量經濟模型的概念、計量經濟模型用來進行預測的作法以及各種避免這類模型淪為機械化的判斷因素（這些因素大多與外來變項以及附加因素有關）[26]。

計量經濟模型

一個計量經濟模型是指一組建構各種經濟變項(不管是實際的變項或理論上的變項)之間的關係,以便逼近真實世界中的經濟結構。瓊‧廷伯根被譽為第一位採用計量經濟模型的學者,而勞倫斯

---

[26]參考底下討論,以便更進一步地了解外來變項和附加因素。

‧克萊則是瓊‧廷伯根於四〇年代末、五〇年代初在美國的主要競爭對手（勞倫斯‧克萊主要負責華頓[Warton]計量經濟預測協會所進行的預測模型）。到了六〇年代初期，由美國商業部所提供的國民所得和生產帳（Product Accounts）兩項資料，在細目、準確性以及穩定性等各方面已經達到一定水準，足以讓含括一、兩百條方程式的大型模型運作。在此同時，由於高速電腦問世以及更精緻的運算式研發成功，使得這些模型可以很快算出解答。正如奧圖‧艾斯坦所解釋的：「為了能更徹底地模擬經濟歷程以利各階層機構進行決策。」所以這些模型的規模將不斷擴大。更多的方程式將使更多的變項加入模型中，而且也更能整合各種經濟因素間的關係，進而得到更精細的分析與預測結果。

確立變項

　　模型建構者必須透過數學方程式，確定他將用來擬定各種經濟關係的基本假設。舉個例子，某項極為簡單的美國經濟模型可能只涉及 4 個變項：

➢　消費（Consumption，簡記 C）
➢　所得（Income，簡記 Y）
➢　投資（Investment，簡記 I）
➢　政府支出（Government Expenditures，簡記 G）

在任何時候，這些變項都將透過兩條方程式建構彼此間的關係：
1.　$C = A + BY + E$

2.　Y ＝ C＋I＋G

　　方程式 1 表示消費（C）爲所得（Y）的線性函數，而且還加上 E 這個「干擾」項。A 和 B 是方程式 1 的參數——代表 Y 與 C 間的真實關係（但未知）[27]的數字。方程式 1 稱爲**行爲**（behavioral）方程式，因爲它代表消費如何以具體方式成爲過去（或許也可能是未來的）所得的函數；它同時也稱爲**隨機**（stochastic）方程式，因爲即使很確定地知道在某個時段中 Y 的數值，從方程式 1 所推算出來的 C 值也會因爲 E 的干擾和 A、B 的不確定而變得不確定。在另一方面，方程式 2 只是一種定義：將 Y（所得）定義爲 C（消費）、I（投資）和 G（政府支出）的總和。在這個只有兩條方程式的模型中，I 和 G 必須從外來的模型訂定。它們即是所謂的「外生變項」（exogenous）；而由這個模型本身所決定的 C 和 Y 兩者，則稱爲「內生」（endogenous）變項[28]。

　　方程式 1 和方程式 2 集合而成的，是一種「靜態的」模型：在特定的時段中，這些關係都是維持不變的。

　　以下則是一個動態模型的例子：

3.　$C_t ＝ A＋BY_{t-1}＋E_t$
4.　$I_t ＝ I_{t-1}＋H（C_t－C_{t-1}）＋E'_t$
5.　$Y_t ＝ C_t＋I_t＋G_t$

---

[27]儘管 A 和 B 未知，模型建構者通常假設 A 爲 0，B 爲小於 1 的正數：隨著收入增加，消費額應該會略微增加，但消費額不可能超過收入。
[28]經過一些換算，我們可以把這兩個內生變項轉換成帶有干擾項的外生變項。假設 B≠1：
　　1）C ＝ A/（1-B）＋〔B/（1-B）〕（I+G）+E/（1-B）
　　2）Y ＝ A/（1-B）＋（（I+G）/（1-B）＋E/（1-B）
這稱爲原始方程式的「縮簡式」（reduced form）。

其中 t 值表示某個特定時段，t－1 則表示前一個時段。C、Y
、I 和 G 的定義同前，但是在這個模型中包括這些變項當時的數值
，以及前一刻的數值（遞延值）。E 和 E′t 兩者皆為殘差項。

　　方程式 3 和方程式 4 為行為方程式或隨機方程式，而方程式 5
則為定義方程式。這個模型意味著某個時段的消費是前一個時段所
得的函數（方程式 3），而且前一個時段的投資變化則與前一個時
段的消費變化成比例關係（方程式 4）。

　　內生變項（由模型本身決定數值大小的變項）為 C_t、I_t 和 Y_t
，而那些必須提供給這個模型的變項包括 Y_{t-1}、C_{t-1}、I_{t-1} 和 G_t，這
些變項在計量經濟學上稱為「先決」（predetermined）變項，而且
可以進一步地將這些變項分成兩大類：可從手邊既有資料得到的「
內生遞延變項」，譬如 Y_{t-1}、C_{t-1} 和 I_{t-1}；以及必須由其他來源提
供的「外生變項」G[29]（譬如在方程式 1 和方程式 2 的「靜態」模
型中，先決變項 I 和 G 必然是外生的）。

---

[29] 純粹利用先決變項來表示內生變項的縮簡式如下：

　　　3）$C_t = A + BY_{t-1} + E_t$

　　　4）$I_t = AH + I_{t-1} + BHY_{t-1} - HC_{t-1} + (1+H) E_t + E'_t$

　　　5）$Y_t = A (1+H) + I_{t-1} + B (1+H) Y_{t-1} - sHC_{t-1} + G_t + (1+H) E_t + E'_t$

起初看來似乎由於只列出一個特定時段的遞延值，所以會誤以為內生遞延變項
只能做出某個時段的預測值。如果 t 代表將要預測的時段而且現在正處於 t-2
時段，我們可以利用方程式 5' 計算出 Y_{t-1}，然後代入方程式 3' 即可算出 C_{t-1}。
C_t 則取決於 I_{t-2}，Y_{t-2}，C_{t-2} 和 G_{t-1}。所有這些變項除了 G_{t-1} 之外，在 t-2 時均
為未知數。利用類似的方法，在 t-2 時也可以算出 I_t 和 Y_t 的值，而且這個程序
可以根據已知的內生遞延變項往前推算任何時段的數值。然而，必須注意的是
在任何情況下，預測時均無法獲知外生變項的數值大小。

估計

接下來，模型建構者必須利用所得和消費的資料，透過迴歸分析估計 A、B 和（在第二個模型中的）H 這三個參數。這些參數的估計值以小寫字母表示。此外，方程式 1 至 5 表示各個變項之間的關係，而方程式 1^* 到 5^* 則表示這些關係的迴歸估計結果。

1^* $C = a + bY + e$
2^* $Y = C + I + G$
3^* $C_t = a + bY_{t-1} + e_t$
4^* $I_t = I_{t-1} + h(C_t - C_{t-1}) + e'_t$
5^* $Y_t = C_t + I_t + G_t$

方程式 1^* 中的殘差 e，表示實際的 C 值和利用含有殘差的方程式推算出來的估計值兩者之間的差異，其意義類似於其他殘差值。

確認及測試

在引用某個模型進行預測工作之前，必須先確定這組方程式具有經濟學上的意義，在處理實際資料時可以表現得很合理，且也能夠在未來持續地有效運作。因此資料資源公司利用各種模擬的方法來測試他們的模型，其中一種是引用極端的外生變項。如果在這種「外生因素遽變」（exogenous shocks）的情況下仍然可以產生合於直觀的預測結果，便表示這個模型是可行的。另一種方式是利用以前的資料，推算現在既有的「預測值」。還有一種測試方法是讓

模型演算很長一段時間，這種作法可以測試模型的穩定度。如果某個模型均能通過這些和其他進一步的測試，則可首次用來預測未來情況。

外生變項

在動態模型方程式 3 至方程式 5 中的外生變項 G_t 必須是已知的（政府應該會公佈其經費預算）或是可估計的（基於政治、社會與經濟等各種條件）。在總體經濟模型中常見的外生變項（exogenous variable）包括取決於政府經費編列的政治變項、取決於美國以外機構如石油輸出國家組織的價格變項，以及其他基於特定的模擬因素而視為外生變項的，譬如某一年中車輛的行駛里程數。基於模型建構者的偏好、方程式的表現方式以及方程式的數目等因素，許多變項可以是內生或是外生的，政治變項尤其如此。這是因為這些變項除了考量經濟與社會因素之外，最終將取決於政策與心理因素，而會產生預測上的嚴重障礙。舉個例子，在 1981 年 11 月，資料資源公司預測 1983 年的預算將短少 13 億元。面對這個預測結果，許多資深的預測人員都覺得當時提出如此巨幅的短缺，勢必引來某些政治動作。預測人員檢查了數值的大小、可能的殘差以及其他代表稅收、政府經費、財政收支以及貨幣政策的變項所造成的影響。其他人員也提供意見，建議可能可以如何修改這些變項。資源資料公司財稅部資深副總裁艾倫‧席奈回憶說：

> 我們看著那些赤字預測數據，心裡卻很清楚不能用它們。我們必須想想政府決策者所扮演的角色，以及它們可能預

測出來的結果。我自問：「如果我是聯邦準備銀行主席保羅
．渥克，會在我的墓碑上寫些什麼。」我的答案是：「這裡
躺著一個終結通貨膨脹的傢伙。」而且這時我大概可以猜出
渥克會作的決定。

　　一旦模型成型，外生變項也都已經完成估計，同時相關資料都
更新完畢，則便可用來演算預測值。

利用資料資源公司的模型預測美國經濟

　　當新的資料進來，資料資源公司便利用現有的經濟模型，重新
檢查預測值和實際值之間的差異。現有的模型必須經過定期加入新
的資料才能加以修正；這種修正工作改變了參數的估計值，也改變
了預測的結果。除了利用新資料來修正現有的模型之外，資料資源
公司和其他計量經濟模擬公司也會隨著經濟理論的修正，以及新資
料的取得而定期確認各種變項。資源資料公司利用了凱因斯學派的
基本假設──所得與消費的週期性循環──作為模型的核心，但是
這個模型同時也含括了整個代表經濟體系之財稅系統部份。最近幾
年，這家公司增加了方程式的數目以便反映出供給面（supply-side
）理論，然後繼續分析及評估整個模型。

　　這個模型的建構者之一克里斯．鮑比解釋，資料資源公司通常
每兩年會大幅修正其模型。總銷售量的部份必須在 7 月進行修正，
因為商業部會在此時公佈前幾年的最新資料，而且也可能修正某些
資料。較遠程的修正工作則通常在每年年初進行。

　　資料資源公司已建構出一個相當龐大的模型，可以加速呈現各

種經濟預測結果。示圖 24 以簡化的方式，圖示資料資源公司模型的每個主體部份之間的關係。圖示頂部的立體方塊表示外生變項，而箭頭則表示這些變項來自何處。圖示底部的平面則為模型的各個部份，箭頭則表示這些部份彼此間的關聯。這個模型如此設計的原因，是為了便於預測人員將輸出結果區分成幾個不同體系而同時能夠減低任何干擾。克里斯·鮑比說道：

> 我們可以將這個模型的計算結果加以分割，並且藉由「排除」或「外生」某些變項（大約 4 到 10 個）的方式使得只用到整個模型的一部份，而暫時忽略其他部份。為了達到這個目的，我們簡化某些外生變項的數值，因為如果要求得正確結果，這些變項的數值必須由其他模型提供。然後根據內生變項，「微調」不相連的部份，如此這些方程式便可得相容解答。只有如此活用模型，才能達到迅速預測的效果。

示圖 25 和示圖 26 列舉出資料資源公司的模型在 1981 年春天用到的某些資料。示圖 25 列舉出有關方程式數量與種類的訊息（模型中比較重要的部份參考示圖 24 當中的平面），這份文件同時也標明出 128 個外生變項的位置。在示圖 26 中，第 1 欄列舉各種經濟變項類別，而相關之經濟理論則列舉於第 2 欄。模型中其他部份的關聯列舉於最後一欄。

資料資源公司的人員定期蒐集用來評估各種資料外生變項，以便不斷向前推動預測的工作，並且使整個模型變得更為靈敏。同時，他們也將業界或政府所提供的資料累積於電腦中，並且由資料資源公司之中和政府組織或業界有業務關係的人員負責蒐集與討論的工作。模型中有幾個副模型是以月份為執行單位的，不過主要的

總體經濟預測結果也會在美國商業部經濟分析局（Bureau of Economic Analysis）每月公佈全國所得與生產情形兩項資料之後即刻出爐。處理資料資源公司時間序列模型的資料更新工作大約需花5 到 8 小時；其中包括檢查資料的一致性以及更新取決於一個以上之政府統計數據的各種系列（譬如費率系列）資料。然後這個模型便開始進行起始的預測工作，並且透過現有的資料以及預期中的趨勢檢查各個主要變項。某些變項（即外生變項）的數值是選定的，並且由職司各部份的人員調整細部狀況——譬如消費方程式或投資情況等部份——然後再開始運作。這些人員必須利用接下來幾天進行比較與交互檢查的工作，所得結果將由某位適當人選仔細地審核——譬如艾倫·席奈負責審查所有的財金預測結果。任何看似不甚合理的預測結果，都必須重新分析修正。而最後對整體預測結果的審視工作及提出修正建議的職權，由奧圖·艾斯坦負責。通常在政府公佈了相關資料一個禮拜之後，整個預測工作便已完成。

附加因素

　　因為模型中的每個部份都會用到其他部份裡的變項，所以必須定期進行交互檢查的工作，以便確定這些結果具有內部一致性。當這些結果並不相容時，便必須作些調整。這樣的調整工作稱之為「附加因素」調整，而且有一大堆的理由可以說明為什麼需要這些因素。

　　如果某條方程式有系統地低估或高估預測結果，那麼我們便可以利用附加因素加以修正。為了確定是否需要附加因素，可以利用「虛設解法」（null solution）執行方程式。虛設解法的觀念，透

過例子最容易理解。譬如，利用在 1970 年到 1977 年的資料來估計這條方程式的參數值。然後，再利用後來已知的內生變項與先決變項資料（譬如 1978 年到 1981 年的資料），和前面所提到那個時期（1970 年到 1977 年）的係數估計值重作方程式。如此，透過這種「虛設解法」便可提供在時間序列上的殘差項數值（譬如上例中提到的「e」值）。

資料資源公司利用已知資料算出至少 16 季以上的虛設解法。如果產生偏誤或相關誤差的方程式，便用附加因素加以修正——即改變方程式中的常數部份[30]。正如奧圖·艾斯坦所解釋的：

> 因其中可能存在著某種真正的相關情形，所以附加因素可以單純地根據公式剔除誤差項。某些政策，譬如政府對未來天然氣價格擬定的方針，可能會是一種限制的因素進而導致模型的預測結果無效。有些錯誤是來自於不再重複發生的事件，譬如惡劣的氣候、罷工或是供給中斷。但最棘手的是，這些出人意表的事件卻主宰著經濟的變化。

附加因素也可以當作某種搭配工具，以容納未被併入模型中的資料內容。針對業界、家庭以及透過其他指標所做的調查結果，甚至是其他直接與經濟活動者接觸的零碎調查結果，都有助於提昇預測結果的表現。這些模型是一種處理訊息的工具，因此所有可用的資料，包括未被涵蓋於模型中但卻有正面意義的資料，都必須被考慮進去。舉個例子，人們很早就已知道，若將投資的調查結果加以

---

[30] 由於誤差是指預測量和實際結果間的差異，進行統計考驗時必須確定它們是否符合「最小平方法」迴歸的基本假設——亦即它們是否獨立地取自同一個平均數為 0 的分配。如果實際情況顯然違背這項假設，則必須對常數項進行某些調整；這些調整工作即稱為「附加因素」調整。

過濾,則這些結果將使任何方程式在前幾季的預測表現中變得十分遜色。附加因素的建構,正可以用來解決這些調查結果的加權問題。

　　為了維持每組方程式之間,或每組與其他組方程式之間,甚至或資料資源公司各種預測模型之間的一致性,即可能必須採用附加因素。當每月的預測結果出爐之後,便可以將這些附加因素整合到模型中。

示圖 23

資料資源公司總體經濟與公司方面的預測結果關聯

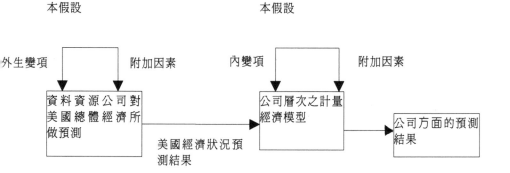

有關國家經濟之基本假設　　　　　　有關公司層面之基本假設

外生變項　　　附加因素　　　內變項　　　附加因素

資料資源公司對美國總體經濟所做預測　　→　美國經濟狀況預測結果　　　公司層次之計量經濟模型　　→　公司方面的預測結果

資料資源公司之美國經濟模型

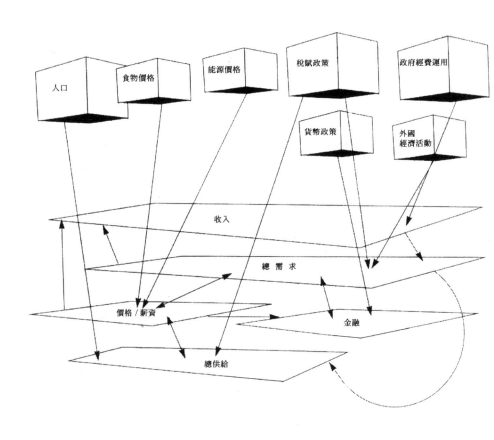

資料資源公司之模型

	機率方程式數量	非機率方程式數量	方程式總數	外生變項數目
最終 GNP 需求量	64	148	212	83
消費	19	30	49	5
家庭	8	12	20	2
定額事業投資	7	22	29	11
總投資	6	6	12	4
政府	10	38	48	34
國外情形	14	40	54	27
所得	15	37	52	6
薪資及補給	0	6	6	3
公司紅利	3	6	9	-
股票	3	1	4	1
其他	9	24	33	2
金融	112	81	193	46
貨幣及公積金整合	8	14	22	8
利率及股票價值	26	1	27	18
商銀貸款及投資	6	1	7	2
基金流動－家庭	20	12	32	-
基金流動－非營利事業	25	33	58	10
基金流動－抵押行為	10	12	22	8
基金流動－政府	3	1	4	-
基金流動－商銀，存匯借貸聯合會，互存銀行，人壽保險公司及其他	6	1	7	-
普通股市場，通貨膨脹預期及其他	6	3	9	-
客戶存款信用	2	3	5	-
供給，資金之操作比例	6	6	12	5
價格，薪資與生產量	57	37	94	14
人口				
就業，失業與勞動力	9	1	10	14
工業	112	96	208	6
產量	59	17	76	4
投資	24	43	67	-
資金	0	32	32	-
聘僱	29	4	33	2
總數	375	406	781	128

來源：資料資源公司

示圖 26

資料資源公司模型之經濟理論詳載

	理論基礎	延伸
家庭消費	獲利最大化	
	臨時性及永久性收入，不動產以及其他金融資產，相關價格	收入之變異程度，負債，人口統計結構，消費者信心（衍生自通貨膨脹及失業之整體風險）
勞力供給	失業率，薪資	勞動力之人口統計成分
薪資	價格預期，失業	臨時及永久性價格預期
公司	獲利最大化	
定額投資	資本租賃價格及股份調整	長程及短程之輸出預期，實際輸出之意外結果，財源，負債，收支平衡最佳化，消弭污染之要求
總投資	股票修正預期銷售量	錯誤的銷售量預期結果，資金運用，運送條件，負債
生產	共變的輸出入關係，與包括能源在內的生產函數有關的供給狀況	各種資金對輸入及價格的限制
聘僱	輸出，薪資，生產力趨勢	週期性生產力變化
價格	物資成本，單位勞力成本，供需不均衡，交易率	賣方表現，進展情形
金融機構	有價證券獲利最大化	
有價證券決策	平衡表，預期原有及他種的回收率與機會成本	模擬家庭、公司及金融機構的資金流通
利率	價格預期，流通供需，各地貸款需求	分割的短期及長期市場，有利的普通股回收，錯綜複雜的有價證券動態調整
中央銀行	政治性外在參數	
州政府及當地政府	在預算限制內將稅收及花費之獲利最大化	最理想的歲入組合，人口統計結構
聯邦政府開銷	依據各種政治變項的實際運用情形	維持國庫運作的各種手段
稅賦	收入分配情形，活動層次	稅率此一政治變項
世界各地出口情形	活動層次及相關之海外價格、交易率	全球市場平衡，能對貿易限制條件的平衡狀態加以反應的交易率
進口	相關價格，交易率，輸出入關係	資金運用，超額需求，實際收入

第5章

因果推論

導言

在第 4 章*迴歸分析的預測*中，我們知道了如何由迴歸分析來預測依變項的未來數值。在這一章中，我們要開始介紹第二種迴歸：因果推論。我們用迴歸來推論某些自變項值改變時，會*導致*依變項值的改變。例如，我們可能有興趣知道若增加 1 元的股利，會使公司的股價變化多少，或當聯邦準備銀行的利率下降 1%會使 GDP 變化多少；或增加 1 百萬元的廣告支出後會使銷售量變化多少。有時我們可以藉由分析過去的資料來推論這些因果效果。當這些資料是經由「觀察」得到時（不是經由嚴格控制的實驗得出），就可以用迴歸模型去估計這些效果。

很多統計的教科書都說不能由觀察值的資料推論出因果關係；只能推論出統計上的關聯。他們說，你可以觀察一個具代表性的樣本資料，無論何時當 x 增加一單位時，平均而言 y 會增加三單位，但你不能夠從這個資料下結論認為當不管什麼使得 x 增加一單位，y 的期望值一定會增加三單位。

以管理人、科學家、經濟學家的例子來做對照。一位連鎖速食店的經理觀察到靠近麥當勞的店面會比不靠近麥當勞的店面生意要好，結果他就把新店面設在麥當勞附近。醫生觀察到吸煙的病人患心臟病及肺病的比例高於不吸煙的病人，則醫生會建議病人不要吸煙。經濟學家觀察到高通貨膨脹率和低失業率有關，反之亦然，因此建議政府控制通貨膨脹率可由提高失業率來達成。這些例子其實都違反了那些教科書的規則。

本章將說明為何有時可以從觀察值的關聯變化中做出推論。你雖然不能由此「證明」因果關係，卻能做出合理的因果推論。但必

須十分小心，否則很容易做出錯誤推論。

何謂因果關係？

　　有人說某一產品價格由 18 元降到 17 元時，會使每個月的銷售量由 22,000 增加到 23,000。這只會在理想的實驗狀況下才會存在，不可能發生在現實生活中。這個實驗涉及二個前提：第一是價格設定在 18 元；第二是除了價錢設定為 17 元，其他所有條件都和前面相同。再觀察這二個前題下每個月的需求量。如果當價格是 18 元時，需求量是每個月 22,000 單位；當價格是 17 元時，需求量是每個月 23,000 單位。那麼我們可以下一個結論：價格改變會*導致*需求量的改變。

　　「所有條件都相同」的意思就是如此。這二個前提不能發生在不同的區域或時間。雖然我們習慣說需求量的增加往往是跟著降價之後發生，稱它作是由降價「導致」，這種說法是由測量兩個不同時期的需求量，但其間也同時有其他的因素變動影響。

　　由於「理想」的實驗狀況在現實生活中不存在，因此我們永遠無法衡量一個變項值的改變會引起其他變項值變動的狀況。我們的挑戰是去找到最接近理想狀況的方法。但在討論這些方法之前，我們要先探究如果前面兩個前提都實現時，可以在其中學到什麼。

　　降價——這個變項的值我們可以任意改變——稱為**處理**（treatment）或**干預**（intervention）。這個處理的效果是什麼？雖然我們將焦點集中於有意義的某一個效果上，即需求量的變化，但價格的變化造成的效果並不只一個，還有許多其他的效果。下個月的

需求量增加了 1,000 單位表示有一些顧客不會在原來的價格時購買但會在調價後購買。或許他們之中有些人不會再去購買其他產品，或許有些人會減少儲蓄，或許有些人的債務增加了。也有可能競爭者會反映我們的降價而跟著調降價格，這也會影響到這個產品的需求量。

這些效果中有一些和我們的「底線」無關，有些其他的則與其有關。假如降低產品線中的其中一項產品的價格會使其他產品的需求分散到該產品上，那麼調價的總效果將是降價產品的需求量上升，但也降低了替代產品的需求量。而且用錢來衡量比用單位衡量更適當。一個單一的調整通常會改變許多變項的數值，但不會全部都改變——所有生產線上產品的銷售額的淨改變——就是我們選來當作**依變項**，最適合用來測量該次調價的總效果。

何謂實驗？

在現實世界中要衡量出處理的確實效果，最好的方法是找出互相吻合的「一對」來操作實驗———對個體（或實驗單位）在各方面都盡可能相似——在其中一組中加入處理的因素，另一組則否。如果這一組配對真的在各方面都相互吻合，我們可以用這一對吻合的個體或實驗單位做到以單一操弄完成的「理想實驗」：測量它們的反應差異來測量效果。然而，就實際的觀點來說，我們不太可能找到二個在各方面都相同的個體（即使是同卵雙生子胎也會因其處在不同的環境之下而有所差異）。因此「吻合對」有可能在多方面相似，但仍然會會差異，這個無法測量的變項也可能對依變項造成

影響。如果這些無法測量的變項剛好又和我們對實驗的處理或調整有關，要觀察的調整效果會包含對其他變項的**代理效應**。

即使可以選擇在那一個實驗單位加上處理及那一個不加，我們在效果的衡量上仍會遇到困難。例如，想知道戒煙（即「處理」）對壽命的平均效果，但可能因自願戒煙和被迫戒煙的不同而有效果上的差異。極端一點，我們可以想像一個情況，只有那些自願戒煙者才會增加壽命。假如這是真的，我們可以觀察到那些戒煙者會比不戒煙者活得更久。但那些被迫或提供了誘因才戒煙的非自願者卻可能一點改善都沒有。

未被測量的變項所帶來那些不受歡迎的代理效應可以用實驗單位隨機分派的方法決定配對中的哪一組要接受處理來消減。將那些不同的處理隨機分派可以確保不管未測量的變項對依變項的效應如何，平均而言，都不會與該次處理相關。因此，這個處理就不會帶來我們不想要的代理效應。

某些情況下隨機分派會較容易被完成。現在回到前面的降價問題上。假設這是一家郵購公司，該公司準備了二組的目錄，除了考慮是否降價之外，其他各方面完全相同。其中一組目錄標示標準定價，另一組標示降價後的價格。我們尋找實驗組及對照組的消費者是基於其上次購買的時間、購買頻率、前次購買金額等來決定，那一組會用降價後的目錄則隨機而定。在藥品的測試中，我們也都會將測試的藥品分派給其中一組，然後另一組施予無藥效的安慰劑。至於那一組該施予何種藥品以隨機分派決定。

但是在某些情況下，隨機分配可能無法實行：可能由於技術上的困難，或是因為不能被社會所接受。就像在前面所述的戒煙實驗中，我們不太可能藉由隨機抽取一些人強迫他們繼續抽煙，然後讓另一群人戒煙。又，在經濟問題中，我們不太可能將人分成二組，

只讓其中一組失業率上升，然後去觀察二組通貨膨脹率的差別。即使在訂價的例子中，該公司可能會發現在市場流通上可能無法接受訂價不同的二種目錄。因此，我們通常會降低對觀察資料的信賴程度。

根據觀察的資料

當我們想要從「處理」——某個自變項值是我們在未來可以操弄的——自變項所得效果的觀察資料做估計時，由於現有的其他自變項可能會影響依變項，以及可能和處理的變項有關，因此使估計的問題變得更複雜。

一個自變項和處理形成相關的原因可能有 4 種：

➢ 二個變項之間或許沒有因果關係，但它們可能會因機率而有關
➢ 自變項可能會**影響**處理
➢ 自變項可能會**被**處理**影響**
➢ 自變項及處理可能同時受某些變項的影響：它們的相關可能來自「共因」

一個案例

例如：我們可能會對於高速公路上最高速限的變化（處理）對車禍死亡率（依變項，每年每千位駕駛人的死亡人數）的影響有興

趣。我們會對這個問題有興趣的原因是，假如我們發現降低速限會降低死亡率，那麼可能需要立法來降低速限。

　　假設我們有一個橫斷面的資料是美國 15 州的資料，這些資料是每個州的最高速限和汽車事故的死亡率。即使在散佈圖上可以看出降低速限真的降低了死亡率，但在資料中也可能出現當速限增高時，死亡率反而下降。怎麼會這樣呢？一州的高死亡率可能是因該州氣候較差，使駕駛條件惡劣；或是長途駕駛；或是受到酒後駕車等原因影響。這些州可能會透過降低速限來降低可能的危險，但死亡率仍高於駕駛條件較安全但速限較高的州。假如這個敘述是正確的，則低速限可能減少死亡率，但也同時代理了實際上會增加死亡率的那些變項。

　　如果其他的變項——天氣條件、酒類消費、每年車輛平均行駛哩程數等都包括進來，和速限這個條件一起考慮，做為迴歸模型的自變項，那麼速限這個迴歸係數會顯示出死亡率在其他自變項維持穩定時，是如何隨速限變化的。速限這個變項不再代理其他變項的效果。假如降低速限降低了死亡率，那麼速限的迴歸係數會是負的。天氣條件、行駛哩程數和飲酒量都會*影響*死亡率，而且都和速限*相關*。這種相關會出現是因這些變項*導致*某些公路死亡為主因的州降低速限。這些變項*應該*加進這個模型以減低處理變項可能引發的那些我們不想要的代理效應。

　　假設我們發現某個州已公告為了公共安全考量要降低速限和嚴格執行汽車檢查制度。就表示處理和另一個變項（汽車檢查制度）是兩個相關且可能影響死亡率的變項，因為它們都被一個共同因素（common cause）影響——為了公共安全的考量。很清楚的，對於嚴格汽車檢查制度的測量應該要被納入做為自變項；另一方面，

速限會代理檢查制度對死亡率的效果[1]。

　　現在假設降低速限的公告使得駕駛人（平均而言）降低其行駛速度，並且實際上的駕駛速度降低減少了死亡率，而非公告速限造成的。是否應該也將平均駕駛速率也納入我們的模型成為自變項之一呢？當然不：假如我們將它考慮成自變項，公告速限的迴歸係數會顯示出當平均駕駛速度不變時，它和死亡率的關係，而因為是實際的駕駛速度影響了死亡車禍的發生，而非公告速限，這個係數會指出公告速限對死亡率的效果是 0，並且會使得改變公告速限對死亡率完全沒有影響。為了確保迴歸係數能正確表達因果關係，我們希望公告速限能將駕駛速度的「好」代理效應*涵括*進來，因此我們必須將駕駛速度從迴歸模型中*排除*掉。駕駛速度變項是一個會影響依變項但同時又*被*處理變項影響的例子。像這種變項應該從模型中被排除好讓處理變項代理它的效果。

　　最後，在這個例子中考慮一些會影響死亡率但對公告速限沒有因果關係的其他變項，像是不同州車子的使用年數等。然而，平均使用年數可能和樣本資料中的公告速限有關：即使變項間互相無關，也不太可能在觀察資料中顯現完全無關的樣態。在這個例子中，未將汽車使用年數納入模型成為自變項，可能使得公告速限附帶了原本我們不想要的代理效應。因此，我們應該將汽車使用年數納入成為自變項。

---

[1] 如果車檢與速限完全地相關，則無法指出兩者對於降低死亡率的貢獻各至何程度，這是常見的「共線性」（collinearity）問題，此一缺陷不一定來自方法上的問題，而是來自資料，唯一的解決辦法是改變車檢與速限的資料間的關係。

何種自變項應該納入模型中？

基於以上的例子，我們可以歸納出以下的法則，即當我們想要強調對依變項作某種處理所產生的效果時，我們應該：

➢ 納入所有你認為可能會影響依變項的自變項，而且此變項跟處理變項相關，因為（a）它會影響處理變項，或（b）依變項和處理變項都被一個共同因素影響，或（c）這個相關會發生完全是巧合。

➢ 從模型中排除任何你覺得會影響依變項但同時又和處理變項有關的變項，因為它會被處理變項影響。

假如一個變項會影響依變項但和處理變項無關，無論你是否將它納入模型中，對處理變項的迴歸係數都沒有影響：不相關的變項不會產生代理效應(proxy effect)。在實務上，應納入任何會影響處理變項的變項；至少可以提高模型的適切度。在觀察值的樣本中，兩個變項間很少是完全無關的。

這些法則的結論看起來好像違反直觀。一個會影響依變項且和處理變項有關的變項必須納入模型中；相關性越高則越應該要包括進來。但納入這樣一個變項對提高配適度（增加 R^2，降低 RSD）沒什麼大幫助。但是去除它，會扭曲處理變項的效果，因為其他的自變項會代理這個被排除變項的效果。

但在另一方面，排除掉一個和依變項有關又同時受處理變項影響的自變項，可以確保處理變項有「良好」的代理效果。因此，忽略掉這種變項會降低配適度(R^2下降，RSD 提高)。

在上述二個情況中，無法兩全其美，若有助於適當的因果推論就不利於預測。這個看起來違反直觀的結果，可以由了解下列事實來說明：因果推論需要正確推估一個特定的迴歸係數，而預測則需要對過去的資料有良好配適度的模式。適於處理這兩種問題之一的好方法，不一定適於處理另一個問題。

如何界定相關的自變項

假如你想要將所有可能影響依變項且與處理變項相關，但又不受處理變項影響的自變項納入模型中，你如何選擇應該納入那些變項？答案取決於你對這些變項間因果關係的了解，還有發現及衡量具決定性的變項之技巧上。有時候你必須抉擇一個和決定性變項相關的變項的取捨。在前面提到有關速限的那個例子裡，你可能會不易獲得酒後駕車被定罪的資料，但是卻可以容易地蒐集到酒精類的消費資料。就很多原因來說，這對酒後駕車效果的衡量可能不完美，但對我們的目的而言，卻已經足夠了。

影響圖(influence diagram) 是一個描繪因果關係的有力工具。在圖 5.1 中可以看出這樣一個圖。在該圖中可以看出有一個處理變項和一個依變項，其他變項則按種類分。A 類變項直接影響依變項並透過影響處理變項而間接影響依變項。B 類變項會影響依變項並且因為共因而和處理變項相關。C 類會影響依變項，和處理變項的相關性純屬機率。D 類會影響依變項並且和處理變項無關。這些變項都應該納入成為模型中的自變項。

圖 5.1

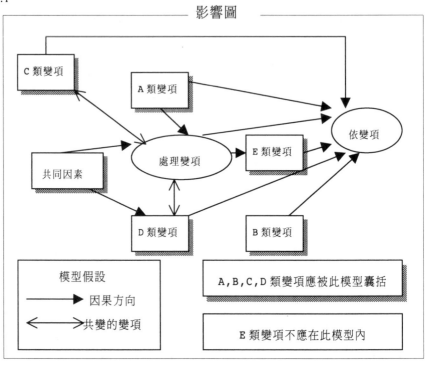

影響圖

另一方面，E 類變項會直接影響依變項，也會受到處理變項的影響。這一類的變項便不宜包括在模型中。

何者為因何者為果並非總是那麼清楚。競爭者的廣告支出可能和你的廣告支出有關。這個相關性可能是由共同因素引起的（季節性、產業條件），在這種情況下，競爭者的廣告支出要納入成為自變項。但就另一方面來看，他也可能只是在回應你的動作，當你提高廣告支出時他也提高；反之，當你減少時他也減少。像這樣的情況便不能包括在自變項中。

因果關係推論的習題

1976 年時，聯邦貿易委員會（FTC）進行一項研究，探討那些考試準備中心，如 Stanley H. Kaplan，是否有合理的基礎宣稱他們可以幫助學生提高 SAT（大學性向測驗）成績。

這些資料以美國 246 個參加過兩次 SAT 考試的高中學生為觀察值。其中有些學生在第一次和第二次考試中間，參加了 Kaplan 或其他考試準備中心的補習。在此，變項包括了 SAT 成績、人口統計資料、高中成就評量、是否參加過補習等。

想想看，你要如何推斷補習的效果？

戈森巨人棒球隊

1980 年一月的某個午後，大聯盟戈森巨人棒球隊的老闆戈拉斯(Hard Glasshofer)正在檢閱他的顧問剛完成的報告。報告中有一項分析是有關電視轉播與宣傳對於看巨人隊比賽的人數之影響。戈拉斯即將與一個地方性電視台 WQJY 進行協商，他希望顧問的分析對此能有所幫助。

大聯盟棒球隊的經濟學

對大聯盟的球隊而言,最重要的收入來自門票的銷售。門票收入一般佔總收入的 50%~70%。在「主場」的比賽(在戈森巨人隊的場地進行比賽)中,巨人隊可分得門票收入的 80%,另一隊可分得 20%。

電視與廣播的合約也帶來不少收入。現在有兩個主要的電視網在球季做全國性或區域性的轉播,每個電視網每週一場。他們必須付大聯盟費用以取得轉播權,這項收入由所有的球隊平分。在地方上,電視台一般會向當地的球隊購買該隊一些或大部份比賽的轉播權。

附屬企業是大聯盟球隊的第三項收入來源。對於即將到來的 1980 年球季,J. H. Pierce 公司已從巨人隊購得在巨人隊的主場比賽中販售零食與紀念品的權利。合約也規定,根據到場的觀眾人數,J. H. Pierce 公司要付給巨人隊每人 0.75 元。經營一支球隊的主要花費是球員的薪資,這部份的開支近年來快速增加。

電視對到場觀眾人數的影響

1979 年底,戈拉斯決定重新評估在電視轉播上的策略。一般人認為轉播主場的比賽會減少到場的觀眾人數。因為人們會發現看電視轉播比去球場看來得輕鬆、便宜。但戈拉斯很驚喜地發現,1979 年有電視轉播的比賽,到現場的平均觀眾人數比沒有轉播的比賽還要多(見表 A)。

	平均到場之觀眾人數	比賽場次
有電視轉播	36,784	40
無電視轉播	27,140	39

　　因為巨人隊的每場轉播可向 WQJY 收取 12,500 元，戈拉斯希望 WQJY 盡可能多轉播球賽。1979 年 12 月，隨著與 WQJY 協商的日子越來越近，他請了顧問，對此做進一步研究，並提出建議。他也要求顧問分析「促銷活動」的效果。

促銷活動

　　促銷活動是指在一場特殊的比賽中，設計來提高觀眾到場人數的宣傳活動。提供贈品是最常見的促銷活動。當天每個到場看球賽的觀眾都可以得到免費的禮物，像是棒球帽或夾克。雖然促銷活動總是能增加觀眾人數，但也要花錢（見示圖 2，某些特定贈品的成本），而戈拉斯並不確定促銷活動是否真能產生更多的利潤。

不同季節觀眾到現場觀看的型態

　　大聯盟的球季始於 4 月，結束於 10 月的第一週。觀眾到場觀看的人數在球季初期一般都偏低，特別是像戈森這樣的城市，春天時氣溫低得令人覺得不舒服。雖然到場觀眾數總是隨著球季的進行而增加，但增加多少，有一部份要看球隊的表現而定。9 月的現場

人數幾乎都不多，除非球隊仍在競爭冠軍寶座。

巨人隊的門票將近一半是賣給季票[2]的持有者。這些票在球季開始前就已賣出。某一場球賽剩餘的門票則主要在比賽前一個月內售出。例外的是，巨人隊對上他們頭號敵人的比賽，這種球賽的門票常常在幾個月前就賣光了（見示圖 3、示圖 4）。

示圖 1

近年來到場的觀眾數與票價

年	1975	1976	1977	1978	1979	1980
到現場觀看之觀眾（百萬人）	1.29	2.01	2.10	2.34	2.54	—
平均票價[*]	$3.57	3.63	5.00	5.25	5.60	5.85

[*] 收入除以體育場的總座位數。

示圖 2

贈品成本

項目	變動成本
夾克	$1.89
帽子	.96
球棒	2.04
球	1.14
打擊手套	1.39
T 恤	1.49

贈品的固定成本將近 2 萬元，包括促銷、廣告成本及增加之管理費。

---

[2] 季票最初是一種入場證，賦予持有人在球隊所有的主場比賽時，都可以有一個座位的權利。近年來，球隊開始提供特定比賽場次的季票，例如，所有星期六、日以外夜間比賽的季票。

1980 年巨人隊的賽程

月份	日期	星期*	敵手**
4 月	18 19 20	F S Su	8
4 月	21 22 23	M T W	12
4 月	25 26 27	F S Su	7
5 月	9 10 11	F S Su	6
5 月	12 13 14	M T W	5
5 月	16 17 18	F S Su	4
5 月	26 27 28	M T W	9
5 月	30 31 （6 月）1	F S Su	11
6 月	16 17	M T	1
6 月	18 19	W Th	3
6 月	20 21 22	F S Su	2
6 月	23 24 25	M T W	13
6 月	27 28 29	F S Su	10
7 月	15 16 17	T W Th	6
7 月	18 19 20	F S Su	5
7 月	21 22 23	M T W	8
8 月	4 5 6	M T W	4
8 月	8 9 10	F S Su	12
8 月	11 12 13	M T W	7
8 月	28 29 30 31	Th F S Su	1
9 月	1 2 3	M T W	2
9 月	4 5 6 7	Th F S Su	3
9 月	16 17 18	T W Th	11
9 月	19 20 21	F S Su	13
9 月	22 23 24 25	M T W Th	10
10 月	2 3 4 5	Th F S Su	9

*M：週一　　T：週二　　W：週三　　Th：週四
F：週五　　S：週六　　Su：週日
**為維持機密，其他 13 隊以數字表示。

1979 年巨人隊之主場比賽的資料編碼

變項	描述
OBS	觀察值數目
月份	4＝4 月，5＝5 月，……，9＝9 月
日期	日曆日期
星期幾	1＝週一，2＝週二，……，7＝週日
到現場觀看人數	該賽的到現場觀看人數
電視	若有電視轉播則爲 1
氣溫	華氏溫度
天氣型態	0＝晴，1＝多雲，2＝下雨
對手	對手隊，由 1~13
明星投手	若巨人隊之明星投手上場則爲 1[*]
特殊活動	若有特殊活動（如贈品）則爲 1
夜間比賽	若爲夜間比賽則爲 1
落後指標	巨人隊的落後指標[**]

此外，在以下的迴歸模式中，還用到由表中的變項衍生而來的虛擬變項，如：

星期三（1 如果星期幾＝星期三），　8 月（1 如果月份＝8 月），
對手 7（1 如果對手＝7），　　　　　4 月~5 月（1 如果月份＝4 月或 5 月），
以及下雨天（1 如果天氣型態＝2）

[*]在一場棒球比賽的 9 位出賽者中，投手是最重要的，爲避免投手手臂因過度使用而受傷，通常一位投手不會每天出賽，因此一個隊伍必須有好幾個投手，巨人隊有 2 位很傑出的投手。

[**]落後指標表達出巨人隊落後暫居第一名的球隊之情形，定義如下：

$$落後指標 = \frac{(W - WS) + (LS - L)}{2}$$

其中：

W＝第一名球隊贏的次數
WS＝巨人隊贏的次數
L＝第一名球隊輸的次數
LS＝巨人隊輸的次數

比賽日期		星期(1=星期一)	夜間比賽(1=夜間)	到現場觀看人數	電視轉播(1=是)	特殊活動(1=是)	氣溫(華氏)	天氣型態	明星投手(1=是)	對手	落後指標
月份	日期	星期	夜間比賽	到現場觀看人數	電視	特殊活動	氣溫	氣候	明星投手	對手	落後
4	5	4	0	52,719	1	1	55	1	1	7	0.0
4	7	6	0	17,387	1	0	49	1	0	7	1.0
4	8	7	0	26,954	0	0	64	1	1	7	2.0
4	17	2	0	20,135	0	0	54	1	1	1	1.5
4	18	3	1	25,562	0	0	62	0	1	1	0.5
4	19	4	0	21,201	0	0	64	0	0	1	0.5
4	20	5	1	26,651	1	0	64	0	0	12	0.5
4	21	6	0	25,530	1	0	70	0	0	12	0.0
4	22	7	0	35,250	1	0	70	1	1	12	1.0
5	4	5	1	17,705	1	0	72	1	0	9	4.0
5	5	6	0	30,167	1	0	68	0	1	9	4.5
5	6	7	0	46,75	1	0	68	1	0	9	4.5
5	7	1	1	14,065	0	0	75	0	0	11	4.5
5	8	2	1	15,981	1	0	81	0	0	11	4.5
5	9	3	1	14,738	0	0	94	0	0	11	4.5
5	10	4	0	14,394	0	0	94	0	1	11	3.5
5	11	5	1	37,998	0	0	79	1	0	10	3.5
5	12	6	0	28,783	0	0	61	2	0	10	4.5
5	13	7	0	30,083	1	0	72	1	0	10	4.5
5	14	1	1	15,650	1	0	68	2	0	5	4.0
5	15	2	1	18,876	0	0	73	1	1	5	4.5
5	16	3	1	43,843	1	0	78	1	1	5	4.0
6	1	5	1	33,230	0	0	83	0	1	3	4.5
6	2	6	1	53,539	1	1	73	1	0	3	3.5
6	3	7	0	55,073	1	1	66	1	0	3	4.5
6	4	1	1	30,164	1	0	66	2	1	6	3.5
6	5	2	1	24,988	0	0	83	0	0	6	3.5
6	6	3	1	34,075	1	0	74	1	1	8	3.5
6	7	4	0	20,722	0	0	79	1	0	8	3.5
6	19	2	1	36,211	0	1	82	0	1	13	8.5
6	20	3	0	32,129	1	0	83	0	0	13	9.5
6	21	4	0	20,078	0	0	77	0	0	13	10.0
6	22	5	1	33,776	0	0	73	1	0	4	9.5
6	23	6	1	25,818	1	0	81	1	1	4	9.5
6	24	7	0	55,049	1	1	65	0	0	4	10.0
6	29	5	1	53,306	1	0	78	0	1	2	9.5
6	30	6	0	50,253	1	0	77	1	0	2	11.0
7	1	7	0	51,246	1	0	87	1	0	2	12.0
7	2	1	1	51,211	1	0	79	1	1	2	12.0

續示圖 4

比賽日期		星期(1=星期一)	夜間比賽(1=夜)	到現場觀看人數	電視轉播(1=是)	特殊活動(1=是)	氣溫(華氏)	天氣型態	明星投手(1=是)	對手	落後指標
月份	日期	星期	夜間比賽	到現場觀看人數	電視	特殊活動	氣溫	氣候	明星投手	對手	落後
7	3	2	1	35,158	0	0	87	1	0	7	11.0
7	4	3	1	20,084	0	1	71	2	0	7	11.0
7	5	4	0	31,878	1	0	69	1	1	7	10.0
7	19	4	1	22,648	0	0	88	0	0	9	11.0
7	20	5	1	30,481	0	0	85	0	1	9	10.5
7	21	6	0	50,084	1	1	82	1	1	9	11.5
7	22	7	0	40,156	1	0	86	0	0	11	11.5
7	23	1	1	20,674	1	0	88	0	0	11	11.5
7	24	2	1	33,497	0	0	92	0	0	10	11.5
7	25	3	1	47,449	1	0	91	1	1	10	12.0
7	26	4	0	43,141	0	0	87	1	1	10	12.0
8	3	5	1	51,151	0	1	87	0	0	1	14.0
8	4	6	1	46,407	1	0	84	1	0	1	15.0
8	5	7	0	54,478	0	0	94	0	1	1	16.0
8	6	1	0	36,314	1	0	90	0	1	1	15.0
8	7	2	1	33,513	0	0	83	0	0	3	14.0
8	8	3	1	20,048	1	0	94	1	0	3	14.0
8	9	4	1	21,535	0	0	89	0	0	3	13.0
8	13	1	1	24,977	0	0	78	0	1	12	15.0
8	14	2	1	24,125	0	0	82	1	0	12	14.0
8	15	3	1	25,905	1	0	73	1	1	12	14.0
8	16	4	0	22,036	0	0	78	0	0	8	14.0
8	17	5	0	30,372	0	0	78	0	0	8	14.0
8	18	6	0	38,695	0	0	68	2	0	8	14.0
8	19	7	1	47,723	1	0	83	0	1	8	14.0
8	30	4	1	30,717	1	0	91	0	0	6	14.5
8	31	5	1	35,229	1	0	88	0	1	6	15.5
9	1	6	0	30,130	0	0	83	0	0	6	14.5
9	2	7	0	34,008	1	0	82	1	0	6	14.5
9	3	1	0	46,298	1	1	86	1	1	2	14.5
9	4	2	1	37,259	0	0	90	0	0	2	15.0
9	5	3	1	38,644	1	0	86	0	1	2	14.5
9	15	6	0	30,050	1	0	77	0	1	5	16.0
9	16	7	0	40,192	1	1	79	0	0	5	15.5
9	25	2	1	15,699	0	0	68	0	0	4	17.0
9	26	3	1	16,354	0	0	81	0	1	4	16.0
9	27	4	1	12,111	0	0	76	0	0	4	16.0
9	28	5	1	17,647	0	0	75	1	0	13	15.5
9	29	6	0	30,016	0	0	79	1	1	13	15.5
9	30	7	0	21,641	0	0	71	2	1	13	14.5

迴歸一		
依變項：到場觀眾人數		
	常數	電視轉播
迴歸係數	27,140	9,644
標準誤	1,779	2,501
t 值	15.3	3.9
觀察值數目 = 79		F 值 = 77
$R^2 = 0.1619$		殘差標準差 = 11.112

迴歸二	
依變項：到場觀眾人數	
	常數
迴歸係數	29,992
標準誤	1,308
t 值	22.9
觀察值數目 = 79	F 值 = 77
$R^2 = 0.1983$	殘差標準差 = 10.868

迴歸三

依變項：到場觀眾人數

	夜間比賽	常數	電視轉播	特殊活動	氣溫	明星投手	落後指標	多雲	下雨
迴歸係數	(3,833)	4,373	6,973	14,451	248.6	3,263	229.8	3,999	(1,194)
標準差	2,290	10,752	2,280	3,315	148.8	2,208	253.5	2,420	4,537
t值	(1.7)	0.4	3.1	4.4	1.7	1.5	0.9	1.7	(0.3)

觀察值的數目=79　F值=70　殘差標準差=9568

R平方值=0.4352

迴歸四

依變項：到場觀眾人數

	夜間比賽	常數	電視轉播	特殊活動	氣溫	明星投手	落後指標	週五	週六	週日	多雲	下雨
迴歸係數	414.8	8,600	3,438	12,518	44.74	3,725	55.30	5,708	8,158	12,758	953.3	(5,032)
標準差	1,906.8	8,799	1,737	2,348	107.90	1,518	289.21	2,263	2,393	2,529	1,682.8	3,211
t值	0.2	1.0	2.0	5.3	0.4	2.5	0.2	2.5	3.4	5.0	0.6	(1.6)

觀察值的數目=79　F值=62　殘差標準差=6,470

R平方=0.7712

迴歸五

依變項：到場觀眾人數

	夜間比賽	常數	電視轉播	特殊活動	明星投手	週五	週六	週日	下雨	四~五月	六~八月	對手 1,10	對手 2	對手 3,5,6,7,8
迴歸係數	600.7	13,140	3,544	12,273	3,754	5,568	8,231	12,939	(5926)	970.9	8,775	10,616	17,635	3,695
標準差	1,830.2	2,658	1,685	2,232	1,479	2,201	2,317	2,463	2,819	2,466.4	2,158	2,198	2,872	1,721
t值	0.3	4.9	2.1	5.5	2.5	2.5	3.6	5.3	(2.1)	0.4	4.1	4.8	6.1	2.1

觀察值的數目=79　F值=65　殘差標準差=6,344

R平方=0.7694

諾疼片的廣告策略

　　諾疼片(Nopane)是一種成熟的專利藥品，並且已經行銷了 10 年。最近它的行銷計畫因為新的產品經理艾莉森的上任而逐漸改變。艾莉森負責這個品牌。

　　艾莉森仔細看了這個品牌過去的銷售歷史及行銷研究的資訊，發現市場上共有 12 個競爭品牌，其中 4 項就佔了市場的 60%，這 4 個品牌都是全國性配銷並且都有在傳播媒體上打廣告。諾疼片在這 4 個品牌中居於重要地位但沒有排名第一，市場佔有率 15%。這 4 個品牌並未對消費者進行任何促銷活動（如折價券）或降價策略，但價位都比其他同類產品高，也都有密集的廣告。

　　諾疼片行銷了幾個月之後，艾莉森認為將品牌重新定位可以增加銷售量。於是該品牌的廣告代理公司針對這個構想進行了一些焦點團體的調查研究，結果相當的好。

　　被調察結果振奮精神的艾莉森要求廣告代理公司針對焦點團體調查所得的結果拍成電視廣告，準備在當地的電視台以兩種訴求播放，一種是*理性*訴求，一種是*感性*訴求。艾莉森希望藉此看出下一階段進行全國廣告時該採取何種訴求。但艾莉森並不清楚若要支持策略改變要推出多少廣告量。在與行銷研究經理商量後，他進行了一個實驗以找出下列議題的答案：

➤　　理性訴求與感性訴求在效果上是否有差異性？

➤　　下一個會計年度中，諾疼片該推出多少廣告量？

實驗設計

　　廣告中有兩個要素是有系統地變動的：訴求的方向和媒體的費用支出。廣告有兩種版本（理性與感性）以及 3 種廣告密集度要測試。廣告密集度以針對一個地區 6 個月內每 100 個潛在顧客的廣告花費來衡量。三種水準分別是 2.50 元、4.75 元、8.00 元。他們將美國分成兩區，A 區包含美國東西部海岸，其餘都劃為 B 區。這兩區的銷售潛力大致相同。兩區分別隨機選出 12 個銷售區域（總共有 75 個銷售區域）。因此，這個實驗設計共提供 24 個觀察值（二區× 二種訴求方向× 三種媒體費用支出× 二個測試區域）。

　　銷售量的衡量主要來自於每個銷售區域中各銷售點的資訊。整個實驗為期 6 個月，以前的調查結果顯示，6 個月已足以反應廣告的效果。在這 24 個測試區域中，都安排了要監視競爭者的廣告活動。

實驗結果

　　示圖 5 顯示了實驗結果，表格中的 24 列反映了各銷售區域的情形。每一列記錄該區域屬 A 區或 B 區、版本、廣告支出、諾疼片的單位銷售量及競爭對手的廣告支出。最後兩行代表 AB 兩區與版本的虛擬變項（區是以 1＝A 區，2＝B 區，版本是以 1＝感性訴求，2＝理性訴求），以便進行迴歸分析。

　　艾莉森首先將諾疼片的銷售量與其他變項進行迴歸分析（如下圖迴歸一）。當然，他對廣告支出與廣告版本的不同造成的銷售差異特別感興趣。

	廣告費用	常數	迴歸一 依變項：銷售量 競爭者廣告支出	AB 區虛擬變 項	版本虛擬變項
迴歸係數	1.477	32.59	（0.5652）	0.3514	2.134
標準誤	0.338	2.53	0.1622	1.4005	2.027
t 值	4.4	12.9	（3.5）	0.3	1.1

觀察值數目＝24　　　　　　　　　　　　　F 值＝19
R^2＝0.5889　　　　　　　　殘差標準差＝3.411

與部門副總的面會

1992 年 2 月 7 日，艾莉森將她研究的結論向部門副總史天萊報告。因為若要改變廣告策略需要史天萊同意才行。艾莉森把實驗和迴歸結果告訴史天萊後，她對史天萊的反應十分訝異。「這些結果一點用也沒有！」史天萊說：「很明顯的，競爭對手的行為干擾了實驗。你可以看出他們在我們不同的銷售區域中有系統地改變廣告策略。」艾莉森說：「但也有可能是他們的反應顯示出我們進行全國化廣告後他們會採取的反應。」史天萊回應：「我很懷疑哦，我願意打賭，無論採何種版本，或是多高的廣告支出，他們每 6 個月在每個區域對每 100 個潛在顧客都會花約 19 元的廣告支出。我會這樣說是因為他們以前都這樣做。」

更進一步的分析

回到辦公室後，艾莉森跑了一個新的迴歸（見下表迴歸二），這個迴歸分析好像呼應了史天萊的說法：競爭對手在銷售區域的廣告量取決於諾疼片過去採取理性或感性訴求的廣告。

	迴歸二 依變項：競爭者廣告支出			
	廣告費用	常數	AB 區虛擬變項	版本虛擬變項
迴歸係數	0.8515	9.713	0.9167	9.083
標準誤	0.4251	2.726	1.9196	1.920
t 值	2.0	3.6	0.5	4.7
	觀察值數目 = 24			F 值 = 20
	$R^2 = 0.5711$			殘差標準差 = 4.702

他在紙上寫下兩個假設：

➢ **艾莉森的假設**：諾疼片的競爭者會對我們的全國廣告策略做出反應（不論我們用那一種），就像實驗中的樣子。

➢ **史天萊的假設**：不論我們全國性的廣告策略為何，競爭者都會在每個銷售區域每 6 個月針對每 100 個潛在顧客花費 19 元的廣告支出。

由於這兩個假設對於諾疼片全國性的廣告策略會有截然不同的涵義，艾莉森決定除去迴歸一中的競爭者變項後，重新跑一次迴歸，即迴歸三。

	廣告費用	常數	AB 區虛擬變項	版本虛擬變項
	迴歸三			
	依變項：銷售量			
迴歸係數	0.9959	27.10	（0.1667）	（3.000）
標準誤	0.3848	2.47	1.7376	1.738
t 值	2.6	11.0	（0.1）	（1.7）
	觀察值數目＝24			F 值＝20
	$R^2＝0.3263$			殘差標準差＝4.256

實驗結果

區隔	版本	廣告支出 (每 100 個潛在顧客)	諾疼片銷售量 (每 100 個潛在顧客)	競爭者廣告支出 (每 100 個潛在顧客)	虛擬變項 區隔 1＝A 0＝B 區隔虛擬變項	版本 1＝感性訴求 0＝理性訴求 版本虛擬變項
		廣告支出	銷售量	競爭者		
A	感性訴求	2.50	26	16	1	1
A	感性訴求	2.50	26	20	1	1
A	感性訴求	4.75	31	23	1	1
A	感性訴求	4.75	32	24	1	1
A	感性訴求	8.00	24	25	1	1
A	感性訴求	8.00	31	33	1	1
A	理性訴求	2.50	25	20	1	0
A	理性訴求	2.50	26	14	1	0
A	理性訴求	4.75	32	19	1	0
A	理性訴求	4.75	35	12	1	0
A	理性訴求	8.00	40	13	1	0
A	理性訴求	8.00	38	15	1	0
B	感性訴求	2.50	33	16	0	1
B	感性訴求	2.50	30	15	0	1
B	感性訴求	4.75	35	24	0	1
B	感性訴求	4.75	26	25	0	1
B	感性訴求	8.00	30	28	0	1
B	感性訴求	8.00	25	34	0	1
B	理性訴求	2.50	26	14	0	0
B	理性訴求	2.50	25	18	0	0
B	理性訴求	4.75	30	16	0	0
B	理性訴求	4.75	33	10	0	0
B	理性訴求	8.00	38	11	0	0
B	理性訴求	8.00	37	12	0	0

以數字表示的變項之說明

廣告支出＝諾疼片在每 100 個潛在顧客上所花的廣告費用。
銷售量＝諾疼片在每 100 個潛在顧客之銷售額。
競爭者＝競爭者的產品上對每 100 個潛在顧客所花的廣告費用。
AB 區虛擬變項＝若為 A 區，則以 1 表示；若為 B 區，則以 0 表示。
版本虛擬變項＝若為感性訴求版本則以 1 表示；若為理性訴求版本則以 0 表示。

注意：所有的銷售數字及廣告支出都是以每 6 個月、每 100 個潛在顧客計。

　　林肯社區醫院是紐約斯巴達地區（人口數：135,000）一家有180 張病床的非營利醫院。該院董事會的 5 人行政委員會於 1985 年 1 月 19 日星期六召開會議，討論醫院支出究竟受哪些因素影響。林肯社區醫院過去 6 年，每年都因醫院醫治病人得到的收入不敷行政支出而發生赤字，由於該院財政狀況極不穩定，因此要求行政委員會改走營利路線的壓力也越來越大。了解醫院開支情形將有助於決定是否要改變經營方式。

　　1980 年代中期許多非營利社區醫院都面臨類似的困境，林肯社區醫院正是其中一個典型案例。這類醫院由於開支增加（部份原因來自現代醫護日趨複雜），而收入降低（主要是因為醫療費用由第三者支付造成收費無法提高，所謂的第三者包括政府及其他醫療保險公司等），因此大多遭遇到長期並且難以解決的財務赤字。大部份非營利社區醫院由於病床數少而無法享有一般醫院擁有的規模經濟優勢；而且因為這些醫院均屬獨立經營，所以也沒有連鎖經營帶來的規模經濟。此外，由於這些醫院多為社區裡唯一的醫院，無可避免地必須面對各式各樣的病症。最後，這些醫院還必須證明其經營效率不會如一般輿論所說的低於營利醫院。

　　各行政委員在一番激辯後並未達成結論。晚間 9 點 30 分時，曾任醫院主任的委員會主席普朗克博士終於提議：「今天暫時到此結束。顯然對於本院支出受到哪些因素影響還有一些爭論。何不先看過一些資料後再來看看這些意見的優劣？既然我們一致同意林肯社區醫院不應併入連鎖經營，我會在看過其他獨立經營醫院之支出情形的資料後，下星期六再向各位報告。」

　　普朗克博士為了進行分析，而檢視了美國 494 家獨立經營的營

利與非營利醫院在 1983 年的成本與相關變項的資料。他的分析結果以 5 個迴歸式列於示圖 6，示圖 7 是這些迴歸式的變項描述。

示圖 6

<table>
<tr><td colspan="5" align="center">迴歸一
依變項：成本</td></tr>
<tr><td></td><td>常數</td><td>床位</td><td>住院期間</td></tr>
<tr><td>迴歸係數</td><td>（4,722847）</td><td>119,655</td><td>114.7</td></tr>
<tr><td>標準誤</td><td>351,921</td><td>4,972</td><td>21.9</td></tr>
<tr><td>t 值</td><td>（13.4）</td><td>24.1</td><td>5.2</td></tr>
<tr><td colspan="5">觀察值數目＝494　　　　　　　F 值＝491
　　R² ＝ 0.3263　　　　　　殘差標準差＝5,036</td></tr>
</table>

		迴歸二 依變項：利用率		
			營利醫院	常數
迴歸係數			30.39	189.7
標準誤			6.51	5.7
t 值			4.7	33.1

觀察值數目＝494　　　　　　　F 值＝492
　　R² ＝ 0.0424　　　　　　殘差標準差＝60.40

迴歸三
依變項：成本／床位

	床位	營利醫院	常數	利用率
迴歸係數	182.6	（15,188）	30,889	225.4
標準誤	9.1	2,552	4,132	17.3
t 值	20.1	（6.0）	7.5	13.0

觀察值數目＝494　　　　　　　F 值＝490
　　R² ＝ 0.5383　　　　　　殘差標準差＝23,150

		迴歸四		
		依變項：成本／床位		
	床位	混合病症	營利醫院	常數
迴歸係數	（25.39）	120,947	11,600	（43,379）
標準誤	20.73	10,845	3,145	10,829
t 值	（1.2）	11.2	3.7	（4.0）

觀察值數目＝494　　　　　　　　F 值＝490
R² ＝0.5040　　　　　　　殘差標準差＝23,990

		迴歸五			
		依變項：成本／床位			
	床位	混合病症	營利醫院	常數	利用率
迴歸係數	（25.39）	117,442	4,308	（82,031）	220.3
標準誤	20.73	9,031	2,664	9,387	14.9
t 值	（1.2）	13.0	1.6	（8.7）	14.8

觀察值數目＝494　　　　　　　　F 值＝489
R² ＝0.6570　　　　　　　殘差標準差＝19,970

示圖 7

普朗克博士回歸資料中的變項

研究年份：1983
研究醫院數：494

變項名稱 原始變項	描述	最小值	平均值	最大值
成本	總營運成本	$755,773	$14,885,419	$88,524,179
床位	床位數目	16	136	562
病人住院天數	病人住院天數	1,647	28,958	140,846
混合病症	醫院中病症的平均複雜度	0.640	1.074	2.097
營利醫院	1＝營利醫院；0＝非營利醫院	0.000	0.775	1.000
合成變項				
成本／床位	營運成本／床位數目	$18,276	$92,031	$195,735
利用率	病人住院天數／床位	33.1	213.3	364.1

第6章

加成性迴歸模型

導言

在標準的迴歸模型中，一個自變項 x 可以對應到一個依變項 y，其關係為：$y = b_0 + b_1x$ x＋殘差項。

因此，y 的估計值為 $y_{est} = b_0 + b_1x$ x。

若已知 b_0 和 b_1 值，可以表示 x 和 y_{est} 之間的關係是*直線性*。再進一步說，我們假設如果迴歸是正確的，則殘差項具有不可區辨性。因此，殘差項的次數分配告訴我們某次觀察的殘差項值中所有我們可以知道的資訊；知道某次觀察中的 x 值（或者是任何其他不包括在模型中的變項），並不能讓我們對殘差值的預測更精確[1]。尤其是殘差值的平均數和標準差其實不應該和 x 值或是其他變項值有關。

當模型中用的 x、y 皆是差別尺度變項或 x 是虛擬變項時，通常是一個較好的模型。即使 x 和（或）y 不是大範圍變動的比例尺度變項，這個模型也適用。例如，我們可以由重量和高度的關係推得一個合理的線性模型。

一個例子

商業和經濟資料通常涉及大範圍的比例尺度變項。在這種情況

---

[1] 見第 4 章，圖 4.3 中，我們曾用殘差項的分配來做機率預測。

下，基於某些理由，簡單線性模型會不太正確，為什麼呢？讓我們看看圖 6.1，這是每英畝農作物(酪梨)收成量相對於價格的散佈圖。這些資料來自加州，美國主要生產酪梨的地方，包括 1950 年到 1974 年共 25 年的資料。

圖 6.1

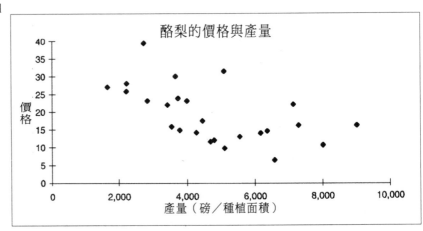

每年農作物的收成量變動很大的原因，大部份是由於氣候和農作物病變。另外，收成量亦受到土壤處理（肥料）和果樹樹齡的影響。在低收成年，因人們願意高價購買供給量少的酪梨，價格易被哄抬。相反的，在高收成年，過剩的市場供給導致價格下跌。當然，還有很多其他因素會影響酪梨的價格。人口成長、酪梨樹的種植面積、富裕程度（酪梨是奢侈品）、通貨膨脹[2]、消費者的嗜好與飲食習慣的改變、企圖影響消費者的廣告與行銷、所得分配的改變

---

[2]分/磅的單位應該考慮通貨膨脹的效應，故圖 6.1 中每年的時價都先除以該年的消費者物價指數。

、國外生產者及其他昂貴水果食物的競爭等等都會影響價格。雖然如此，由圖 6.1 中可以看出一般的情形是當年收成量增加時，價格傾向於下跌，但是也有許多例外。

在一個以價格為依變項、收成量為自變項的迴歸方程式中，得出的常數估計值 b_0 為 30.59，迴歸係數 b_1 的估計值是 -0.00241；殘差項的標準差是 6.65。圖 6.2 即是在圖 6.1 上多加了一條估計的迴歸線。

圖 6.2

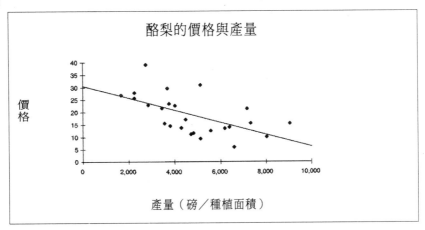

迴歸線的斜率呈負值，是一條向下的直線，印證了前面高收成量會對應到低價格的想法，且其配適度良好（R^2 值等於 0.33）。我們稍後再針對這個問題做更詳細的分析，現在我們就先看看目前已經得出的結果。

線性模型的問題

我們可以很有信心地預測每英畝收成量達 7,500 磅時那一年的價格。由公式得知，估計價格等於 30.59－0.00241× 7,500＝12.52分／每磅。但如果我們想推算至資料範圍之外時，會有什麼情況發生呢？若某一年大豐收：收成量達 13,000 磅。公式的預測價格將等於 30.59－0.00241× 13,000＝－0.74 分。但我們並不想要一個異常的預測結果。舉例來說，如果收成量為 7,500 磅，其價格預測的 95%信賴區間分佈從 12.52－2× 6.65 到 12.52＋2× 6.65（即從－0.78到 25.82）分／每磅。雖然高收成量可能促使價格下跌，但負的價格明顯不合理。

現在假設收成量非常低。模型告訴我們當收成量為 0 時，估計價格不會高於 30.59 分／每磅。這似乎不太合理，因為某些餐廳和高價位食品店仍願意付出高價取得稀少的酪梨。因此可以預見在酪梨收成量很低的年份，價格會遠大於 30 分／每磅。

最後，相對於高產量與低價格，我們可以預期在低產量高價格的情況時其信賴區間較寬。舉例來說，如果模型在收成量很低時得出的估計價格為 1 元／每磅，真實價格與估計值會差 20%上下，即 80 分到 1.2 元，這個結果不會讓我們太驚訝。相反地，如果高收成年的估計價格為 10 分，我們仍然預期真實價格與估計值上下差了 20%，其區間分佈為 8 分到 12 分，比起上個例子的區間窄多了。但是我們前面用的迴歸模型的已假設殘差值是不可區辨的。因此信賴區間的上下限以殘差項的標準差 6.65 來推算，不管收成量或估計價格的水準。所以，信賴區間寬度的變化不能隨著估計價格的值而變動。

這個簡單的迴歸模型（估計價格＝30.59－0.00241x 收成量）表示收成量每增加 1,000 磅時將使價格下跌 2.41 分，無論收成量是從 1,000 磅增加到 2,000 磅，或從 7,000 磅增加到 8,000 磅。一個較理想的模型會假設當收成量變成兩倍時，價格會以某一固定的百分比下跌。例如，當收成量從 1,000 磅增為 2,000 磅時，和收成量從 4,000 磅增為 8,000 磅時有同樣的價格變化百分比。這樣的模型也使得信賴區間要以估計價格的百分比而非其絕對差來表示。這類模型即所謂的**加成性**（multiplicative）模型，有別於目前為止我們考量的**直線性**模型。

　　請注意我們對線性模型的不滿意並非出於配適度的缺乏或實際資料與模型假設的不合，而是由相當理論性的考量而來，其主要是根據此模型所呈現極端案例的結果。這種分析方式對找尋較佳的迴歸模型上很有幫助。

　　圖 6.3A 與圖 6.3B 再次呈現價格對於收成量的散佈圖。圖 6.3A 顯示線性迴歸估計與其 95%的信賴區間；圖 6.3B 顯示加成性模型迴歸估計和其 95%的信賴區間。兩張圖縱軸的尺度和範圍都大於圖 6.1 和圖 6.2，但他們互相是可以比較的。在圖 6.3B 的加成性模型中，注意到低收成量得出的估計價格遠大於 30 分，高收成量得出低但仍為正值的估計價格，而信賴區間的寬度會變化，甚至高收成量所得的信賴區間下限也不會是負值。接下來我們要討論如何以公式表示和解釋加成性迴歸模型。

圖 6.3A

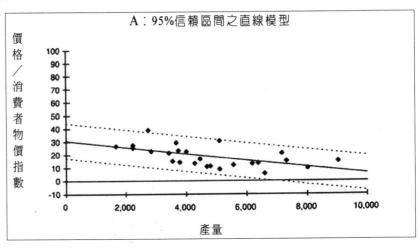

圖 6.3B

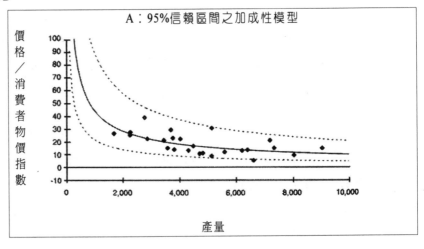

三種標準的加成性模型

讓我們先來看三個例子：

1. 若 x 是比例尺度變項，當 x 每增加一個固定*百分比*[3]，y_{est} 可能會增加或減少一個固定*數量*。例如，x 增加 1% 會使 y_{est} 增加 3 個單位，所以當 x 從 100 上升到 101，或從 500 上升到 505，或從 2000 上升到 2020，y_{est} 都是增加 3 個單位。

2. 若 y 是比例尺度變項時，那麼當 x 每增加一個單位，y_{est} 可能會增加或減少一個固定*百分比*。例如，x 增加一單位會使 y_{est} 增加 2%。那麼，當 x＝3 而 y_{est}＝100 且 x＝4 而 y_{est}＝102 時，此模型會表示當 x 從 100 增加到 101 時，y_{est} 會從 682.679 增加到 696.333 （2%的增加）。

3. 若 x 與 y 都是比例尺度變項，那麼當 x 每增加一個固定*百分比*，y_{est} 也會同樣地增加或減少一個固定*百分比*。舉例來說，x 增加 1% 會使 y_{est} 增加 0.5%。如果 x 從 100 增加到 101，y_{est} 會從 400 增加到 402，此模型表示 x 從 1000 增為 1010（增幅 1%）時，y_{est} 會從 1268.54 增為 1274.88（增幅 0.5%）。

再來我們要看如何組合這些關係。記得加成性模型可用對數轉換的方式變成加法模型（見第 1 章，資料分析與統計敘述），所以對數轉換即為將加成性模型轉換成可用於迴歸方法分析的關鍵。要

---

[3] 在這三個例子中，我們都假設如果有其他的 x 包括在模型中，我們對改變 x 和 y_{est} 的關係有興趣，但是其值是不會改變的，並且無論其關係為何，我們不會因 x 是否固定來決定其值。

解釋這類模型結果是需要技巧的,而本章的重點就是提供這些解釋
。

以下是你需要知道的數學事實。我們將處理所謂的*自然對數*(
對數的底數 e＝2.71828...)。在電腦 Excel 軟體中,你可以使用＝
LN 函數鍵找到某個數字的自然對數值;大多數小型計算機也有一
個 LN 鍵可用來轉換某數字成為自然對數。如果你知道某數的自然
對數而想找出該數字。可利用 Excel 中的＝EXP 功能鍵或小型計算
機的 EXP 鍵。如此,你可試證 LN(2)＝0.6931 而 EXP(0.6931
)＝2。

我們會介紹把資料設定成上述三種模型之一是合宜的。本章的
主要目的即在於說明把變項的關係想像成加成性形式是有意義的
,而特殊的資料組型也提供我們用以說明其他方法學上的觀點。

模型 1:預期壽命

我們從自變項之一是以比例尺度衡量的例子開始,這個極佳的
模型是隨一個特定的加成性因素變動的,依變項的估計值是以一個
特定數量變化。

我們要顯示在 101 個國家中,人民的預期壽命(年)和每人所
得間的關係。這些國家可進一步分成三個類別:工業化國家、石油
出口國家和低開發國家。資料年份起自 1974 年[4],而每人所得是以
1974 年元(千元)為單位來衡量的。

我們可先假設每人所得與預期壽命為正相關,建立一個以每人

---

[4] 見 Ann Crittenden「Vital Dialogue Is Beginning Between the Rich and the Poor
」,*The New York Times*,1975 年 9 月 28 日,第 E－5 頁。

所得爲自變項而以預期壽命爲依變項的迴歸模型來測試上面那個假設。迴歸的結果彙總於圖 6.4；它顯示，平均而言，每增加 1 千元的個人所得會增加約 6.8 年的壽命。由其 R^2 值（＝0.54）和顯著的 t 值看來，這似乎是個合適的模型。

圖 6.4

	迴歸 1 依變項＝預期壽命	
	每人所得	常數
迴歸係數	6.755	46.322
標準誤	0.627	1.101
t 值	10.8	42.1
觀察值數目＝101		F 值＝99
R^2=0.5399	殘差值標準差＝9.018	

　　這個迴歸模型的意涵何在？發現預期壽命隨著每人所得增加而成長並不奇怪，但我們能否預測每人每年所得從 1 千元增爲 2 千元時對壽命延長的效果，是否會大於每人每年所得從 4 千元增爲 5 千元？確實，許多工業國家國民的預期壽命是七十多歲，看起來所得增加在某種程度上會提高預期壽命數字，但這可能存在著效用遞減。我們努力地抵抗那些不易被所得提高帶來的益處——如較佳的醫療、營養、避護所、公共衛生等——克服的自然限制。而在發展程度較低的國家，其預期壽命約在二十多到三十多歲間，只要每個人的所得提高一點，就可以使他們活得很久。

　　要檢驗效用遞減的想法，我們計算 y_{est} 和殘差項，並做出這兩個變項的散佈圖，如圖 6.5。圖中顯示沒有低於 46 的估計值，但實際壽命卻有 27 的低值。更重要的，當估計壽命介於 50~70 歲時，殘差項常常是較大的正值；而估計壽命很高或很低時，殘差項常常

是大的負值。這表示在中間範圍內，實際壽命會大於估計值；在較極端的範圍內，實際壽命會小於估計值——即每人所得和預期壽命[5]呈**曲線關係**[6]（curvilinear）。根據我們效用遞減的假設，這似乎是個表現這兩變項相關模型的合理方法。

圖 6.5

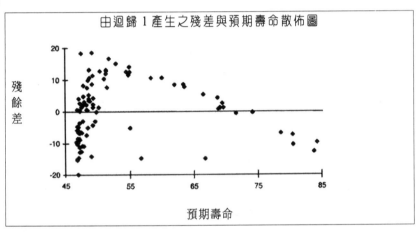

進一步的檢驗顯示，壽命分佈範圍從 27 歲（圭亞那）到 74.7 歲（瑞典），而每人所得分佈從 50 元／每年（馬利共和國）到 5,596 元／每年（瑞典）。壽命的高低比率差距少於 3 年，但每人所得的差距卻大於 100 元。

我們現在更可明確地描述效用遞減的假設：每人所得固定*百分比*的改變會提昇預期壽命若干年。這表示所得變成兩倍時，如每年

---

[5] 一開始我們做了一個每人所得和預期壽命的圖，可以在此觀察到這樣的關係，但在圖 6.5 中看不太出來。

[6] 我們可以試著藉由增加一個轉換過的變項（每人所得的平方）來考慮曲線關係，詳見第 4 章。但是在每人所得和預期壽命的關係也可能有其他的特色讓我們考慮其他不同的轉換。

由 100 元增至 200 元，對預期壽命的影響將和所得由 1,000 元增至 2,000 元或由 2,000 元增至 4,000 元時的情況一樣。

為了解這假設是否能對兩變項的關係提供更好的解釋，我們必須先將每人所得做對數轉換。為什麼用對數轉換呢？因為 Log（100）和 Log（200）的*差值*等同於 Log（1,000）和 Log（2,000），或任何數及其倍數的對數差距。同樣地，不同加成性因子中成對數字的對數值的差都是相同的，也就是說，Log（100）和 Log（110）的差距等同於 Log（1,000）和 Log（1,100）。如果預期壽命隨著每次所得增加固定百分比而增加一個固定數值，它將隨著每次 Log（所得）所增加的固定數值而增加一固定數值。

表 6.6 中顯示以預期壽命為依變項和 Log（每人所得）為自變項的迴歸結果。這個配適度明顯地較好（R^2 值較高），而且由此迴歸對 y_{est} 的殘差圖（圖 6.7）並無法看出可辨識的類型（雖然存有一些大的殘差項，讓我們思考是否還有其他的解釋變項需要考慮進去）。

圖 6.6

	迴歸 2	
	依變項＝預期壽命	
	Log（每人所得）	常數
迴歸係數	8.441	60.76
標準誤	0.491	0.80
t 值	17.1	76.1
觀察值數目＝101		F 值＝99
R^2＝0.7474	殘差值標準差＝6.681	

圖 6.7

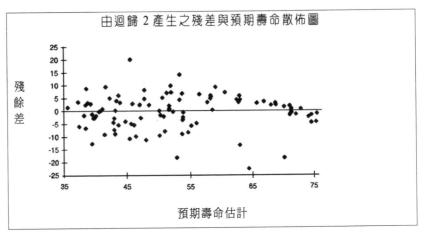

由迴歸 2 產生之殘差與預期壽命散佈圖

結果解釋：

表 6.6 中估計迴歸係數值為 8.411，表示 Log（所得）增加 1 單位時，預期壽命會延長 8.411 年，但這對一個想了解所得和壽命間關係的人沒有什麼用。你會想知道如何測量當所得——不是 Log（所得）——增加一固定百分比時，預期壽命的變化狀況。從表 6.6 結果得出的估計壽命公式如下：

$$y_{est} = 60.76 + 8.411 \times \text{Log（所得）}$$

我們可以用這個公式計算兩兩差距為 1% 的所得資料的 y_{est} 值；如 100 與 101，1,000 與 1,010。演算結果在表 6.1，它顯示估計的預期壽命是每人所得的一個函數。

表 6.1

所得	Log（所得）	y 估計值
0.100	-2.303	41.39
0.101	-2.293	41.48
1.000	0	60.76
1.010	0.00995	60.84

當所得從 100 增加到 101，y_{est} 從 41.39 增加到 41.48，增加了 0.09 年。而當所得從 1,000 增加到 1,010，y_{est} 從 60.76 增加到 60.84，二者差距為 0.08，如忽略小數進位取法形成的誤差，基本上這二者結的果相同。我們可以下一個結論：所得增加 1%時，估計預期壽命會隨之增長 0.08 年。又，這增幅相當於 Log（所得）的迴歸係數的 1%。這並非巧合。確實，在任何迴歸模型的形式：

$$y_{est} = b_0 + b_1 \times Log（x_1）+ \cdots\cdots + 殘差項$$

（式中＋……＋表示除 x_1 外可能存在的自變項），x_1 增加 k 值所產生對 y_{est} 的影響可以用 $b_1 \times Log（k）$ 來表示；舉例來說，雙倍的 x_1 會影響 y_{est} 達 $b_1 \times Log（2）= 0.6931 b_1$。如果 k＝1.01，代表 x_1 百分之一的增加時，y_{est} 的增加為 $b_1 \times Log（1.01）= 0.00995 \times b_1$。如此我們可以直接從迴歸結果大概算出 x_1 增加對 y_{est} 的影響，不用再做多餘的計算。

其他分析：

我們注意到圖 6.6 有些殘差項是大的負數，檢視資料後我們發現多數與其被歸類為石油出口國家有關。然而資料中的大部份國家在這幾年中每人所得變化相對較小，石油出口國因 1973 年後期

OPEC 調高油價，使國民所得在 1974 年經歷了大變動。影響預期壽命的並非目前每人所得，而是較長期時間中的每人平均所得，足以影響公共衛生和相關基礎建設。1974 年石油出口國的每人所得可能遠高於長期的平均，因此估計的預期壽命會過高，使的負的殘差值變大。在圖 6.8 中顯示除了以 Log（所得）爲自變項外，另以兩個虛擬變項代表未開發國家和工業國家的迴歸模型運算結果（以石油出口國家爲基準點）。這兩個虛擬變項的迴歸係數與基準點比較來看，是正的（這個迴歸「修正」了石油出口國家估計預期壽命過高的情況），雖然發展程度較低國家與工業化國家兩者的迴歸係數差還未大到可以把它們分別成兩個類別。另外，R^2 較高，而殘差項的標準差較低：這表示進一步的分析是有必要的。

圖 6.8

	迴歸 3			
	依變項＝預期壽命			
	Log（每人所得）	常數	已開發國家	未開發國家
迴歸係數	8.810	54.25	6.647	7.770
標準誤	0.753	2.16	2.887	2.384
t 值	11.7	25.1	2.3	3.3
觀察值數目＝101		F 值＝97		
R^2＝0.7734		殘差值標準差＝6.393		

模型 2：吸煙與死亡率

圖 6.9 顯示年齡和吸煙行爲作用下的男性死亡率。我們可爲女性做出相同的圖（相關資料見第 1 章）。當我們從一個 5 年爲一間

距的年齡層向下一個移動時，在每個吸煙類別中，死亡率都呈現上
升的樣態。這是否表示在這種情況下，當我們從一個年齡群移到下
一個時，死亡率會以固定的加成性因子上升？當吸煙量增加時，死
亡率的上升情況是怎樣的呢？死亡率又如何受到性別因素的影響
呢？

圖 6.9

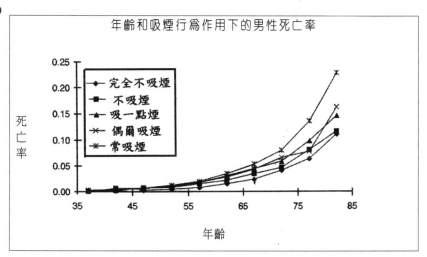

為了回答這些問題，我們必須先重新整理資料，讓每個年齡／
吸煙量／性別的類別都呈現一筆觀察資料。如果我們用每一年齡區
段的中點（37，42，……，82）表示年齡編碼，吸煙量編碼為 0 至
4，代表從不吸煙到重度的吸煙量，而性別編碼中，0 表男性，1 表
女性，我們可以產生出有 100 筆觀察值的 4 欄式資料。第一欄為死
亡率，其餘三欄分別為年齡、吸煙量和性別。

如果我們相信自變項對死亡率的影響是加成性的，那對死亡率
對數值的影響應是等差性的。如此說來，每 5 年的年齡層級對 Log
（死亡率）影響為加上一個常數，而吸煙量的增加也應同樣的加上

一個常數。如果就所有年齡層級或各吸煙水準來看，它們加上的常數都相等，那麼這些變項對 Log（死亡率）的影響會是直線性的。

圖 6.10 顯示男女性不同年齡和不同吸煙量水準作用下的 Log（死亡率）。雖然沒有標明各個不同的「曲線」，但它所呈現出的關係明顯地接近線性，除了一些例外（主要是死亡率很低的情況，應可歸因於較大的抽樣誤差）。

圖 6.10

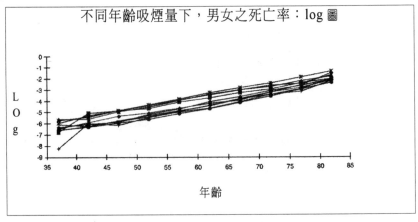

圖 6.11 顯示以 Log（死亡率）爲依變項，年齡、吸煙量和性別爲自變項的迴歸結果。其 R^2 值（0.9710）顯著地提高。

表 6.11

	吸入	性別（男＝0）	年齡	常數
		迴歸 1		
		依變項＝Log（死亡率）		
迴歸係數	0.1484	（0.6724）	0.09462	（9.882）
標準誤	0.0177	0.0500	0.00174	0.115
t 值	8.4	（13.4）	54.3	（85.9）

觀察值數目＝100　　　　　　　　　F 值＝96
R²＝0.9709　　　　　　　殘差值標準差＝0.2501

結果解釋：

這些不同的變項是如何影響死亡率的估計值？從圖 6.11 可看出，多 1 歲年齡可增加 Log（死亡率）數值達 0.0946。因此，估計死亡率上升了 EXP（0.0946）＝1.099，也就是說，每多年齡每增加 1 歲其死亡率大約提高 10%。用同樣的方法，可得出每多一級吸煙水準所增加的死亡率約為 15%。不管 x_1 是連續變項（如年齡），或虛擬變項（如性別），x_1 增加一單位可增加 y_{est} 值達 EXP（b_1）這個事實是正確的。因此，女性死亡率較男性低了 EXP（-0.6742）＝0.5105：表示有類似年齡和吸煙行為的女性死亡率僅佔男性的 50%。

其他分析：

從圖 6.10 可看出如以年齡觀點來衡量，其與 Log（死亡率）的線性關係是明顯的，但我們是否要證明表示吸煙水準的順序尺度變項對死亡率的影響也是呈約略相同的加成性增量？為了回答這個問題，我們以數個虛擬變項來探討，每個虛擬變項代表一種吸煙水準，以「不吸煙」作為基準點，我們以 4 個虛擬變項來取代「吸煙量」這個變項。迴歸的結果顯示於圖 6.12。

圖 6.12

	性別（男＝0）	年齡	常數	不吸煙	吸煙輕量	吸煙適量	吸煙多量
	迴歸 2 依變項＝Log（死亡率）						
迴歸係數	（0.6724）	0.09462	（9.897）	0.1397	0.4033	0.4060	0.6086
標準誤	0.0498	0.00173	0.120	0.0787	0.0787	0.0787	0.0787
t 值	（13.5）	54.6	（82.6）	1.8	5.1	5.2	7.7
觀察值數目＝100				F 值＝93			
R^2＝0.9721				殘差值標準差＝0.2490			

圖 6.13

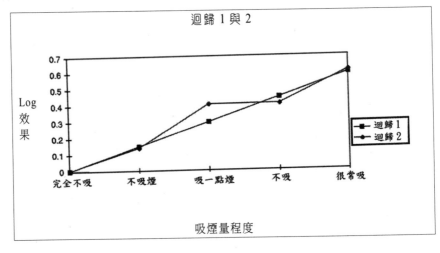

　　我們看到 R^2 值有些微的改善，而殘差項的標準差亦有一些下降。各虛擬變項的迴歸係數列示於圖 6.13，同樣顯示出圖 6.11 所呈現的直線關係。各吸煙水準的影響並非都以相同數值增加，但它們與圖 6.11 之線性模型所顯示的影響程度沒有太大差距。同時，這種只比原來好一點的配適度，很難用來證明是不是由較多虛擬變項所致。在此有個將次序變項轉換為差別尺度變項的例子。

模型 3：酪梨價格

我們現在對酪梨價格的例子做更完整的討論。資料包括加州酪梨價格[7]、產量、每英畝收成量，還有個人可支配的所得、美國人口和自 1950 年至 1974 年的消費者物價指數等。利用這些資料，我們如何預測 1975 年的酪梨價格？

加州的酪梨產量在 1974 年佔了全美產量的 80%。新種植的酪梨果樹需時 5 年才能生產果實。每年的每畝收成量變動大且無法預測，所以生產量有大幅的波動。1950~1974 年間，當酪梨價格高時，種植者會增加種植面積；最後，酪梨供給的增加應導致價格下跌，但較佳的配銷程序和促銷會創造充足的需求使價格再次上升。圖 6.14 是以時間為序列顯示價格與產量間的關係。

圖 6.15 顯示以價格為依變項，每人所得（所得除以人口）和人口為自變項[8]的迴歸結果。顯著的 R^2 值代表此迴歸對該資料有良好的配適度。此模型表示如果生產量增加到 321.4（百萬）磅（此值遠超出資料範圍，但假如有夠多的新種植面積且維持高產量的話，仍是有可能出現的），如果所得和人口停留在 1974 年的水準，價格預測會是負的，即使產量只有 301,000,000 磅，該價格預測的 95% 信賴區間仍會含括負值。再者，由此模型對於 y_{est} 之殘差項所繪成之圖形顯示，對中間部份的 y_{est}，其殘差項傾向為負值，而對兩極端部份的 y_{est}，其殘差項傾向為正值，此種現象暗示我們：模型低估了極端 y_{est} 值所對應的價格。

---

[7] 價格是以每磅多少分來計算的，單單在加州就生產了數百萬磅，收入約數十億元，每英畝生產量、人口、CPI 是以 1967 產量為 100%。資料來源是 *Sun Ranch*, Harvard Business School case 9-185-076，由 Professor Richard F. Meyer 所著。
[8] 在這個或是下一個模型，我們都沒有強調價格是固定的，我們預期在自變項每人所得中會有通貨膨脹效果。

圖 6.14

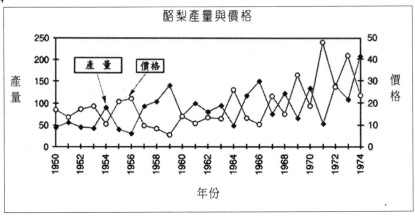

圖 6.15

	常數	迴歸 1 依變項＝價格 支出	人口	每人所得
迴歸係數	25.25	（0.2129）	（0.1319）	15.67
標準誤	8.34	0.0132	0.0589	1.23
t 值	3.0	（16.1）	（2.2）	12.7

觀察值數目＝25　　　　F 值＝21
R^2＝0.9594 殘差值標準差＝2.184

圖 6.16

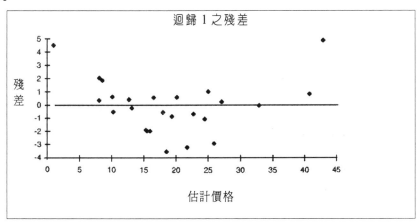

模型中所有的變項都是比例尺度變項,且模型假設自變項*百分比*的變動導致 y_{est} 的*百分比*變動可能更合理;至少不會有負的預測價格。在圖 6.17 中顯示了利用所有變項的對數值之迴歸結果。R^2 值衡量的配適度性不太好,但檢驗 y_{est} 的殘差項分佈圖基本上卻呈現隨機分佈。雖然 R^2 值不如在非對數模型中那麼顯著,此模型整體而言仍是較令人滿意的。

結果解釋:

模型中:$Log(y) = b_0 + b_1 \times Log(x_1) + \cdots + 殘差項$。

可被表示成 x_1 變動 k 值會使得 y_{est} (y 的估計值,非 $Log(y)$ 的估計值)變動 k^{b_1} ;舉例來說,兩倍的 x_1 將使 y_{est} 變動 2^{b_1} 。如果 $k = 1.01$,代表 x_1 值增加 1%, y_{est} 就會變動 1.01^{b_1} 。為求良好近似,如果 b_1 介於 ± 5 之間, x_1 值增加 1%, y_{est} 就會變動 b_1 %。舉例來說,利用圖 6.17 的迴歸結果,假設我們將所得和人口維持在 1974 年的水準,分別為 984.6 及 215.47,如此每人所得為 984.6/215.47 = 4.5695,然後再看看產量從 1974 年的 207 增加到 209.07(1%的變

動）時，預估價格會有什麼變化？從迴歸模型得出：

$$\text{Log（價格）}_{est} = 20.36 - 0.9280 \times \text{Log（產量）} + 2.351 \times \text{Log}（4.5695）- 2.942 \times \text{Log}（215.47）= 8.1253 - 0.9280 \times \text{Log（產量）}$$

表 6.2 顯示產量水準在 207 和 209.07 時的預估價格。

圖 6.17

	迴歸 2			
	依變項＝Log（價格）			
	常數	Log（產量）	Log（每人所得）	Log（人口）
迴歸係數	20.36	（0.9280）	2.351	（2.942）
標準誤	3.60	0.0578	0.207	0.730
t 值	5.7	（16.1）	11.4	（4.0）
觀察值數目＝25	F 值＝21			
$R^2 = 0.9589$	殘差值標準差＝0.1094			

表 6.2

產量	Log（產量）	Log（價格）估計值	價格估計值
207.0	5.3327	3.17655	23.964
209.07	5.3427	3.16727	23.743

我們可以看到，產量 1%的增加將導致價格變化，其幅度爲 $(23.743 - 23.964)/23.964 = -0.922\%$，$-0.922$ 就和 b_1 值[9]約略相等。

預測：

在一個已將依變項做數轉換的迴歸模型中，可以用我們剛剛提到的方法計算點預測。要用信賴區間來表達預測的不確定性，你必須先計算 Log（y）信賴區間的上下限，接著計算這些界限的 EXP 值以求取 y 本身的信賴區間的上下限。舉例來說，已知以每人所得 4.5695、人口 215.47、產量 207 爲基礎估計得來的 Log（價格）的價格預測爲 3.17655。以此計算 Log（價格）之 95%信賴區間，下限爲 $3.17655 - 2 \times 0.1.94 = 2.9578$，而上限爲 $3.17655 + 2 \times 0.1.94 = 3.3954$，其中 0.1094 是圖 6.17 迴歸式中的 RSD 值。由其結果可得，價格之 95%信賴區間範圍從 EXP（2.9578）＝19.26 到 EXP（3.3954）＝29.83（記住，這個區間就像所有由迴歸結果方法得出的區間一樣，是過窄的；特別是，它假設我們已知 1975 年的產量，但這些產量需由收成量求得，而收成量在過去是很難預測的）。因爲運用 EXP 計算之值須爲正值，此分析最好的結論應該是不涵蓋負價格的信賴區間。

---

[9] 經濟學稱這種一個變項改變 1%來看另一個變項改變多少爲彈性。通常是看當供給或是需求量改變時，對價格或其他因素會有什麼影響。在這裡我們用另一種方法來看：當價格或其他因素改變時，對供給或是需求量會有什麼影響。當價格改變 1%時，生產量改變 0.922%，無論生產量是由 100 到 101 或是由 300 到 303，一個迴歸模型之自變項及依變項用模型 3 來看時我們稱之爲固定彈性模型。

摘要

本章中我們討論的三個模型為：

$y = b_0 + b_1 \text{Log}(x_1) + \cdots\cdots + $ 殘差項（模型 1）

$\text{Log}(y) = b_0 + b_1 x_1 + \cdots\cdots + $ 殘差項（模型 2）

及 $\text{Log}(y) = b_0 + b_1 \text{Log}(x_1) + \cdots\cdots + $ 殘差項（模型 3）

模型 1 以 101 個國家為樣本，用來表現壽命與每人所得間的關係；模型 2 以 1,000,000 位成人為樣本。用來表現死亡率與年齡、吸煙行為及性別間的關係；模型 3 以 25 年的序列資料，用來表現酪梨價格與產量、每人所得及人口數間的關係。

模型 1，如果 x_1 增加 k 值，y_{est} 會隨之變動 $b_1 \text{Log}(k_1)$ 值；如果 x_1 增加 1%，y_{est} 大致變動 $0.01 b_1$ 單位。

模型 2，如果 x_1 增加 1 單位，y_{est} 將隨之變動 $\text{EXP}(b_1)$ 值；如果 b_1 值介於正負 0.2 間，y_{est} 大致變動 $1 + b_1$ 單位或 $100 b_1$%。

模型 3，如果 x_1 增加 k 值，y_{est} 將隨之變動 k^{b_1} 值；如果 x_1 增加 1%，y_{est} 將大致變動 $1 + 0.01 b_1$ 單位或 b_1%。

芭芭拉與吉耐特公司（A）

1975 年，前吉耐特(Gillette)公司職員芭芭拉‧葵控告該公司，指稱她因性別和種族遭受歧視（芭芭拉女士是黑人）。她依 1964 年人權法案之第 5 款要求撫慰及損害賠償金。後來，芭芭拉女士又重申她的抱怨，並聯合本身及其他遭南麻薩諸塞的吉耐特公司「排擠」的[10]女性職員一起提出訴訟，而當時已有一些針對吉耐特公司歧視黑人的訴訟案正在審理中。

芭芭拉

芭芭拉於 1968 年 5 月 13 日至 1973 年 3 月 30 日間在吉耐特公司工作。她在維吉尼亞州完成高中學業，並畢業於當地的漢普頓學院，主修商業管理。她在吉耐特公司擔任人事部門的薪資行政助理一職，起薪為 8,600 元／年；她的職位屬於第八等級。1968 年 12 月她獲得考績加薪 500 元，1969 年 10 月她成為人事部門的研究助理，但職位等級和職銜都沒有任何改變。芭芭拉女士在 1970 年 2 月又得到考績加薪 800 元，且職等升至九等級，雖然她的職銜仍然相同，但她的年薪已提高為 9,900 元。

芭芭拉在 1971 年和 1972 年皆獲得考績加薪 600 元，但卻沒有升等或升等加薪。1973 年 2 月她未獲得功績加薪。當她在 1973 年 3 月離開吉耐特公司時，年薪為 11,100 元。

---

[10] 這樣的員工是指被排除於《平等勞工標準法案》所規定的加班費給付對象之外的員工。

以她為代表的告訴中，芭芭拉提出升遷上的不平等待遇，以及報酬獎勵、教育機會不公等若干指控。她還指稱有語言騷擾，並控告在加班、午休、假期、打卡時間等方面被施以與男性不同的待遇。這些事件都透過司法程序的調查，直到 1982 年結案。此外，其他的指控也都支持芭芭拉對吉耐特公司性別歧視的說詞。法院要求她證明吉耐特公司有那些成文或不成文的政策，剝奪女性雇傭及升遷的機會，並影響雇員的薪資、任期、環境及他／她們的權益。

這起訴訟的證據大部份為生活軼事，由代表原告的證人提供，代表被告的證人反駁。但此訴訟主要的支持點，不論是正反雙方，都必須取自雇員薪資與升遷資料。

吉耐特公司

吉耐特為大型國際性消費品公司，研發、製造和行銷各種不同的消費產品，產品包括剃刀、刀片、個人保健用品、文具及其他用品。在 1972~1973 年間，吉耐特公司在全世界的員工超過 33,000 人，其中有 9,700 名在美國工作。麻州的員工有將近 5,000 人，在 1972~1975 年間有 1,300 至 1,700 員工列於免稅名單上。吉耐特公司在麻薩諸塞有三個主要機構，即：瞭望台諮詢顧問機構，為公司國際總部；位於南波士頓的安全剃刀分廠；以及位於 Andover 的製造廠。1973 年吉耐特公司在芝加哥到波士頓間增設了三個主要分部——個人保健部、紙類部和機械部，於是需要更多的員工。在 1973~1974 年間吉耐特公司開始發展新的事業——計算機、電子錶，並為已成立的事業部加入新的產品。這些新的事業與產品也必須新增員工。

吉耐特公司免稅工作的等級

　　吉耐特公司93%的免稅員工等級被劃分為8~20級。少數的銷售工作等級在8以下，而某些高層的執行工作等級則在20以上。職位與等級由薪資部門決定，根據實際工作的複雜性、教育程度與工作經驗及該職位所需負擔之責任和信任度來劃分，而新職位的等級在有員工進入擔任前就已劃分好等級了。從1972年到1975年，吉耐特公司雇用了531位免稅員工，共計在9個獨立部門，擁有243個不同的職位名稱。

　　每個工作等級都含括非常廣的薪資範圍，每個等級又畫分為5個不同的水準。在「最低」這個水準是該等級員工所能領到的最低薪資；另有「25%」水準（在最小值和最大值間四分之一的範圍），「控制點」或「中點」水準（在最小值和最大值間一半的範圍），「75%」水準（在最小值和最大值間四分之三的範圍），最後是「最大值」水準，為該等級中的最高薪資。任何一等級橫跨在最小值與最大值間範圍的有40%。薪資在相近或幾乎相近的工作等級範圍常會重疊。

　　在各種等級中，有若干變項決定起薪的差異。吉耐特公司通常會雇用在控制點或以下的員工，雖然當市場環境需要時，公司還是會雇用同等級較高水準的員工。舉例來說，如果在特定年份工程人員有短缺情形，那麼那個職位等級會被賦予較高的薪資。吉耐特公司宣稱，在1974年市場高度競爭的情況下，事實上它雇用了35位工程師（出自於211位免稅員工），其中過半數薪資水準在控制點或以上。公司必須提供工作才能吸引那些有機會到波士頓區先進公司的科技人才，並須為此付出相當的薪資條件。另外，吉耐特公司會例行性地尋訪有特殊背景的員工，藉工作仲介機構（60%~80%

）和報紙廣告（10%~15%）以補上大部份的免稅空職。某些職位，舉例來說，不僅需要一定的教育程度，還要有特定領域工作經驗，像產品經理須有產品管理、消費廣告等經歷，專利律師須有工程或科學碩士程度（外加法律學位）等。擁有相稱教育程度與工作經驗的人將以同等級薪資範圍的最高水準予以雇用。

升遷制度

吉耐特公司並無一套制度化的升遷管道，而是透過公開徵才方式產生人選。相反地，主管會被要求建議適合人選擔任空出的職位：這樣的職位在高層員工中流轉，而所有的免稅員工均為潛在候選人。1970 年代早期，大部份高層員工是男性，而芭芭拉聲稱公司選擇性的雇用政策使女性不易於或不可能知道她們適合那些職位，也無法採取行動追求升遷。吉耐特公司中從事低層工作的女性遠多於高層工作者，事實上，沒有一名女性位居重要的管理職位。

原告分析

為形成分析基礎，原告要求吉耐特公司提供 1968~1975 年的員工名單。原告蒐集了 1,850 位全職免稅員工的資料，她們各工作於諮詢顧問機構、南波士頓剃刀廠和 Andover 廠，且從來沒有被派遣到海外過。每一位員工的資料包含：

➢   姓名

➢　員工編號

➢　性別

➢　生日

➢　工作年資（到職日）

➢　最高學歷，分成六類：高中以下、高中畢業、大學肄業、大學
畢業、研究所或專業學校肄業、研究所或專科學校畢業

➢　婚姻狀況

此外，針對吉耐特公司每年雇用的員工，代表其年終狀況的一
些問題，包含於以下的資料內：

➢　薪資

➢　薪資代碼（所報薪資是時薪、週薪或年薪）

➢　群組

➢　分部

➢　任職碼（非自願解雇，自願離職或仍在職）

➢　離職日

➢　階級或工作碼

➢　廠別（諮詢顧問公司、南波士頓或 Andover）

從以上獲取的簡略資料，可再計算每位員工的以下資料：

➢　1975 年時的年齡

➢　1975 年時的工作年資

➢　年薪水準（時薪x 2,000；週薪x 52）

原告方面的統計專家也計算薪資成長的資料。針對每一位在連

續兩年間（1968~69，……1974~75）被雇員工，計算次年薪資相對於第一年的增幅，而男女性薪資增幅的平均值和中位數也因此可求出。這些員工薪資的平均值和中位數及相關樣本數列於表 A，資料範圍僅從 1971~72 年到 1974~75 年。表為這 4 年的每一年裏，男女性的平均薪資、平均薪資的差距和女性對男性的平均薪資比。

表 A

薪資平均值

區隔	薪資平均值		中位數		案例		
	男	女	男	女	男	女	總和
1971~72	9.0%	8.4%	7.8%	6.9%	771	64	835
1972~73	10.0%	11.8%	7.3%	8.6%	780	70	850
1973~74	13.4%	14.0%	13.0%	13.7%	929	108	1037
1974~75	11.6%	13.6%	10.2%	12.5%	1022	142	1164

表 B

男性與女性之薪資

年	薪資平均值		差異值	薪資之百分比
	男	女	男－女	女／男
1972	$18,098	$12,414	$5,684	68.6%
1973	$19,083	$13,479	$5,604	70.6%
1974	$20,875	$14,282	$6,593	68.4%
1975	$22,753	$15,809	$6,944	69.5%

芭芭拉與吉耐特公司（B）

芭芭拉針對吉耐特公司在薪資、升遷和教育機會上對她採取歧視的部份提起訴訟。她主張這項歧視是基於性別，並以代表本身和女性員工階層的身分告發。關於此訴訟與公司的討論，請詳見芭芭拉和吉耐特公司（A）一文。

為爭辯此婦女歧視事件，原告與被告都提出以專家觀點分析之男女性薪資資料為證據。雙方專家的證詞有一些共同點：由迴歸分析來看；以 1972~1975 年 4 年間的資料執行獨立分析；利用兩種依變項形式：年薪及其自然對數；在自變項中以虛擬變項代表性別，0 為男性，1 為女性。 雙方專家都同意，以薪資為依變項的模型表示模型中自變項對薪資的影響是等差性的，而以薪資對數值為依變項的模型表示其影響是加成性的。

迴歸模型的結果與分析

雖然雙方專家分析中的一些自變項與觀察資料不同，但主要的結果和解釋是一樣的。在假設其他影響薪資水準的因素不變下，雙方證人對於歸諸性別因素而產生的估計薪資差異極有興趣。問題中的差異可能是等差性（舉例來說，女性平均薪資比之男性少了 5 千元）或加成性的（女性平均薪資僅佔男性的 70%）。以年薪為依變項的模型是等差性的；性別虛擬變項的迴歸係數估計出等差性的差距。以薪資對數值為依變項的模型是加成性的；性別虛擬變項迴歸

係數的指數值估計則是加成性效果（計算出 e_b 值，其中 b 為迴歸係數值）。

雙方證人集中焦點在性別虛擬變項的迴歸係數分析與其對應的等差性及加成性差距。他們對個別模型中以 R^2 值衡量的配適度也同樣感興趣。

原告分析

原告專家以下列為自變項值（外加性別虛擬變項）：

➢ 1975 年時的年齡
➢ 1975 年時的工作年資
➢ 代表六種教育水準的虛擬變項
➢ 代表吉耐特公司 3 個麻薩諸塞廠別的虛擬變項

關於教育水準的虛擬變項，第一級（高中未畢業）為基準點，其餘 5 個虛擬變項分別代表 2 至 6 級水準；而廠別虛擬變項中，以諮詢顧問機構為基準點，其餘兩個虛擬變項分別代表南波士頓剃刀廠和 Andover 廠。

迴歸資料包括可提供依變項與所有自變項資訊的員工。因為人事部門並沒有例行地蒐集教育程度的資訊，只好從分析資料中剔除部份記錄不完整的員工資料。表 C 顯示原告分析中擁有完整記錄的男性與女性數目。

表 C
───
原告分析中之員工數目

年   男   總和
1972   694   45   739
1973   822   81   903
1974   940   130   1,070
1975   975   148   1,123
───

　　表 D 顯示性別虛擬變項的迴歸係數值和它四年來每年兩種依
變項形式的標準誤。每個迴歸的 R^2 值也顯示出來。此外,以薪資
對數值為依變項的模型,其加成性效果與其標準誤的估計值亦顯示
其中。

表 D
───
原告迴歸分析結論

依變項   自變項

薪資或 log(薪資)   性別
                   1975 年之年齡
                   1975 年之年資
                   5 個教育虛擬變項(教育=2 到 6)
                   2 個廠別虛擬變項(S. Boston,Andover;Pru=基礎資料)

年	依變項 係數[*]	薪資 標準誤	R^2	log(薪資) 係數[*]	標準誤	R^2	多元效果 估計值	標準誤
1972	(4,727)	1,107	0.310	(0.2635)	0.0427	0.409	0.768	0.033
1973	(4,308)	794	0.333	(0.2392)	0.0317	0.407	0.787	0.025
1974	(4,287)	647	0.367	(0.2327)	0.0252	0.439	0.792	0.020
1975	(4,572)	625	0.380	(0.2246)	0.0232	0.445	0.799	0.019

[*]係數是性別虛擬變項(女=1,男=0)。
───

原告專家寫道：

　　若以下的假設成立：（a）這些模型正確地描述薪資和相關變項的關係，且（b）會影響薪資的個人資料組成的模型中，任何被排除在外的變項都與性別無關，那麼，依這些模型做出的迴歸分析結果如下：

　　給定任意的男性和女性，兩者在年齡、工作年資、教育程度和工作地點等條件都相同，女性薪資相對於男性的最佳估計值會是：

1.　低於男性，差額為等差效果的數值（例如：1975 年差距為 4,572 元）——假設等差性模型為正確的情況下。

2.　佔男性薪資的比率小於 1，其程度為加成性效果的數值（例如：1975 年女性薪資為男性薪資的 79.9%）——假設加成性模型為正確的情況下。

被告分析

被告分析顯示於表 E。資料取得為吉耐特公司 1972~75 年間整理的年終人事檔案。其中包括每位員工的完整人事記錄，如生日、到職日、廠別、工作職級、免稅及年中離職等資料。被告分析中並沒有蒐集教育程度的資訊，故准許被告取得較原告為人數多的資料（約 1,600 位員工）。

被告專家做了一個迴歸分析，在加入工作等級虛擬變項與否的情況，預測性別、年齡、工作年資和廠別交互作用下的薪資及其對數值。當加入工作等級虛擬變項[11]（見表 E1)，估計出的等差性薪資差異顯示女性相對於男性少了 1,256~2,086 元；這些差異並沒有統計上的顯著性。若不加入工作等級的虛擬變項，迴歸解釋薪資的能力會劇烈下降，表 E2 中的 R^2 值即為明證。而其估計出的等差性薪資差異顯示女性相對於男性少了 6,503~7,799 元，在統計上顯著。當加入工作等級虛擬變項，對薪資對數值做迴歸的結果顯示差異約為 92%~94%，雖然相當接近 100%，統計上的顯著性卻少於 100%。未加入工作等級虛擬變項的迴歸則存在較大的差異，範圍在 70%~73%，顯著性亦低於 100%。

---

[11] 8 為基礎，故從 9 至 20 使用 12 個虛擬變項代表。

被告迴歸分析結論

依變項　　　　　**自變項**

薪資或 log（薪資）　性別
　　　　　　　　　　1975 年之年齡
　　　　　　　　　　1975 年之年資
　　　　　　　　　　2 個廠別虛擬變項(南波士頓，Andover；顧問機構＝基準點)

1. 包括工作等級虛擬變項之迴歸模型

依變項 年	薪資 係數*	標準誤	R^2	log（薪資） 係數*	標準誤	R^2	多元效果 估計值	標準誤
1972	(2,086)	1,666	0.38	(0.08)	0.03	0.71	0.92	0.03
1973	(1,650)	1,312	0.42	(0.06)	0.02	0.73	0.94	0.02
1974	(1,303)	971	0.52	(0.06)	0.02	0.81	0.94	0.02
1975	(1,256)	976	0.54	(0.06)	0.01	0.82	0.94	0.01

2. 不包括工作等級虛擬變項之迴歸模型

依變項 年	薪資 係數*	標準誤	R^2	log(薪資) 係數*	標準誤	R^2	多元效果 估計值	標準誤
1972	(6,503)	1,835	0.18	(0.33)	0.05	0.26	0.72	0.04
1973	(6,804)	1,480	0.18	(0.32)	0.04	0.26	0.73	0.03
1974	(7,799)	1,173	0.20	(0.35)	0.03	0.33	0.70	0.02
1975	(7,625)	1,199	0.20	(0.32)	0.03	0.34	0.73	0.02

*性別虛擬變項之係數（女＝1，男＝0）。

資料分析、迴歸與預測

作　　者／Arhur Schleifer, Jr・David E. Bell
譯　　者／林維君
執行編輯／黃彥儒
出 版 者／弘智文化事業有限公司
登 記 證／局版台業字第 6263 號
地　　址／台北市大同區民權西路 118 巷 15 弄 3 號 7 樓
電　　話／（02）2557-5685・0936252817・0921121621
傳　　真／（02）2557-5383
發 行 人／邱一文
書店經銷／旭昇圖書有限公司
地　　址／台北縣中和市中山路 2 段 352 號 2 樓
電　　話／（02）22451480
傳　　真／（02）22451479
製　　版／信利印製有限公司
版　　次／2000 年 6 月初版一刷
定　　價／350 元

ISBN 957-0453-01-X
Printed in taiwan

國家圖書館出版品預行編目資料

資料分析、迴歸與預測 / Arthur Schleifer,

Jr. David E. Bell 著. ; 林維君譯 - 初版

- 臺北市：弘智文化， 2000[民 89]

　　面 ；　　公分 - （管理決策系列：4）

譯自：Data analysis, regression and

forecasting

　ISBN 957-0453-01-X （平裝）

　1. 決策管理 - 統計方法

494. 1028　　　　　　　　　　89006360

弘智文化價目表

書名	定價	書名	定價
社會心理學（第三版）	700	生涯規劃：掙脫人生的三大桎梏	250
教學心理學	600	心靈塑身	200
生涯諮商理論與實務	658	享受退休	150
健康心理學	500	婚姻的轉捩點	150
金錢心理學	500	協助過動兒	150
平衡演出	500	經營第二春	120
追求未來與過去	550	積極人生十撇步	120
夢想的殿堂	400	賭徒的救生圈	150
心理學：適應環境的心靈	700		
兒童發展	出版中	生產與作業管理（精簡版）	600
為孩子做正確的決定	300	生產與作業管理（上）	500
認知心理學	出版中	生產與作業管理（下）	600
醫護心理學	出版中	管理概論：全面品質管理取向	650
老化與心理健康	390	組織行為管理學	800
身體意象	250	國際財務管理	650
人際關係	250	新金融工具	出版中
照護年老的雙親	200	新白領階級	350
諮商概論	600	如何創造影響力	350
兒童遊戲治療法	500	財務管理	出版中
認知治療法概論	500	財務資產評價的數量方法一百問	290
家族治療法概論	出版中	策略管理	390
伴侶治療法概論	出版中	策略管理個案集	390
教師的諮商技巧	200	服務管理	400
醫師的諮商技巧	出版中	全球化與企業實務	出版中
社工實務的諮商技巧	200	國際管理	700
安寧照護的諮商技巧	200	策略性人力資源管理	出版中
		人力資源策略	390

書名	定價		書名	定價
管理品質與人力資源	290		全球化	300
行動學習法	350		五種身體	250
全球的金融市場	500		認識迪士尼	320
公司治理	350		社會的麥當勞化	350
人因工程的應用	出版中		網際網路與社會	320
策略性行銷（行銷策略）	400		立法者與詮釋者	290
行銷管理全球觀	600		國際企業與社會	250
服務業的行銷與管理	650		恐怖主義文化	300
餐旅服務業與觀光行銷	690		文化人類學	650
餐飲服務	590		文化基因論	出版中
旅遊與觀光概論	600		社會人類學	390
休閒與遊憩概論	600		血拼經驗	350
不確定情況下的決策	390		消費文化與現代性	350
資料分析、迴歸、與預測	350		全球化與反全球化	出版中
確定情況下的下決策	390		社會資本	出版中
風險管理	400			
專案管理師	350		陳宇嘉博士主編 14 本社會工作相關著作	出版中
顧客調查的觀念與技術	出版中			
品質的最新思潮	出版中		教育哲學	400
全球化物流管理	出版中		特殊兒童教學法	300
製造策略	出版中		如何拿博士學位	220
國際通用的行銷量表	出版中		如何寫評論文章	250
許長田著「行銷超限戰」	300		實務社群	出版中
許長田著「企業應變力」	300			
許長田著「不做總統，就做廣告企劃」	300		現實主義與國際關係	300
許長田著「全民拼經濟」	450		人權與國際關係	300
			國家與國際關係	300
社會學：全球性的觀點	650			
紀登斯的社會學	出版中		統計學	400

書名	定價	書名	定價
類別與受限依變項的迴歸統計模式	400	政策研究方法論	200
機率的樂趣	300	焦點團體	250
		個案研究	300
策略的賽局	550	醫療保健研究法	250
計量經濟學	出版中	解釋性互動論	250
經濟學的伊索寓言	出版中	事件史分析	250
		次級資料研究法	220
電路學（上）	400	企業研究法	出版中
新興的資訊科技	450	抽樣實務	出版中
電路學（下）	350	審核與後設評估之聯結	出版中
電腦網路與網際網路	290		
應用性社會研究的倫理與價值	220	**書僮文化價目表**	
社會研究的後設分析程序	250		
量表的發展	200	台灣五十年來的五十本好書	220
改進調查問題：設計與評估	300	２００２年好書推薦	250
標準化的調查訪問	220	書海拾貝	220
研究文獻之回顧與整合	250	替你讀經典：社會人文篇	250
參與觀察法	200	替你讀經典：讀書心得與寫作範例篇	230
調查研究方法	250		
電話調查方法	320	生命魔法書	220
郵寄問卷調查	250	賽加的魔幻世界	250
生產力之衡量	200		
民族誌學	250		